사회미학으로 읽는
개화기-일제강점기 **서울 건축**

사 회 미 학 으 로 읽 는

개화기-일제강점기

서울 건축

글·사진 임석재

이화여자대학교출판부

책머리에

서울의 건축 연구 작업의 필요성

서울의 나이가 이제 600년을 넘어섰다. 물론 서울은 삼국 시대에는 한성, 고려 시대에는 남경이라는 이름으로 불리며, 2천 년 가까운 역사를 지니고 있긴 하나 상식적인 의미에서 도시로 본격적으로 조영된 것은 조선 건국과 함께였다. 로마나 중세 도시들에 비하면 젊은 나이다. 한국 내에서도 부여, 경주, 평양 등에 비하면 아직 청소년이라 할 만하다. 하지만 전 세계를 기준으로 하면 결코 적은 나이가 아니다. 더욱이 그 600년 가운데 500년을 온전히 한 왕조가 차지하기 때문에 문명의 연속성과 통일성 면에서 보면 흔치 않은 예이다.

현재는 어떠한가. 서울이 대한민국, 나아가 북한까지 포함한 한반도 전체에서 차지하는 비중은 절대적이다. 이는 물론 '서울 집중 대 지방 분권'의 문제와 함께 생각할 큰 주제이나 현실과 현상만 놓고 본다면 "서울에 모든 것이 다 있다"는 말이 정확한 진단일 것이다. 이제 서울은 문화의 유행, 경제의 흐름, 기술의 발전 등 여러 면에서 한반도를 벗어나 세계 전체를 앞장서서 이끄는 도시로 성장했다.

크기도 마찬가지이다. 뉴욕, 도쿄, 상하이 등에 비하면 작은 도시이지만 유럽에 갖다놓으면 1, 2등을 다툴 정도로 큰 도시이다. 서울보다 큰 도시들이 대부분 평야나 바닷가 같은 평지 위에 지어진 것을 생각하면 더 그렇다. 산과 개천이 많은 서울의 지형적 한계까지 임펙트 팩터로 함께 고려한다면 서울은 세계적인 대도시이다. 런던이나 파리의 지하철을 부러워하던 것이 엊그제 같은데 서울의 도시 인프라는 어느새 선진국 도시들을 젖히고 앞서기 시작했다.

이런 서울의 물리적 골격의 90% 이상이 건물, 즉 건축이다. 건축은 한 도시, 나아가 한 나라의 역사에 대한 가장 분명한 물리적 기록이자 증거이다. 도시 현장 위에 남긴다는 점에서 문서와 연대기로 남기는 추상적 역사에는 없는 생생한 현실과 증언을 갖는 아주 독특하면서도 중요한 살아 있는 역사이다. 이 때문에 세계적으로 유구한 역사를 갖는 도시들은 대부분 거기에 합당한 건축의 기록과 증거를 갖고 있다. 세계의 유명 도시들은 모두 전쟁과 화재, 자연재해와 자연 소멸 등 각자의 불리한 조건 속에서도 이를 보존하고 유지하는 치열한 노력을 경주하고 있다.

이것만으로는 부족하다. 물리적 유구를 지키는 것이 가장 기본적인 일이지만 이에 못지않은 다음 작업이 반드시 함께해야 건축이 갖는 역사적 · 문화적 의미가 비로소 온전히 완성된다. 바로 해석과 역사적 정리 작업이다. 따라서 유구한 역사를 갖는 세계적 도시들은 물리적 유구로서의 건축물로만 유명한 것이 아니라 그 도시의 건축 역사를 정리하고 그 의미를 해석한 지적 결과물로도 유명하다.

일반인들은 이런 결과물을 관광 가이드북으로만 접하고 있지만 학자인 나는 그 뒤에 쌓인 어마어마한 연구 성과물들을 알고 있다. 내가 직접 소장하고 있는 책만 기준으로 삼아도 로마의 건축에 관한 이런저런 연구서가 10권이 넘는다. 파리와 런던과 빈은 또 어떨 것이며 피렌체나 베네치아나 밀라노는 또 어떠할 것인가. 유럽 주요 도시들의 건축에 관한 이런 연구서들로만 벽면 하나를 채우고 있다.

그렇다면 서울은 어떠한가. 최근에 서울에서 벌어지고 있는 건축 활동 자체에 대한 언급은 이 책의 범위를 벗어나므로 하지 않기로 하자. 정도 이후 왜란, 내란, 호란, 일제강점기, 한국전쟁 등 다른 어떤 도시들보다도 혹독한 역사를 거쳐왔으니 이 정도 보존한 것만도 기적이라 할 수도 있다. 그렇다면 서울의 건축에 대한 해석 작업은 어떠한가. 최근 서울에 관한 연구 작업들이 활기를 띠고 있고 저서들도 여럿 출간되고 있으나 서울의 건축 해석서는 아직 나오지 않고 있다. 필자가 서울의 대표 건축물 320여 채에 대해서 개괄적 소개를 하는 두 권의 책을 낸 것이 거의 유일하다 하겠다. 이 책은 서울의 건축에 대한 최초의 해석 작업의 산물인 동시에 나의 전 작업에 대한 후속 연구이기도 하다.

개화기-일제강점기-근대화기

그렇다면 이 책에서는 서울 건축의 어느 부분에 대해서 어떤 시각으로 다루고 있는가. 대상은 서울의 건축 역사 가운데 개화기와 일제강점기이며 시각은 사회미학을 적용했다. 개화기와 일제강점기는 서양 건축이라는 이질적 이방 양식이 처음 서울에 지어지기 시작한 시기로 사회적 · 역사적 의미가 남다른 시기이다. 이때 시작된 서양화가 해방과 한국전쟁 이후 우리의 손으로 직접 운용하기 시작한 근대화에 긍정과 부정의 양면적 영향을 끼친 점에서 그러하다. 사회미학은 이처럼 사회적 · 역사적 함의가 강한 건축 현상을 해석하는 데 적합한 예술사관이다.

한국의 근대화라는 것은 완전히 이방 문화인 서양 문명을 받아들여 우리 것으로 만드는 서양화 과정이었다. 자기네 문명 내에서 근대화를 겪었던 서양과 아주 다른 조건이다. 건축은 이런 서양화 현상이 제일 먼저, 그리고 지대한 영향을 끼치며 나타난 분야였다. 가로를 담당하는 대형 공공건물에서 일상생활에 이르기까지 건축은 미치지 않는 곳이 없기 때문이다.

개화기는 이런 서양화가 자의 반 타의 반에 의해 최초로 시작된 시기였다. 국사 교과서에 나오는 '대원군의 쇄국 정책 대 외세 열강의 개항 압력'의 공방을 거쳐 개항과 개방이 피할 수 없는 세계 문명의 흐름이 되면서 조선에도 드디어 서양 문명이 상륙하기 시작했다. 건축은 그 선봉 가운데 하나였다. 한양에는 이전까지 한 번도 본 적이 없는 낯선 서양 양식의 건물들이 하나 둘 들어서기 시작했다.

이후 서울 역사는 건축에 국한시켜 보면 결국 500년을 이어오던 전통 건축을 이런 서양 건축으로 대체해가는 과정이었다. 한국에 짓는 서양 건축이기 때문에 서양 원본과 완전히 같아지지는 않았지만 이제 우리는 전통 건축의 조형 환경은 완전히 벗어났다. 이는 곧 서양 건축으로의 대체가 완료되었음을 의미한다. 타의에 의해 시작된 측면이 많은 이런 현상은 어느 시점을 지나 서양화만이 우리의 살길이라는 인식이 형성되면서 매우 자발적이고 적극적으로 진행되어 오늘에 이르고 있다.

많은 사람들이 이런 우리의 근대화 과정을 기적이라고 부르며 찬란한 성공의 역사로 평가하고 기록한다. 물론 나도 이런 시각에 일정 부분 동의하는 것이 사실이다. 그럼에도 불구하고 나의 직업적 특성상 이런 표면적 성공 뒤에 숨어 있는 반대급부에 더 관심이 가는 것 또한 숨길 수 없는 사실이다. '압축 근대화'라는 묘한 단어가 이런 양면성을 대표한다. 성공의 훈장과 부정적 비판의 양면적 의미가 들어 있는 단어인데 나는 이 가운데 후자에 관심을 더 많이 두는 사관을 가지고 있다.

괜한 시비 걸기만은 아니어서 2000년대로 넘어오면서 우리 사회에는 압축 근대화에 대한 각종 피로 현상이 나타나기 시작했다. 개인은 개인대로 각종 정신적 · 심리적 · 육체적 병리 증상에 시달리고 있으며 사회적 피로 현상도 심각한 수준에 이르고 있다. 처음에는 물질문명이 발전하면 어쩔 수 없이 나타나는 현상으로 선진국들도 다 거쳐 간 통과의례쯤으로 여겼지만 상황은 이보다 훨씬 심각하게 악화되고 있다.

우리만의 심한 중증에 걸린 것인데, 그 원인에 대해서는 대체적으로 '압축 근대화' 중 '압축'에 따르는 부정적 산물이라는 데 의견이 모아지는 것 같다. 수단과 방법을 안 가리고 무조건 빨리 근대화를 이뤄 잘살게만 되면 만사형통일 줄 알았는데 이제 그에 대한 반대급부라는 것도 있다는 것을 조금씩이나마 깨닫기 시작한 것이다. 전혀 새로울 것이 없는 만고의 진리이자 진부한 상식임에도 불구하고 그동안 물질적 발전에만 눈이 멀어 잠시 잊고 지내다 보니 이런 심각한 중병의 상태에 이른 것이다.

그러나 이런 진단에도 불구하고 정작 왜, 어떤 과정과 경로를 통해서 우리가 이런 병리적 상태에 이르게 되었는지에 대한 본격적인 연구는 매우 드문 편이다. '너무 앞만 보고 달려오다 보니 정작 소중한 것을 잃게 되었다'는 정도의 지극히 일반론적 도덕률만을 전가의 보도처럼 반복할 뿐, 분야별로 구체적으로 소중한 무엇을 어떻게 잃었는지에 대한 심층 진단은 찾아보기 힘들다. 진단이 없으니 처방이 나올 리 없고 처방이 없으니 개선과 회복의 방향도 보이질 않는 것이다.

결론부터 말하자면 이에 대한 나의 진단은 다음의 네 가지 내용으로 요약할 수 있다. 첫째, 지금 우리 사회의 병리 현상의 근近과거적 뿌리는 일제강점기에 있다. 둘째, 건축 환경의 갑작스런 변화가 세부적 차원에서 그 주범 가운데 하나이다. 셋째, 그런 이질적 건축 환경에 군국주의의 식민지배 이데올로기라는 최악의 세계관과 가치를 실어 강요했기 때문에 결과 역시 최악으로 나타났다. 넷째, 더욱 중요한 것은 이런 최악의 상황을 해방 이후 전혀 극복, 청산하지 못하고 압축 근대화라는 또 다른 부정적 역사 진행에 더해진 결과가 지금 우리의 상태이다.

이런 내용은 물론 새로운 것은 아니다. 일제가 우리에게 끼친 폐해가 어떠한지는 더 이상 반복할 필요가 없을 정도이며, '청산하지 못한 역사'라는 문구에서도 알 수 있듯이 이런 폐해를 고스란히 끌고 들어오면서 한국 현대사의 비극이 시작되었다는 것은 일반사에서는 상식이다. 나의 사관과 이 책의 새로운 점은 이런 내용을 건축이라는 세부 분야에 적용해서 사회미학이라는 참신한 시각으로 구체적으로 추적한 데 있다.

'청산하지 못한 역사'라는 구절은 좁게는 친일파가 그대로 한국 현대사의 지배 계층이자 권력 그룹으로 이어졌다는 뜻이며 넓게는 일제강점기 때 형성된 각종 사회 제도, 관습, 언어, 사고방식 등 또한 수십 년을 그대로 이어졌다는 뜻이다. 건축도 그 가운데 하나일 수 있지만 동시에 건축에는 이와는 좀 다른 의미가 있을 수 있다. 예를 들어, 인적 청산이 이루어졌다고 해도 건축 청산은 안 되었을 수도 있으며 거꾸로 인적 청산은 비록 잘 안 되었지만 건축가들의 노력으로 건축 청산만은 조금이라도 이루어졌을 수 있다.

물론 인적 청산과 정치·사회의 청산이 안 된 상황에서 건축 청산은 불가능한 것이겠지만 건축이 예술의 한 분야인 것을 보면 그런 시도에 대한 몸부림만이라도 기록으로 남길 수는 있었을 것이다. 건축은 언제까지나 정치·사회의 하부 분야만은 아니어서 건축에서만이라도 이런 몸부림의 기록을 조금이나마 남겼으면 사람들은 거기에서 작은 희망의 씨앗이라도 보았을 것이다. 지금 우리의 문제는 그런 작은 희망의 씨앗을 찾기가 힘들다는 데서 기인하는 것을 볼 때 건축에서만이라도 그것을 보여줬으면 지금 사회의 상태는 많이 달라졌을 것이란 생각이다.

이 책은 이런 사관과 시각에서 개화기와 일제강점기 때 나타난 여러 건축 현상의 의미를 다각도로 해석한 작업이다. 우선, 개화기가 과연 일제강점기에 포함시켜 함께 다룰 정도로 무기력한 시기였는지에 의문을 품어보고 그렇지 않은 점을 밝히려 했다. 그다음 누구나 다 아는 일제강점기의 폐해가 건축에서 구체적으로 어떻게 형성되어 강요되었는가를 세밀하게 추적하고 있다. 뿐만 아니라 그 과정에서 우리의 건축 전통이 스며들고 부분적으로 유지된 내용도 함께 추적했다. 초점은 일제강점기 때 나타났던 건축 현상 자체에 대한 설명뿐 아니라 여기에 더해 현재 한국 현대 사회가 겪는 병리 현상의 뿌리를 찾는 쪽에 맞추었다.

일제강점기처럼 역사적 단절과 이질성이 극단적으로 심했던 때 식민 지배 세력에 의해 강요된 건축 활동에 대해서는 그 당시 현상 자체에 대한 해석과 함께 시간의 끈을 늘려 그 내용이 수십 년이 지난 현재 상황에까지 어떻게 연계되어 있는가도 같이 보아야 한다. 이것이 나의 사관이자 이 책의 핵심 내용이다. 이런 점에서 이 책은 건축을 소재로 한국 현대 사회의 병리적 현상에 대한 역사적 진단을 내린 최초의 작업이다. 나아가 모든 학문 분야를 통틀어서도 같은 의미에서 선구적 작업에 해당된다.

낯선 서양 건축이 전통 건축을 대체해가는 과정이었던 일제강점기

일제가 한반도를 식민 지배하면서 끼친 폐해에 대해서는 양과 질 모두 일일이 기록하고 필설로 표현하기 힘들 정도이다. 누구나 다 아는 이런 사실이 한국 현대 사회에서는 단순한 역사적 기록 이상의 의미를 얻지 못하는 것 같다. 그 폐해를 생활 속에서 뼈저리게 느끼고 이를 바탕으로 아픈 과거를 극복하고 청산하려는 노력이 거의 없었다는 뜻이다. 단순히 이승만이 친일파를 대거 등용했다는 식의 지배 계층의 어두운 역사만이 아니다. 모든 국민의 일상생활 전반에 걸쳐 그렇다.

'윗물이 맑아야 아랫물이 맑다'는 속담이 맞는 것일 수도 있으나 이런 핑계로 둘러대기에는 일제의 잔재에 대한 온 국민의 태도는 실로 부끄러운 수준이다. 한쪽에서는 '식민지 근대화론' 같은 주장도 하나의 세를 형성하고 있다. 더 큰 문제는 우리 모두에게 있다. 일제의 만행에 대해서는 다 같이 공감하면서도 정작 일제가 남긴 폐해를 극복하는 데는 아무런 노력도 기울이지 않고 있다. 노력을 기울이지 않는 정도가 아니라 사회적 관습 형태로 우리 스스로가 고착화시키고 있다.

우리가 겪는 현재의 병리 증세는 상당 부분 일제강점기 때 그 싹이 튼 것이다. 이것을 올바로 청산, 극복하지 못하고 근대화로 이어지면서 악화될 대로 악화되었다. 그 끄트머리에 지금 우리가 서 있다. 아니 숫제 끄트머리라면 좋으련만 어둡고 긴 터널의 시작에 불과할 것이라는 불길한 예감도 감출 길 없다.

건축은 이런 역사적 연속성을 이해하고 해석하는 데 좋은 분야일 수 있다. 일제강점기 건축의 역사적 의미는 한마디로 '압축 근대화에 나타난 악영향의 총 본산'으로 요약할 수 있다. 따라서 2011년의 현 시점에서 일제강점기의 건축에 대한 해석은 이런 시각에서 해야 한다. 일제강점기 건축에 대해 행해왔던 지금까지의 다른 연구들은 "일제가 우리의 아름다운 전통을 말살하고 자신들의 문화 및 왜곡된 서양 문화를 강압적으로 강요했다"라는 일반론 수준을 넘지 못했으며 그것을 증명하는 역사적 증거를 수집하는 차원에 머물렀다.

이런 작업은 물론 사료 수집의 일환으로 역사 연구에서 제일 기본이다. 그러나 이제 이것을 넘어 다음 단계인 해석 작업이 필요한 시점이 되었다. 일제강점기는 100년 전 역사 속 사건으로 묻힌 것이 아니라 지금 이 시점 우리의 일상생활에까지 살아서 이어지고 있다. 뿐만 아니라 그 영향이 사회적으로 여러 가지 폐해로 나타나고 있다. 따라서 일제강점기 때 건축 활동 가운데 아주 구체적으로 무엇이 이런 악영향의 출발점이 되었으며 이것이 한국 국민에게 어떤 경로와 방식으로 악영향을 끼치게 되었는지에 대한 분석과 해석 작업이 꼭 필요한 시점이 되었다. 사회미학은 이런 해석 작업을 하는 데 유용한 예술사관이다.

이 책은 이런 관점에서 개화기와 일제강점기 서울의 건축을 분석한 책이다. 개화기 이전에 형성되어 있던 전통 건축에 대해서는 '전통 시대의 건축미학'이라는 하나의 장으로 요약해서 프롤로그 개념으로 소개했다. '우리가 500년 동안 이러저러한 전통 건축미학의 시대에 살고 있었다'라는 초기 조건의 개념이다. 이를 출발점으로 삼아 서양 건축이라는 이질적 외래 문명이 서울에 나타나서 점차 증가해가는 과정을 개화기와 일제강점기로 나누어서 살펴보았다.

낯선 서양 건물이 문화 충격을 수반하며 서울에 등장했다는 점에서 개화기와 일제강점기는 큰 차이가 없는 것으로 보일 수 있으나 건축 주체의 자주성 면에서는 분명히 구별해야 할 내용들이 많이 있으며 이런 차이는 실제 건축적 특징에도 일정 부분 나타났다. 더욱이 해방 이후 현대사와의 연관성으로 시간의 끈을 늘려보면 두 시대의 의미 차이는 매우 클 수밖에 없다. 이 책은 건축에 나타난 이런 차이를 섬세하게 구별해서 그 의미를 해석했다.

큰 방향은 완전히 이질적 외래 양식인 서양 건물이 우리의 전통 건축과 어떤 점에서 다른가, 그리고 그것이 등장하고 주류 건축으로 점차 세를 확장해가면서 우리가 어떤 변화를 겪었으며 그 충격은 어떠했는가 등에 초점을 맞추었다. 아울러 우리 땅에 지어진 이런 건축이 서양의 원본과 완전히 같을 수는 없어서 그 과정에서 부분적으로 스며들어간 한국 전통 건축의 특징도 추적했다. 이것이 하나의 흐름을 형성한 경우에는 개화기 때의 '자주적 서양 양식'과 '일제강점기 민족 건축'이라는 별도의 항목으로 다루었다. 이런 여러 해석 작업의 궁극적 목적은 우리의 현대 사회에 어떻게 연결되는가를 추적하는 데 두었다.

사회미학으로 해석하는 일제강점기 건축

사회미학은 이런 해석에 유용한 사관이자 방법론이다. 말 그대로 건축미학의 의미를 사회적 관점에서 파악한다는 뜻이다. 단순히 건축 현상을 인문사회학의 이론과 관점에 맞춰서 해석하는 것과는 다른 접근 방법이다. 미학에 기본을 두는 점에서 그렇다. 건축미학의 제일 기본인 양식미학과 조형미학을 출발점으로 삼아 그 속에 담긴 사회적 의미를 추적, 해석하는 작업이다. 건축의 심미적 · 조형적 현상에 대한 분석 없이 바로 인문사회 이론과 접목시키는 기존의 방법론과 차별화되는 대목이다. 건축 구성과 디테일 장식 등 건축에서 제일 기본이 되는 미학적 내용을 살펴본 후 이것에 대해 미추의 판단을 내리는 대신 그 속에 숨은 사회적 의미를 추적하는 새로운 시각이다.

나는 서울에서 태어나 평생을 서울에서 살았다. 몇 년 전부터 경기도민이 되었지만 나의 직장은 여전히 서울에서 제일 번화한 신촌 한복판에 있고 나는 낮의 직업 활동 모두를 서울에서 보낸다. 나의 고향이자 삶의 터전인 서울의 건축에 대해서 고등학생 때부터 깊은 관심을 가지고 지켜봐왔다. 나는 가급적 자가운전을 하지 않는다. 내가 돌아다니는 범위는 매우 넓다. 방랑벽을 핑계 삼아 버스를 타고, 때로는 '뚜벅이'로 걸어서 곳곳을 보고 훑고 다니면서 참으로 오랜 기간 동안 서울의 건축에 대해서 골똘히 생각해왔다.

배낭에 노트북 하나 넣고 온 사방을 돌아다니며 좋은 생각이 떠오를 때마다 메모를 기록해왔다. 좋은 곳도 있고 자랑할 만한 내용도 있었지만 이해가 안 되는 부분이 더 많았다. 그 내용은 한마디로 사람들이 자신들의 본성과 잘 안 맞는, 아니 숫제 정반대라고 할 만한 건축 환경에서 살면서 힘들어한다는 점이었다. 우리의 국민성에 맞게 지어 살면 몸과 마음도 편해지고 생활도 안정될 텐데 왜 우리는(나 스스로를 포함해서) 이렇게 살까 참으로 오랫동안 궁금했었다. 어느 순간부터인가 그 원인을 일제강점기 때 벌어졌던 건축 현상에서 찾을 수 있게 되었다.

이것만이 유일하고 완벽한 답은 아니겠지만 적어도 매우 크고 핵심적인 원인 한 가지를 찾은 것만은 분명했다. 그 이후부터 우리의 정치·사회 현실에 나타난 '청산하지 못한 역사'의 증거와 건축에서의 동일한 현상을 정밀하게 대조, 대응시키며 서울의 20세기 건축을 분석하는 작업을 오랜 기간 벌여왔다. 생각이 조금씩 쌓여서 사관이라고 부를 만한 내용들이 형성되어 가면서 그 내용을 정리한 책을 꼭 써보고 싶었고 이제 그 결실을 맺게 되었다. 이번 책은 그 첫 번째 결과물이며 다음번에는 해방 이후 근대화기 건축에 대한 후속 작업으로 이어질 것이다. 가능한 한 빠른 시일 내에 후속 작업도 책으로 출간할 것을 독자 여러분께 약속드린다.

마지막으로 출판지원사업을 통해 이 책을 출간해주신 이화여자대학교출판부에게 감사드린다. 사랑하는 두 딸과 애들 엄마에게 깊은 고마움과 사랑의 마음을 전한다.

2011년 12월

임석재

차례

1장

전통 시대의 건축미학

1 :: 조선 건국과 전통 양식의 성립

5대 궁궐과 종묘사직

서울에 집단화된 건축 양식이 처음 등장한 것은 조선 건국 시 축조한 궁궐과 함께였다. 선사 시대 주거지, 백제 몽촌토성, 아차산 고구려 유적 등 신석기 시대부터 삼국 시대에 이르는 구조물이 남아 있긴 하지만 이는 고고학적 의미 이상의 건축적 의미는 갖지 못한다. 조선의 5대 궁궐터, 특히 경복궁 자리는 고려 시대 때 남경의 궁궐터이기도 했지만 그 흔적은 남아 있지 않다.

조선 건국은 한국 전통 건축 전체 차원의 전개 과정에서도 중요한 분기점이었다. 이전까지 단순하면서 자유롭게 진행되던 건축 방식을 유교 특유의 형식미로 정리하면서 일정한 격식을 갖추게 되었다. 조선의 역사와 문명 자체에 대해서는 양극의 다양한 평가가 가능하지만 적어도 건축만을 기준으로 보면 엄격한 유교 규율 가운데 다양성을 즐기는 한국인의 국민성이 잘 투영되며 우리만의 집단화된 미학적 특징을 형성하는 데 성공한 것으로 볼 수 있다. 반듯한 유교 형식미로 잘 정리된 표면 질서 및 그 속에 지극하면서도 감출 수 없는 흥겨운 다양성과 변화무쌍함을 동시에 갖춘 지극한 양면성을 만들어낸 것이다.

정도定都와 함께 조영된 경복궁은 여말선초의 전환기 때 고려와 조선

1-1 경복궁 전경(위)
1-2 창경궁 문정전(아래)

의 두 문명을 합해 지금 우리가 알고 있는 한국 전통 건축의 기본 특징을 제시했다. 건물 공사에서 승려가 중심 역할을 맡았던 데서 알 수 있듯이 불교와 도교에 기초한 전조 고려의 소박하면서도 화려한 건축 양식이 곳곳에 스며들었고 이것을 새 왕조의 새로운 통치 이념인 유교의 규범 정신으로 정리했다.도 1-1 이후 창덕궁과 창경궁으로 이어지며 더욱 창의력 있게 응용되었다.도 1-2

조선이 서울에 남긴 왕궁은 5곳이었다. 사가 차원의 작은 궁궐도 여럿 있었지만 왕실과 국가를 대표할 만한 영역을 형성한 곳은 경복궁, 창덕궁, 창경궁, 경희궁, 경운궁(덕수궁)의 5곳이다. 1394년 12월에 착공해서 이듬해 12월 28일에 태조가 입어入御해서 정무를 시작한 경복궁을 필두로 태종 때 창덕궁을, 성종 때 창경궁을, 광해군 때 경운궁과 경희궁을 차례로 지으면서 명실공히 수도 한양의 중심 영역을 이루었다. 모두 사내산(북악산, 인왕산, 낙산, 남산)의 품안에 들며 남으로 한강을 바라보는 명당터에 자리 잡은 서울의 정신적 · 물리적 중심이었다.

궁궐에서는 대부분의 전통 양식이 총망라되며 서울의 전통적 건축 조형 환경을 이끌었다. 지붕, 공포, 단청, 문양, 문살, 기단, 담, 계단, 문 등 건축을 이루는 모든 요소에서 당대 최고의 수준을 자랑하며 서울의 모든 전통 건축에 대한 가이드북이 되었다. 이처럼 궁궐은 조선 시대 건축의 표준 양식을 형성했으며 왕궁답게 그에 걸맞은 위용과 권위를 자랑했다.도 1-3 전통 건축 특유의 품격과 반듯한 형식다움은 여기에서 나온 것이었다.

1-3 창덕궁 숙장문

궁궐 건축(1) - 비대칭, 어울림, 개별성

이상은 상식적이고 일차원적인 해석이고 사람을 대입해서 구체적으로 보면 다른 내용을 발견할 수 있다. 사람들이 실제로 사용하는 과정에서 한국 특유의 조형의식이 형성되었는데 그 내용은 흔히 궁궐 건축 나아가 전통 건축의 일반적 특징으로 생각하는 것과 반대였다. 비대칭, 어울림, 개별성의 세 가지가 대표적 내용이었다.

흔히 궁궐 건축은 대칭으로 생각하기 쉬우나 5대 궁궐 전반에 걸쳐 대칭 구도는 의외로 많지 않다. 경복궁의 전체 배치를 봐도 '광화문-근정전-사정전-강녕전-교태전'에 이르는 중심 영역만 대칭을 유지할 뿐 전체로 보면 비대칭 구도를 이룬다. 중심 영역도 배치도만 대칭일 뿐 실제 영역에 들어가서 보면 비대칭이 더 우세하다. 개별 건물도 중심 전각들은 대칭으로 보이지만 이는 정면에 국한된 것일 뿐 측면에서는 비대칭이 곳곳에서 발견된다. 완전 비대칭까지 가지는 않더라도 적어도 동일한 칸 수가 반복되는 경우는 가급적 피했다.도 1-4 중심 영역 이외의 건물들은 중심 전각일지라도 대칭은 찾아보기 힘들며 행각 같은 부속 전각은 더 말할 필요도 없다.

경복궁 이외의 궁궐은 완전 비대칭이다. 창덕궁이 제일 심하며 나머지 세 궁궐도 마찬가지이다.도 1-5 이는 궁궐터를 이루는 자연 지형에 맞추기 위한 목적이 제일 크다. 일차적으로는 구릉, 송림, 개천 같은 실체가 있는 자연 지형을 가능한 한 훼손하지 않기 위해서였으며 나아가 풍수지리상 혈과 기와 세의 흐름 같은 눈에 안 보이는 자연 질서에도 순응하기 위해서였다. 이외에 대칭을 싫어하는 한국인 특유의 국민성이 발호한 탓도 크다. 한국인은 대칭이 주는 질서보다 비대칭에서 즐길 수 있는 놀이 기능을 더 선호했다.

1-4 경복궁 자경전 서행각(위)
1-5 창덕궁 희정당(아래)

궁궐 건축에 대해서 갖기 쉬운 또 한 가지 선입견은 중심 전각이 부속 전각을 심하게 종속시키며 위압적으로 거느리고 있을 것이라는 생각이다. 엄격한 왕권 중심 계급 사회의 궁궐이어서 그럴 것이나 실제 가서 보면 중심 전각과 부속 전각은 매우 사이좋게 어울리고 있음을 알 수 있다.도 1-6 규모 차이가 생각보다 크지 않으며 장식, 문, 지붕 등 기본적인 건축 처리에서도 그렇다. 둘 사이에 충분한 거리를 확보해서 규모 차이를 실제보다 작게 느끼게 했다. 건축적으로나 정치적으로나 중심 전각은 절대 혼자 존재할 수 없다. 둘이 어울려 합해져 제3의 상태로 상승, 승화될 때 비로소 궁궐의 정치적·건축적 의미가 완성된다.

비대칭과 어울림은 개별성의 미학을 전제로 한다. 서양식 개인주의와 다른 불교에서의 여래장 사상에 가깝다. 서양의 개인주의는 개별의 존재를 인정은 하나 그 자체를 궁극적 상태로 보지 않는다. 주체인 나와의 관계 속에서 경쟁과 정복 대상인 객체로 정의된다. 서양의 개인주의는 '나 중심주의'이다. 한국 전통 건축에서 개별성의 미학은 모든 개체가 동등하다는 상호호혜의 원칙을 바탕으로 삼는다. 개별 건물의 자유가 충분히 구현된 상태가 비대칭이다. 획일화된 전체 질서를 지향하는 대칭과는 반대의 원리이다. 개별 건물의 조형적 의미가 모두 동등한 무게와 가치를 가져야 어울림의 미학이 성립된다. '나 중심주의'가 가장 발호하기 쉬운 기능 유형인 궁궐에서조차 건축미학의 정수가 중심 전각의 고고한 개인주의에 있지 않고 부속 전각과의 어울림에 있는 것이다.

궁궐 건축(2) – 영역, 장소, 문

비슷한 종류의 선입견이 궁궐 건축을 개별 전각 중심으로 인지하는 것이

1-6 경복궁 전경 – 어울림의 미학

다. '경복궁=근정전' 식의 공식이 형성되어 있으나 이는 옳지 않다. 근정전은 '근정전 영역'의 한 가지 구성 요소일 뿐이다. 근정전 영역은 근정전 이외에도 근정문, 일화문, 월화문, 동서남북의 네 행각 등 여러 건물들로 이루어진다. 다른 건물 없이 근정전 혼자 덩그러니 서 있는 장면을 가정해보자. 참으로 무미건조하고 단조로울 것이다. 사정전 영역은 더 심해서 사정문, 천추전, 만추전, 동서남북의 네 행각 등 더 많은 건물들로 이루어진다. 현재 보존, 복원된 상태를 기준으로 하면 경복궁은 이런 식으로 최소 12영역의 합으로 이루어져 있다.도 1-7 원래는 이것보다 더 많았다. 다른 궁궐들도 마찬가지여서 10~20개 영역의 합으로 전체 구성이 이루어진다.

1-7 경복궁 강녕전 영역

영역에 비대칭과 어울림의 미학이 작용하면서 장소로 발전한다. 물리적 크기와 명목적 구획의 의미에 머물던 영역이 각자 처한 상황 및 사용자의 성향 등에 따라 건축적 특성을 띠게 되고 이것이 스토리 개념으로 쌓여 캐릭터와 역사와 상징을 갖춘 장소로 발전하게 되는 것이다. 이때 건축적 특성을 이루는 데 비대칭의 미학이 중요한 역할을 한다. 대칭은 획일화된 규범을 강요하는 데 반해 비대칭은 상대적으로 규범성이 훨씬 약하기 때문에 개별성의 특질이 잘 드러나 장소로 발전하는 데 큰 도움을 준다.

어울림도 마찬가지이다. 어울림은 어울리는 개별 요소들의 귀납적 형편에 따라 매번 다른 양상으로 나타난다. 비대칭도 그중 대표적인 예이다. 비대칭과 어울림은 공통적으로 다질성을 지향함으로써 장소를 낳는다. 모두 같으면 장소가 아니라 그저 물리적 면적일 뿐이기 때문이다. 섬세하면서도 뚜렷한 다질적 차이가 장소를 탄생시키는 기본 배경이다. 이는 각 장소를 일구며 살아가는 구성원의 다양한 형편을 반영한 당연한 결과이다. 이로써 장소는 구성원 각각의 독립적이고 고유한 존재 이유를 담보해주는 최종 기능을 하게 된다. 궁궐의 각 영역을 다녀 보면 분명 각기 뚜렷한 특성을 지닌 장소로 존재한다. 궁궐은 건축이 영역을 거쳐 장소로 작동하는 전통 양식의 특징을 형성해서 남겼다.

서울이라는 도시 전체에서 보면 여러 존재 단위가 남긴 삶의 흔적을 다양하게 접하고 체험하며 배우고 즐기는 터와 곳이 풍부하게 넘쳐났다는 뜻이다. 각 동네와 마을은 자연환경, 주민들의 성향, 삶의 방식 등 모든 면에서 자신들만의 고유한 특징이 있는 것이고 이것이 건축을 통해 조형적 차이로 집단화되어 나타나게 되어 있다. 삶의 기록과 조형적 상징성이 쌓이면서 각자 고유한 장소로 발전한다. 한국 전통 양식의 중요한 특징 가운데 하나는 건축 현상이 이처럼 개별 건물보다는 마당이나 영역을 포함한 장소로 발현된다는 점이다.

영역과 장소가 형성되면 이것들 사이의 소통이 필요하다. 문의 미학이 발전한다. 한국 전통 건축은 마당을 갖춘 영역 중심으로 형성되기 때문에 이것을 이어주는 문이 발달했다. 궁궐은 온갖 문의 집합체이다. 각 영역별로 대문이 있다. 근정전 영역과 사정전 영역에서는 문의 이름도 전각 이름을 따서 근정문과 사정문이다. 강녕전은 향오문, 교태전은 양의문이다. 정문은 중심 전각과 축을 일치시키며 각 영역에 중심축을 만들어줘서 정문의 역할을 톡톡히 한다.

정문만 문이 아니다. 등을 맞대고 있는 옆 영역과의 사이에는 각종

1-8 경복궁 흠경각 측문(왼쪽)
1-9 창경궁 명정문과 명정전(오른쪽)

다양한 문이 난다. 궁궐에는 호호탕탕한 정문만 있는 것이 아니라 작은 측문도 여럿이다.도 1-8 큰 문은 큰 문대로, 작은 문은 그것대로 사람과 물류와 정보가 드나드는 통로이다. 저쪽 영역을 한 장의 경치로 감상하는 액자이기도 하며 몰래 엿보는 관음의 구멍이기도 하다.도 1-9 문은 아무리 작아도 서까래를 걸고 기와를 얹어 일정한 조형 형식을 갖춘다. 문의 이런 조형성이 저쪽 영역의 건물 조형과 어울리면서 문은 중첩에 의한 어울림의 미학이 일어나는 지점이 된다. 문은 이쪽 영역과 저쪽 영역을 여러 건축 형식으로 연결시키고 어울리게 해주는 고리이자 끈이다. 문의 미학은 한국 전통 건축만이 갖는 중요한 특징이다.

1-10 종묘 영녕전(위)
1-11 사직단(아래)

종묘사직 – 수평선과 땅

태조 이성계는 경복궁과 함께 종묘와 사직단도 지었다. 종묘는 태조 자신의 4대조의 신주를 봉안함과 동시에 향후 이어질 조선 왕조의 왕과 왕비의 신위를 봉안할 왕실의 사당이었다. 사직단은 국토지주인 '사社'와 오곡지장인 '직稷'에게 제사를 지내던 제단이었다. '사'는 땅의 신이고 '직'은 곡식의 신으로 전통 농경 사회를 지탱하던 정신적·물리적·종교적 바탕을 이루었다. '종묘사직'이란 이 두 건물에서 유래한 것으로 왕실의 족보를 바탕으로 한 열성조의 보살핌과 땅과 곡식의 신의 가호 아래 조선 왕조가 대대손손 융성하며 이어진다는 뜻이다.

태조는 수도 한양을 건설하면서 주례에서 제시한 '좌묘우사'의 제도를 따라 법궁인 경복궁의 왼쪽과 오른쪽에 각각 종묘와 사직단을 배치하고 경복궁과 같은 해인 1395년에 완공시켰다. 둘 모두 궁궐과 마찬가지로 영역 개념으로 조성되었으며 각각의 건설 목적인 장례와 제사의 기능에 맞춰 짓다 보니 각자 고유한 건축적 특징을 형성하며 개성 강한 장소로 발전했다. 종묘는 장례 분위기에 맞게 근엄한 숭고미를, 사직단은 땅을 향한 제의 목적에 맞게 개방적이고 차분한 분위기를 각각 대표적 특징으로 가졌다. 도 1-10, 1-11

종묘의 숭고미는 단연 정전의 긴 수평선이 대표한다. 왕조가 계속 이어지자 여러 왕을 거치면서 감실을 차례로 증축해서 최종적으로 헌종 2년(1836)에 19칸 101미터로 확정되었다. 도 1-12 이런 수평선은 일차적으로는 역대 왕들의 신위를 한 건물에 모아 모시기 위한 정전의 기능에서 나온 것이지만 확장하면 한국 전통 건축의 대표적인 조형 질서이기도 하다. 한국 전통 건축에서는 대찰의 대웅전이나 법궁의 정전 등 몇몇을 제외하고는 중층 건물이 없다. 모든 건물은 수평으로 뻗어나가면서 구성된

1-12 종묘 정전

다. 지붕도 하늘로 치솟는 법이 없다. 처마선과 용마루는 수평선을 긋는다.

이런 수평선의 특징은 한국 전통 건축 전반에 걸쳐 나타난다. 의도적으로 수직선을 만든 건물은 궁궐의 정전이 유일한데 그 정도는 미약했다. 건물 자체의 비례가 정사각형에 가깝지 수직 비례가 아니었다. 기단을 높이는 등 주변의 낮은 건물을 뚫고 머리를 내민 형국인데 이는 상대적으로 높아 보이는 것일 뿐 정전 자체의 수직성은 그다지 심하지 않았다. 정전의 건축적 특징은 건물 자체의 거대 스케일에 있지 않다. 수평 방향으로 뻗어나가는 주변의 다른 전각 및 행각과 어울리는 모습에 있다.

수평선을 추구하는 이유는 여럿이다. 크게는 자연을 닮기 위한 것이다. 높지 않은 산세와 이것을 품는 지평선, 그리고 그 사이를 흐르는 강의 형상과 세를 닮아 좇고자 했다. 건축적으로 좁혀 보면 마당을 활용하기 위한 목적이 제일 크다. 건물이 2층으로만 올라가도 마당과 분리되기 때문이다. 모든 공간과 건물은 단독으로 생각되지 않고 마당과 합해져 함께 사용되었다. 방과 마당을 공간적으로 관계 맺어줄 수 있는 조형 질서는 수평선이다.

사직단에서도 수평선의 미학을 쉽게 찾을 수 있다. 땅을 향한 제사를 기본 기능으로 갖는 것을 볼 때 당연한 것일 수 있다. 땅의 조형미는 단연 수평선이기 때문이다. 국사 정위토신(토지신이면서 나라를 지켜주는 신)과 국직 정위곡신(곡식의 신)을 모시는 두 개의 설단인 동단과 서단부터 안정적 수평 비례를 갖는다. 두 단 모두 각 변이 2장 5치, 높이는 3척이며 사면에 계단 3층을 쌓았다. 설단 영역은 나지막한 담으로 편하게 구획되면서 정사각형 윤곽을 갖는다. 수평선을 매개로 땅과 관련된 장소다움을 느끼기에 좋은 곳이다. 담장이 땅을 가르며 정사각형 영역을 만들고 나지막한 담장 사이로 문이 솟아올라 있는 모습은 땅을 어려워하고 땅의 기운을 소중히 받들어 기대려는 세계관을 보여준다.

2 :: 성곽, 사찰, 서울문묘

성곽과 봉수대 – 혼성 패턴과 곡선

서울성곽은 돌과 관련된 한국인의 기본 정서와 건축적 특징을 잘 보여주는 유구이다. 경복궁과 종묘사직을 완공시킨 해에 사내산을 연결하는 59,500척의 성터를 결정하고 다음 해부터 축조 공사를 시작했다. 이후 세종과 숙종 때 큰 증축이 있었다. 태조 때 처음 쌓을 때에는 조적 단위에 아직 사각형의 정형적 윤곽이 나타나지 않았다. 1척 정도의 다듬지 않은 네모꼴의 작은 돌을 썼고 쌓은 모습도 불규칙하다. 밑변이 윗변보다 조금 넓어서 기울기를 넓게 잡은 편이나 벽면은 대체로 수직을 유지하는 편이다. 심지어 자연 상태의 비정형 윤곽을 그대로 유지하면서 쌓은 곳도 많다.

세종 때에는 처음으로 모듈이 등장했다. 약 2:1 길이 비율의 장방형으로 돌을 표준 모듈 개념으로 사용했다. 2~4척의 장방형 돌을 쌓아 크기와 모양이 많이 규칙적이 되었다. 성곽 축조를 전담하는 수성금화도감을 설치한 것은 표준화 등 관리를 어느 정도 인식하고 있었음을 보여주는 것이다. 그러나 아직은 모듈을 엄격하게 지키지 않아서 편차가 컸다. 아랫부분은 큰 돌로, 윗부분은 작은 돌로 쌓았고 성벽의 중앙부가 밖으로 약간 튀어나왔다. 숙종 때에는 훨씬 규칙적이 되었다. 크기부터 2척 규모의 정방형 돌로 통일했고 쌓은 모습도 정연한 간격을 유지하면서 가지런했으며 벽면도 수직이 되었다. 표준화가 이루어진 것으로 볼 수 있다.

태조와 세종 때 쌓은 성곽에는 돌을 바라보는 한국 특유의 조형의식이 잘 나타나 있다. 가급적 돌을 인공적으로 다듬지 않으려 했으며 각 개체의 원래 형상을 최대한 존중했다.도 1-13 돌을 물질을 얻기 위한 객체로 본 것이 아니라 독립적 주체로 인정했다. 인간의 욕심을 만족시키는 수단이나 대상으로 보지 않았기 때문에 가급적 손상을 가하지 않았다. 산업이 발달하지 않은 증거로 보는 시각도 있으나 그보다는 산업을 바라보는 기본 시각의 문제이다. 성곽 축조, 나아가 돌을 다루는 기술을 산업화의 대상으로 보지 않았다는 뜻이다.

산업화를 위해서는 돌을 동일한 크기와 형상으로 표준화시켜야 했는데 이는 한국인의 국민 정서와 맞지 않는 방향이었다. 한국인의 전통적 국민 정서는 동일화보다는 개체의 특성을 살려서 그대로 놔두는 쪽을 선호한다. 다양성을 즐길 수 있기 때문이다. 성곽의 경우 반드시 표준화된 부재로 쌓아야 튼튼한 것은 아니다. 크기와 형상이 다를 경우 마찰력이 발생하기 때문에 오히려 더 유리할 수 있다. 더욱이 성벽의 튼튼함을 고려하지 않은 것이 아니어서 많이 커지고 다듬어진 큰 돌이 불규칙하고 작은 돌을 밑에서 받침으로써 구조적 안정성을 늘렸다.

1-13 서울성곽 돌쌓기 디테일

성벽의 강도에 차이가 없는데 굳이 수고를 들여

1-14 서울성곽 전경 – 인왕산 구간

돌을 같은 크기로 자를 이유가 없었다. 반대로 각 돌의 고유 형상을 유지할 경우 쌓은 모습에서 다양한 조형성을 즐길 수 있는 장점이 있었다. 크기와 형상이 다른 요소들을 '혼성'한 결과 '패턴'을 얻을 수 있었던 것이다.도 1-14 모나지 않은 돌들이 흥겹게 어울리는 모습은 마치 보자기가 펄럭이는 것 같은 친숙하고 경쾌한 모습을 보여준다. 기본적으로 전쟁 시설이자 단단한 고형 물체인 돌을 쌓아서 만든 성곽을 탈물질화시켜 천 조각 위의 패턴으로 만들어 즐기기도 했던 것이다.

이처럼 서울의 사내산을 에워싸며 수십 킬로미터를 뻗은 성곽에서 '개체의 존재를 존중함으로써 혼성을 통해 패턴을 얻는다'는 한국 전통 건축의 또 한 가지 독특한 조형미가 나타났다. 성곽의 주요 결절 지점을 지키고 서 있는 사대문과 사소문도 마찬가지여서 이런 문의 석축 기단을 쌓은 모습은 산의 경사를 오르지 않고서도 도심 평지 위의 일상생활에서 한국 특유의 돌쌓기 미학을 접하고 즐길 수 있게 해주었다.

돌의 전통미학을 보여주는 또 다른 예로 봉수대 혹은 봉화대를 들 수 있다. 남산을 비롯해서 아차산과 안산 등 여러 곳에 세워졌는데 남산에 있는 목멱산 봉수대가 중앙 봉수라는 뜻에서 '경봉수'라고 했다. 봉수대 역시 전쟁 시설이지만 그 형태는 친숙하기 그지없다. 배를 내민 것 같은 부드러운 곡선 윤곽을 하고 있다. 볼록하게 솟은 원추형인데 날카롭지 않게 끝을 뭉뚱그렸으며 옆면의 경사도 완만하면서 약간 울퉁불퉁하게 했다. 도 1-15 직선보다 곡선을 좋아하고 곡선이더라도 매끄럽고 인공적인 곡선보다 엉성한 것처럼 보이는 자연적인 곡선을 좋아하는 한국다운 조형미를 잘 보여준다.

1-15 남산 봉수대

돌을 이용한 곡선의 미학은 성곽에서도 볼 수 있다. 능선을 따라 파도치듯 굽이굽이 흘러나가는 전경이 그러하다. 성곽과 봉수대 모두 돌의 축조다움을 보여주는 건축물로 곡선의 미학을 공통적 조형미로 갖는다는 것은 결국 한국인이 '축조', 즉 '무엇인가를 쌓는다는 것'을 어떻게 인식하는지 잘 보여주는 대목이다. 인공적 손질과 동일화를 피하는 대신 친숙한 해학의 미학을 즐기는 대상으로 보았다는 뜻이다.

사찰 – 자연 지형, 어울림, 계단

서울에는 조선 이전에 창건된 기록을 갖는 사찰들이 여럿 있다. 숭유억불 정책을 편 조선 시대를 거치면서 쇠퇴하긴 했지만 아직 명맥을 유지하는 사찰들도 제법 된다. 물론 조선 시대를 거치면서 철거, 전쟁, 화재 등으로 많이 훼손되고 변형되었기 때문에 원래 모습을 제대로 간직한 사찰은 거의 없다고 볼 수 있다. 그러나 개별 전각들의 배치나 전체 구성 등에서는 한국 전통 사찰의 기본적 특징이 아직 남아 있는 것으로 볼 수 있다.

봉원사, 봉은사. 홍천사, 화계사, 보문사 등이 대표적인 예인데 지금은 도심 안에 있지만 조성된 터를 보면 모두 경사지에 위치하기 때문에 산사의 건축적 특징을 보여준다. 세 곳 모두 조선 시대에는 성 밖이었기 때문에 당연히 산사의 개념으로 조영되었을 것이다. 그 특징은 셋으로

1-16 봉원사 미륵전과 칠성각

요약할 수 있다. 첫째, 무엇보다 자연 지형을 거스르지 않고 지세에 순응하는 특징이 두드러진다. 경사지를 무리하게 절토하지 않으며 건물을 산에 안기듯 배치한다. 해방 이후에 지어진 최근 전각에서 이런 특징을 깨는 경우가 있긴 하나 전체적으로 자연 지형이 한정하는 조건을 배치 구성의 최우선 기준으로 삼는다.도 1-16

둘째, 어울림의 미학이다. 자연 지형에 맞추다 보니 크고 작은 전각이 자연스럽게 어울린다. 반드시 자연 지형에 맞춘 결과일

1-17 봉원사 배치도(위)
1-18 봉은사 전경(아래)

필요는 없다. 순수 조형적 측면에서도 획일화된 질서보다는 리드미컬한 다양성을 노린다. 한국 산사의 대표적 구성인 'ㅁ'자형 영역은 없으나 두 채, 세 채, 네 채 등 여러 경우의 수에서 모두 자연스러우면서 자유로운 어울림의 미학을 보여준다.도 1-17, 1-18 앞뒤로 나란히 서기도 하고 옆으로 늘어서기도 한다. 직각으로 마주 보기도 하고 셋이 어울려 균형을 이루기도 한다. 낮은 언덕을 혼자 올라타고 앉아 작은 영역을 이루기도 한다.

1-19 흥천사 옥외 계단

궁궐도 어울림을 대표적 특징으로 가졌는데 이것과는 또 다른 산사만의 어울림이다. 궁궐의 어울림에는 어쩔 수 없이 위계가 개입하며 평지라서 담이 중요한 역할을 하는 데 반해 사찰에서는 담이 없이 자연 지형을 따라 좀더 자유롭게 어울린다. 담이 없어서 개방적이고 여유가 있다가도 지세를 활용해서 호젓하고 아기자기해지기도 한다.

셋째, 계단의 미학이다. 경사지에 무리한 인공의 칼질을 가하지 않다 보니 계단의 비중이 커졌다. 계단은 동일화되지 않고 상황에 따라 다양하게 변신한다.도 1-19 높이 차이가 제법 나면 쭉 뻗은 곧은 계단으로 잇는다. 몇 미터 정도의 작은 높이 차이일지라도 인공적으로 무리하게 고르지 않고 그대로 살려놓은 뒤 아기자기한 계단으로 잇는다. 단수와 폭과 형상만 다양한 것이 아니다. 방향도 변화무쌍하다. 아래쪽과 위쪽이 나란하면 정형적 축을 이루고 어긋나면 사선으로 때로는 지그재그로 오른다. 등고선을 최대한 원 상태대로 보존한다는 의미 이외에 계단 특유의 미학을 덤으로 얻는다. 휴먼 스케일과 다양성이라는 한국인의 조형의식이 잘 구현된 예이다.

자연 지형에 순응하는 태도는 전통 사회에서는 단순한 건축 기법을 넘어서서 그 자체가 세계관이자 지혜였다. 앞서 살펴본 궁궐과 성곽도 사찰보다 약하지만 풍수지리라는 조영 원칙을 따라 자연 지형에 맞춰 배치되었다. 사찰에서는 훨씬 두드러지며 나머지 두 특징인 어울림과 계단의 미학도 자연 지형에 순응하는 과정에서 파생된 측면이 강하다. 궁궐과 성곽은 일반 백성의 접근이 힘들었던 데 반해 사찰은 민중의 생활에 깊숙이 파고들었던 것을 생각해볼 때 사찰이 보여준 건축적 특징은 한국인의 조형의식이 형성되는 데 특히 중요한 역할을 했다.

관청과 서울문묘 – 대칭, 동일성, 규범

한국 전통 건축에 대칭 미학이 없었던 것은 아니었다. 의외로 드물긴 했는데 관청 건물이 대표적 예였다. 궁궐마저 곳곳에 비대칭 구성을 숨겨가지고 있는 터에 대칭 미학을 가장 확실하게 접할 수 있었던 전통 건물은 관청 계열의 시설들이었다. 궁궐도 정전이나 편전 등 주요 전각의 정면은 대칭을 잘 지킨 편이었으나 일반 백성이 이것을 접할 기회는 없었다. 이런 상황에서 대칭 미학이 전통 건축의 특징으로 자리 잡는 데 중요한 역할을 한 것은 관청 시설들이었다.

관청 시설은 단순히 대칭뿐 아니라 동일성 상태까지 보여주는 점에서 한국 전통 건축에서 특이한 경우에 속한다. 대칭은 그 자체로 하나의 미학을 이룬 상태이지만 더 발전하면 동일성을 지향하기도 한다. 한국 전통 건축에서 대칭과 동일성을 동시에 보여주는 건물은 사찰의 주불전과 관청 건물 정도이다. 궁궐의 중심 전각들조차도 정면에서 대칭을 보여주는 정도가 상한선이었다. 정면에서조차 동일성까지 이른 경우는 많지 않으며 측면까지 고려하면 대칭마저도 지켜지지 않은 경우가 많다.

관청 건물에 나타난 대칭과 동일성은 규범을 상징한다. 도 1-20 관청 시설에 당연히 필요한 질서인데 한국 전통 건축에서는 드물었기 때문에 중요성을 갖는다. 서울의 전통적 조형 환경이 비대칭 속에서 다양성을 즐기는 쪽으로 잡혔는데 이 과정에서 다소 무질서해질 수 있는 위험성을 잡아주는 시소 역할을 했다. 나아가 20세기 근대화 과정에서 표준화를 기반으로 한 산업 양식이 자리 잡는 데 중요한 배경을 제공했다. 한국인은 원래 동일 요소가 가지런하게 반복되는 조형 환경을 꺼리는 편이었고 이런 국민성이 표준화를 기반으로 한 근대화와 산업화에 걸림돌일 수 있었다.

그러나 근대화와 산업화에 늦어 식민 지배를 당하는 등 이 문제는 국가의 운명이 걸린 중대사였기 때문에 온 나라가 국민성과 반대되는 문명을 받아들여 운용하는 데 뛰어들 수밖에 없었다. 관청 건물에 드러난 대칭과 동일성의 미학은 이런 불일치에서 파생되는 갈등을 이겨내는 데 일정한 역할을 한 것으로 볼 수 있다. '중' 사상을 이데올로기로 섬기면서

1-20 삼군부 총무당

관에 유난히 복종하는 한국인의 기질이 연결 고리였다. 자신들의 본성과 어긋나는 조형 환경이 온통 세상을 뒤덮게 되는 와중에서 관청 건축에서 봤던 기억을 떠올리며 이것을 받아들이며 좇을 수 있었을 것이다.

이런 현상은 한국의 근대화가 관 주도 아래 재벌 중심으로 진행된 것과 무관하지 않다. 흔히 오피스빌딩이라 불리는 재벌 사옥은 자본의 논리가 첨예하게 드러나는 곳이고 동일성의 지배를 받을 수밖에 없다. 한국의 자본주의에서는 재벌의 역할이 절반밖에 차지하지 못하고 나머지 절반은 그 뒤에 숨어서 이를 조종하는 관치의 몫이다. 한국의 근대화 과정에 등장한 동일성의 미학은 둘의 합작품인데 이것이 고층 건물, 관공서, 학교 등을 휩쓸고 급기야 주거인 아파트까지 독식하게 된 데는 전통

1-21 우정총국 전경(위)
1-22 서울문묘 대성전(아래)

관청 건물이 중요한 단서를 제공했다.

전통 관청 건축은 광화문 앞 육조거리를 필두로 각 지역 단위별 관아를 대표적 예로 들 수 있는데 지금은 모두 헐리고 남아 있지 않다. 이 가운데 극히 일부인 삼군부의 총무당과 청헌당 정도가 복원되어 남아 있다. 전통 관청이라고 보기는 어려우나 우정총국과 모화관(현 독립관)도 이 범주에 넣을 수 있다. 도 1-21 이 건물들은 엄격한 좌우대칭을 유지하며 규범과 동일성의 이데올로기를 과시한다. 현판을 걸어 부분적으로 비대칭을 만들어내기는 하지만 건물에 국한시켜 보면 대칭이 중심 질서이고 나아가 동일성의 단계에까지 이른다.

교육 기관은 관청 건축과 차이가 있긴 하나 동일성의 미학을 많이 보여주는 기능 유형이다. 현재 서울문묘와 양천향교가 대표적 예로 남아 있다. 서울문묘는 성균관이라 부르는 곳으로 중앙의 최고 교육 기관이었다. 이에 걸맞게 대성전과 명륜당의 두 중심 건물은 엄격한 좌우대칭을 이룬다. 도 1-22 대성전의 엄격함이 더 두드러지며 명륜당은 좌우에 측동을 거느리며 좀더 리드미컬한 구성을 통해 완전 동일성을 많이 피해가고 있다. 한국 특유의 비대칭의 미학이 부분적으로 배어든 것인데, 이런 양면적 현상은 20여 채에 이르는 다른 건물들에서도 동일하게 나타난다. 그렇더라도 서울문묘는 비대칭보다는 대칭과 동일성이 주도적 특징으로 작용하는 공간이다.

3 :: 한옥과 생활 공간

전통미학의 집결체, 한옥

한옥은 지금까지 설명한 한국 특유의 조형의식이 가장 압축적으로 집대성된 건물 유형이다. 마당을 끼고 담으로 구획되는 여러 개의 영역이 어울림의 미학을 드러내며 장소로 작동하는 대표적 유형이다. 밖 행랑채, 사랑채, 안 행랑채, 안채, 별당 등 각 영역은 공통점을 가지면서 동시에 각자만의 독특한 존재적 의미를 건축적 특징으로 구현하며 장소로 발전한다.도 1-23 어울림은 채끼리 시작해서 지붕과 창문 등 다양한 요소로 스케일을 바꿔가며 여러 겹 일어난다. 각 영역을 솟을대문, 중문, 측문, 협문, 내외문 등 다양한 형식의 문이 이어주며 어울림의 미학을 돕는다.

어울림은 비대칭을 기본 구도로 삼는다. 전체 배치부터 궁궐, 사찰, 문묘 등 대형 공공시설보다 비대칭이 뚜렷하다. 안채 정도가 부분 대칭을 이룰 뿐 각 영역은 아기자기하면서 자유로운 구성으로 어울린다. 풍수지리와 양택론 등 좇아야 할 규범조차도 자연 지형의 흐름에 따라 비대칭을 장려했다. 영역 사이의 관계와 집 전체의 균형도 큰 건물 하나로 몰아 좌우대칭으로 접지 않고 크고 작은 개별 요소로 나눠 각각의 형편을 살폈으며 이것들을 리드미컬하게 조합하는 형식으로 정의했다.도 1-24 집주인과 장인의 개인 취향이 많이 반영된 결과이기도 한데 이는 당연히

1-23 한규설 대감가(위)
1-24 도편수 이승업 가옥(아래)

비대칭을 강화하는 방향으로 나타났다. 집 밖에서 전경을 보면 여러 겹으로 겹치는 지붕이 어울림 구성을 드러내는데 이 과정에서 수평선이 주도적 조형 질서를 이룬다. 자연지세를 좇다 보니 당연히 수직선은 드러나지 않게 된다. 수지선이라고 해봤자 박공의 꼭짓점이나 추녀 끝을 올린 정도가 전부일 뿐, 담에서 시작해서 지붕까지 강한 수평선이 그어졌다. 반가의 경제적 기반이 농업이었기 때문에 이런 수평선이 땅을 향하고 땅과 어울리는 과정에서 나타난 것 또한 틀림없는 사실이었다.

이상은 주로 농촌 지역사회를 지배하던 문중의 한옥에서 두드러진 특징이었다. 반면 한양을 가득 채웠던 한옥들은 많은 수가 도심형 한옥이었기 때문에 이런 특징이 농촌 한옥보다 약할 수는 있었으나 다른 건축미학을 찾아낼 정도로 큰 차이가 있었던 것은 아니었다. 당시 한양이 지금의 서울처럼 과밀이 아니고 능선과 구릉이 많은 도시였기 때문에 주변 조건이 농촌 한옥에 버금가는 경우도 많았다. 더해서, 도심형 한옥이기 때문에 돌쌓기를 통해 담에 표현되는 혼성미학과 패턴의 특징은 더 강하게 나타나기도 했다.

한옥과 생활 공간 – 중첩, 투명, 공예미학

한옥에는 앞의 건물 유형에는 없거나 있더라도 약한 전통미학이 있었는데 공간 중첩과 공예미학이 대표적이다. 공간 중첩은 방의 앞뒤로 마당이 에워싸고 이렇게 형성된 영역이 다시 문을 소통 매개로 삼아 등을 맞대고 이어지는 한국 전통 건축 특유의 구성 기법에서 나온다. 방문을 열면 마당이 보이고 마당 너머로 담과 옆 영역이 보인다. 방문과 중문의 축이 일치하면 중문을 통해 옆 영역 속 모습이 부분적으로 보인다. '내 방-

1-25 부마도위 박영효 가옥 사랑채

내 방의 창문-마당-중문-옆 영역의 속 모습'은 각각 하나씩 공간을 형성하고 이것이 연달아 이어지면서 중첩이 일어난다.

궁궐, 사찰, 서울문묘 등 한국 전통 건축 대부분에 나타나는 특징이긴 하나 한옥이 특히 농도 짙게 보여준다. 이는 주거라는 특성에서 기인한다. 행태가 제한적으로 일어나는 공공건물과 달리 주거는 다양한 일상생활이 일어나기 때문에 사용자의 본성과 조형의식이 가장 적나라하게 드러나 구현된다. 휴먼 스케일을 유지하기 때문에 눈높이에서 내 몸을 실제 대입시켜 공간을 생생하게 활용하고 경험하게 하는 점도 중요하다.

중첩 공간은 투명 공간으로 발전한다. 한옥 공간이 투명하다는 것은 다음의 세 가지 사항에서 비롯된다. 첫째, 내외 공간을 불이不二의 관계로 보면서 마당을 적극적으로 사용한다. 친親자연적 세계관의 하나로 바깥 공간과의 단절을 최소화해서 같이 어울리려는 목적을 갖는다. 이를 위해 마당과의 교류와 소통을 최대한 늘린다.도 1-25 친자연적 태도를 구체화하

1-26 부마도위 박영효 가옥 안채

기 위해 마당까지 방의 일부로 여기면서 활용한다. 실제로 한옥에는 방이 두 면 이상 외기를 면하는 경우가 대부분이다. 한옥에는 실내복도가 없기 때문에 방은 앞뒤로 바로 마당을 면한다. 복도를 둘 경우 실외에 툇마루 형식으로 둬서 외기를 즐긴다.

둘째, 창과 문의 활용도를 높인다. 마당과의 소통을 늘리기 위해 마당과 소통하는 방식을 다양화시킨다. 사람이 직접 드나드는 것은 물론이고 창을 액자 삼아 마당을 풍경 요소로 활용하기도 한다. 방이 두 면 이상 외기를 면하기 때문에 마당으로 나가는 문이 복수 개인 경우도 많다. 창과 문의 구별을 없애고 '창문'으로 합해서 사용한다. 창문이란 서양에는 없는 단어이며 실제 사용되는 방식을 봐도 한옥에서는 창과 문을 뚜렷이 구별하지 않는다. 굳이 구별하자면 사람이 드나들면 문이고 그렇지 않으면 창이다. 하지만 둘을 구별하지 않고 섞어서 쓴다. 도 1-26

1-27 순정효황후 윤씨 친가 – 나무와 철이 어울리는 수공예의 미학

셋째, 창호지의 반투명 특성을 활용한다. 한옥의 벽과 창문은 안과 밖을 가르는 고형체보다는 투명한 막으로 느껴지는데 이는 전적으로 창호지의 반투명 특성 탓이다. 창을 별도로 두지 않고 문이 창을 겸할 수 있는 것도 창호지가 반투명해서 늘 일정한 빛을 방 안에 들이기 때문이다. 방 안에는 늘 일정한 조도의 은은한 빛이 흐른다.

공예미학은 모든 나라에 있는 건축미학 가운데 하나인데 한국도 특유의 공예미학이 있었다. 이것 역시 모든 건물에 나타나는 특징이긴 하지만 한옥이 특히 두드러진다. 인공적 각색이나 솜씨 과시를 최대한 줄이는 대신 나무, 돌, 금속 등 각 재료의 고유한 특성을 살려 소박하면서 자연스러운 디테일 부재를 만들어 사용하고 즐겼다. 이는 생활용품을 식구처럼 여기면서 여기에서 해학이나 엉성함의 미학 같은 친근한 분위기를 찾았던 한국인의 기본 태도가 반영된 결과이다. 도 1-27

한옥은 좁은 의미에서는 유교 왕조였던 조선의 지배 계층인 양반들의 가옥이나 확장하면 말 그대로 '한국인의 가옥'이 된다. 이 경우 민가와 초가까지 포함할 수 있는데 이런 의미라면 한양 전체가 대형 공공건물을 제외하고는 한옥으로 이루어졌던 것으로 볼 수 있다. 실제로 한옥의 특징으로 흔히 얘기되는 내용들도 기본적으로 양반들의 가옥에서 나온 것이긴 하나 확장하면 일반 백성과 중인들이 살던 민가와 초가에도 해당되었다.

이처럼 한옥은 한국 전통 건축의 미학을 종합적으로 아우르면서 다른 여러 건물 종류와 연대해서 이것을 한양 전체에 확인시켜 뿌리내리게 하는 중심 매개로 작용했다. 한양이 조선의 수도로 결정된 뒤 왕궁을 닦고 백성들이 이주해서 살기 시작한 14세기 말에서 서양 양식이 수입되고 일제의 침략 손길이 뻗치기 시작하던 19세기 말까지 500여 년간 한양 시민들은 이상과 같은 건축적 특징을 갖는 조형 환경 속에서 살아왔다.

2장

개화기와 서양 양식의 전래

1 :: 개항과 서구 문명

서구 열강의 조선 진출

19세기 들어와 조선의 역사는 급박하게 진행되기 시작했다. 외세의 진출이 본격화되었고 그 여파로 한양에 서양 양식의 건물이 들어서는 큰 변화가 나타났다. 현재 서울에 남아 있는 건물을 기준으로 할 때 서양식 건물이 본격적으로 세워지기 시작한 것은 1890년대나 되어야 하지만 서구 열강의 조선 진출 자체는 18세기부터 시작되었다. 처음 문을 연 것은 서학(가톨릭) 전도였다.

서학은 정조(1776~1800)와 순조(1800~1834) 때 청나라를 통한 간접 전파로 조선에 뿌리를 내리기 시작했으며 전통 세력은 이를 저지하기 위해 정약종을 죽이는 등 박해로 맞섰다. 로마 교황청은 1831년에 조선 교구를 창설했다. 헌종(1834~1849) 때에는 프랑스 선교사가 입국했으며 이에 맞서 기해교난과 김대건 신부 순교 등이 연달아 일어났다. 물리적 탄압만으로는 가톨릭을 막지 못했다. 수많은 박해를 뚫고 명동에 명례방明禮坊 공동체를 세우는 등 가톨릭은 조선에 정착하는 데 성공했다.

철종(1849~1863) 때에는 종교 세력이 아닌 서구 열강의 정부가 직접 조선 진출을 시도했다. 영국과 프랑스가 조선 반도를 측량하고 러시아 함대가 개항을 요구하는 등 서구 열강의 진출 시도가 가시적으로 나타났다. 전통 세력은 동학을 창시하고 대동여지도를 완성하며 이에 맞섰다. 19세기 중반을 넘기면서 외세의 침입이 본격화되었고 대원군은 이를 막아 조선의 전통을 지키려는 정책을 폈다. 대원군 섭정(1863~1873) 동안 안동 김씨 세도정치를 타파하고 경복궁을 중건했으며 삼군부를 설치하는 등 내치를 강화했으나 동학 교주 최제우가 처형되는 등 전통의 힘은 서서히 밀리기 시작했다.

병인년(1866)이 중요한 기점이었다. 병인교난, 셔먼호 사건, 병인양요 등 서구와 충돌하면서 개방 대 쇄국의 줄다리기는 무력을 동원한 힘겨루기 양상으로 진행되었다. 1871년에 신미양요를 감행하고 척화비를 세워 전의를 다졌으나 문명사의 흐름을 거역할 수는 없어서 대원군은 실각하고 고종의 친정과 민씨 세도정치가 시작되었다.

이후 19세기 후반 조선의 역사는 개항의 역사였다. 조일수호조규 조인, 신사유람단 일본 파견, 미국 · 영국 · 독일과 수호통상조약 체결, 인천 개항 등이 숨 가쁘게 이어졌고 외래 문물이 물밀 듯 들어왔다. 건축사와 관련해서는 1885년이 중요한 분기점으로 미국 선교사 언더우드와 아펜젤러가 하루 차이로 나란히 귀국했다. 이들은 선교 활동 및 이것의 일환으로 교육 사업을 함께 벌이면서 서양 양식의 교회와 학교 등을 지었다. 이들의 건축 활동은 활발한 편이어서 개화기 서양 건축의 중요한 축을 담당했다.

1894년은 또 한 번의 중요한 분기점이었다. 전통 세력은 갑오농민전쟁을 일으키며 마지막 저항을 시도했으나 일본에 의해 제압당했다. 청군이 일본에 패하면서 조선 반도는 점차 일본 세상이 되어갔다. 아관파천 때 잠시 친러 내각이 서고 대한제국을 선포하는 등 왕실 차원에서 자립의 몸부림이 있긴 했으나 러일전쟁을 계기로 을사늑약까지 이어지면서 주도권은 완전히 일본으로 넘어갔다. 서구 열강은 지리적 · 문화적 거리 때문에 조선에 간여하는 데 한계가 있었다.

개화기 건축의 전개 상황

이상의 19세기 조선 역사는 서울건축사에 그대로 반영되었다. 19세기 후반에서 한일합병 이전까지 개화기 건축은 한국 전통 양식이 계속되는 가운데 외래 양식이 본격적으로 전래, 등장하는 양면적 상황으로 전개되었다. 전통 건축은 한옥이 주를 이루어서 운현궁, 윤보선 가옥, 이종석 별장, 도편수 이승업 가옥, 오위장 김춘영 가옥, 순정효황후 윤씨 친가, 부마도위 박영효 가옥 등이 이때 지어져 지금까지 남아 있는 대표적 예들이다.도 2-1, 2-2 한옥 이외에도 경복궁 중건, 덕수궁 건립 및 중건, 삼군부,

2-1 오위장 김춘영 가옥

2-2 순정효황후 윤씨 친가

홍인지문 수리 확장, 탑골공원 등을 공공건물의 대표적 예로 들 수 있다.
도 2-3, 2-4

이런 예들이 양적, 질적으로 충분한지 부족한지에 대한 판단은 단선적으로 내릴 문제는 아니다. 당시 새롭게 등장하기 시작한 서양 양식과 비교했을 때 숫자나 양식적 창의력 등 여러 면에서 동력을 잃고 쇠퇴한

2-3 삼군부 청헌당(위)
2-4 흥인지문(동대문)(아래)

2-5 경희궁지 흥화문

양상을 보이는 측면도 부정할 수는 없다. 앞서 500여 년간 진행되어온 긴 역사의 끈의 마지막 자락 같은 것으로 볼 수 있다. 이와 반대로 옛날 건물이 거의 남아 있지 않은 서울에서 그나마 전통 건축의 명맥을 유지해주는 소중한 유산이라는 점도 잊어서는 안 될 것이다. 서울은 조선 500년 동안 여러 번의 전쟁과 변란을 겪었고 일제강점기 때에는 '경성도시계획'에 따라 무자비한 철거가 자행되었다.도 2-5 이때 이미 전통 건축 대부분이 사라졌으며 해방 이후 한국전쟁과 근대화를 거치면서 소실과 철거라는 비슷한 상황이 반복되면서 서울에서 전통 건축의 맥은 거의 끊긴 상태이다.

이런 열악한 상황에서 현재 서울에 남아 있는 전통 건축은 궁궐과 종

2-6 덕수궁 중화문과 중화전

묘사직 등을 제외하면 대부분 19세기 후반에 지어진 것들이다. 궁궐조차도 19세기에 중건하거나 새로 지은 것들이 많다.도 2-6 서구 열강이 호시탐탐 노리고 국운이 기울어가는 어려운 상황 속에서 이어진 최소한의 건축 행위가 서울의 600년 역사를 증명하는 거의 유일한 건축 기록으로 남게 된 것이다. 19세기 당시 상황을 보더라도 높아만 가던 외래 문물의 홍수 속에서 앞에 요약한 전통 건축의 미학을 유지하며 한양의 도심 조형 환경에 역사적 연속성을 유지시켜주는 중요한 역할을 했다.도 2-7, 2-8

이런 상황 속에서 정치사의 진행에 따라 외래 양식 혹은 서양 양식이 본격적인 모습을 드러내기 시작했다. 숫자와 다양성 등 여러 면에서 전통 건축을 넘어서며 당시 조선 사회에 큰 충격을 주었다. 당시를 살던 사

2-7 운현궁 노안당(위)
2-8 윤보선 가옥(아래)

람들이 실제 느꼈을 영향의 정도를 지금 추측하기는 쉽지 않은 일이나 최소한 역사적 해석의 관점에서 보면 매우 컸을 것으로 볼 수 있다. 예를 들어 낯선 서양인이 강화도에 배를 대고 대포를 쏘아대며 약탈을 하던 충격적 정치 상황에 대응되는 구체적 증거로 주변에 낯선 이방 양식의 건물이 들어선 것이기 때문이다.

이들 서양 양식의 구체적인 조형성이 모든 면에서 전통 건축과 너무 다른 점도 중요한 요인이었다. 이질성이 주는 충격과 거부감이라는 것이었다. 어쨌든 서울이 처음 접했던 서양 건축은 이처럼 다소 폭력적 방식에 의해 갈등 요소의 모습을 띠고 밀어닥치듯 나타났다. 우리가 주체가 되어 자발적으로 행한 측면도 없지는 않았으나 약했고 외세의 침략과 동의어 형식으로 강요된 측면이 훨씬 강했다.

문화 전파의 관점에서 보면 부정적 현상일 수 있는데 식민 지배로 이어지면서 서울 시민 전체에게 큰 정신적 상처를 남기며 개방과 근대화 및 서양 문명에 대한 콤플렉스로 귀결되었다. 서양 문명이 개항 시기의 이름과 빠름의 문제로 환원된 뒤 국가의 존망 문제로까지 커지면서 신앙적으로 맹종하는 세력이 한국의 근대화를 이끌었다. 좋게 해석하면 군사독재에 의한 압축 근대화는 이런 집단적 콤플렉스를 극복하는 과정이었다. 부작용도 커서 현재 한국 사회가 물질화에 대해 치르고 있는 대가가 그 증거이다. 여기에는 조형 환경이 한국인의 국민성과 맞지 않는 서양식으로 갑자기 바뀐 현상도 중요한 요인으로 작용했다. '전통 대 서양'의 이분법적 갈등의 문제인 셈인데 19세기 후반의 서울 건축은 이 구도가 정착된 첫 번째 분야 가운데 하나였다.

개화기 건축의 유형

19세기 후반 외래 양식은 기준에 따라 여러 방향으로 분류할 수 있다. 건축 주체 및 그에 따른 기능 유형의 종류를 혼합한 기준이 가장 대표적인 경우로 이에 따르면 크게 두 갈래로 나눌 수 있다.

한 갈래는 외세가 주축이 되어 진행된 흐름으로 기독교 전도, 열강 침입 등과 맞물리면서 나타난 현상이다. 우리의 주체적 의사와 상관없는 경우가 대부분으로 반 강제적으로 밀고 들어온 경우도 허다했으며 순교처럼 우리 쪽에서 탄압을 가하기도 했다. 어쨌든 크고 작은 갈등을 수반하면서 구한말 한양 땅에는 여러 종류의 낯선 이방 양식의 건물이 하나 둘씩 들어서기 시작했다.

이 흐름은 네 종류로 한 번 더 나눌 수 있다. 첫째, 파리외방전교회로 가톨릭 성당을 주로 지었다. 둘째, 미국 선교사로 개신교회 및 근대 교육 기관을 주로 지었다. 셋째, 서구 열강의 대사관과 영사관 건물로 다양한 서양 양식이 등장하는 통로 역할을 했다. 넷째, 청나라 양식, 더 정확하게 말하자면 서양화된 청나라 양식이다. 이 양식은 독자적 건물을 남기기도 했고 앞의 첫 번째 건물에 부분적으로 혼합되어 나타나기도 했다.

다른 한 갈래는 우리가 주체가 되어 진행시킨 자주적 서양 양식이다. 이것 역시 우리가 주체 역할을 점한 정도에 따라 두 종류로 한 번 더 나눌 수 있다. 첫째는 '적극적 자주적 서양 양식'이라 이름 붙일 수 있는 흐름으로 조선인 스스로 개화에 대한 명확한 인식 아래 주도적으로 추구한 서양 양식이다. 둘째는 일제의 개입과 맞물려 자의 반 타의 반으로 진행된 서양 양식으로 앞에 대비되어 '소극적 자주적 서양 양식'이라 부를 수 있다.

건축 주체를 기준으로 한 이런 분류는 당시 조선 반도가 미국, 영국,

프랑스, 독일, 러시아 등 서구 열강을 비롯해서 일본과 청나라까지 가세한 제국 경쟁의 각축장이었다는 사실을 그대로 반영한다. 이런 관점에서 양식 사조도 또 다른 중요한 분류 기준이다. 열강들은 자신들이 조선에 세우는 건물은 주로 자국 양식으로 지었는데 조선의 침탈과 지배를 돕는다는 점에서 당연했다.

이상 살펴본 바와 같이 19세기 후반 서울에 등장한 외래 양식의 서양 건물들이 가져온 충격은 대단한 것이었다. 그 의미는 여러 방향으로 해석할 수 있다. 일단 건물 그 자체만 보면 작품성에서 일정한 수준을 확보한 수작들이다. 표준형을 지킬 필요가 있을 때에는 비교적 잘 지켰으며 응용을 하고자 할 때에는 수준 높은 창작성을 보였다. 19세기 유럽과 미국에서 진행되던 역사주의 경향에 견주어 보더라도 뒤지지 않는 수준이라 할 만하다.

외국인이 주축이 되어 지은 건물이기 때문에 당연할 수 있으나 그 장소가 이들의 본국이 아닌 이국만리 머나먼 동양의 작은 나라라는 점을 생각하면 대단한 일이다. 건물은 설계 못지않게 재료 수급, 산업 분야에서의 지원, 시공 기술 등 지어지는 나라와 공사 현장의 상황이 절대적으로 중요하기 때문이다. 물론 이런 기술적 측면은 대부분 청나라에서 도움을 받아 해결했으나 당시 교통 등 물류 이동의 수단이 열악했음을 생각할 때 대단한 일임에 틀림없다.

2 :: 개화기 서양 건축의 등장

파리외방전교회와 벽돌 성당

이상의 배경 아래 외세가 주축이 된 개화기 서양 건축의 네 종류에 대해서 살펴보자. 그 첫번째는 파리외방전교회에서 세운 건물로, 대부분 프랑스 고딕 양식을 19세기 역사주의에 따라 근대적으로 단순화시킨 고딕 리바이벌 계열이 주를 이루었다. 용산신학교(1892, 현 성심여자중고등학교 성심기념관), 약현성당(1893), 명동성당(1898), 원효로성당(1902, 현 성심여자중고등학교 부속성당) 등이 대표적 예로 모두 프랑스의 섬세한 형식주의 전통을 잘 보여준다. 네 건물 사이에 차이도 있어서 명동성당은 프랑스 고딕의 정형적 표준형을 지킨 반면 나머지는 창의적 응용이 돋보인다. 명동성당은 우리나라에서는 드물게 네이브 월(신도석 실내벽)을 3단 구성으로 짜는 등 고딕 성당의 표준형을 잘 지킨 편이다.도 2-9 플라잉 버트레스 없이 버트레스만으로 외벽을 받친 것은 12세기 원본 고딕이 아닌 19세기 고딕 리바이벌을 모델로 삼았기 때문으로 보인다.도 2-10

약현성당은 고딕을 바탕으로 로마네스크를 섞어 쓴 점에서 좀더 포괄적 의미의 중세주의로 분류할 수 있다. 외관은 원본을 충실히 좇았으나 실내는 창작 변형이 돋보인다. 신도석 벽은 3단 구성이 아닌 기둥과 아치 열이 바로 천장을 받치는 단층 구조이다. 화강석 기둥 위에 벽돌 아

2-9 명동성당 실내(왼쪽)
2-10 명동성당 외관 버트레스 모습(오른쪽)

치를 쌓아서 재료 혼용을 이용한 장식 효과를 냈다. 짧고 가는 단일석으로 만든 기둥이 특이하다.도2-11 고딕 성당은 여러 기둥을 묶은 다발 기둥이 표준형인데 여기에서는 날렵한 단일 기둥으로 처리했다. 이런 처리는 독일 중세 건축의 특징이다. 프랑스와 독일의 중세 건축을 혼합한 이런 독특한 모습은 유럽의 중세 시대나 19세기 모두에서 선례를 찾기 힘든 응용 양식이다.

프랑스 원본 고딕과 중요한 차이도 있는데, 화강석을 주재료로 사용한 프랑스 본토 양식과 달리 모두 벽돌로 지은 점이다. 이는 청나라 양식

2-11 약현성당 실내(위)
2-12 용산신학교 정면 아치 구성 모습(아래)

의 영향을 반영한 결과이다. 당시 가톨릭이 청을 거쳐 조선에 들어왔기 때문이다. 회색 벽돌과 붉은색 벽돌의 색 차이 및 이형 벽돌 등을 이용해서 장식 효과를 낸 점이 대표적 내용이다.도 2-10, 2-12 네 건물은 모두 프랑스인인 코스트 신부와 두세 신부가 설계와 감독 등을 맡았는데 이들은 청나라에서 벽돌로 프랑스 고딕 성당을 지어본 경험을 바탕으로 같은 방식으로 한양에 성당을 지었다. 이들이 데리고 들어온 벽돌공, 미장이, 목수 등의 청나라 기술자들이 공사를 담당한 것도 중요한 요인이었다. 이를 위해 용산방에 '와서'라는 벽돌공장을 세워서 재료를 수급했는데 그 위치가 네 건물 모두와 가까운 곳이었다.

미국 선교사와 개신교회

미국 선교사들이 세운 건물은 19세기 빅토리안 고딕, 영국 르네상스, 영국 청교도 양식 등이 주를 이룬다. 정동제일교회(1897)와 배재학당 동관(1916, 현 배재학당 역사박물관) 등이 서울에 남아 있는 대표적인 예이며 일제강점기 이후에는 연세대학교에 주요 건물을 남겼고 구세군 중앙회관도 같은 계열의 건물이다. 정동제일교회는 영국과 미국의 빅토리안 고딕을 합한 특징을 보인다. 뾰족 아치를 기본 어휘로, 붉은 벽돌을 기본 재료로 삼은 점이 빅토리안 고딕의 대표적 특징이다. 영국 빅토리안 고딕의 특징은 몇 채의 건물을 작은 마을 개념으로 군집시킨 뒤 본당을 중심체로 처리한 점이다. 장식 의존도를 낮추고 고딕 어휘를 약식으로 사용한 점은 미국 빅토리안 고딕의 특징이다.도 2-13, 2-14

벽돌로 지은 고딕 교회라는 점에서 파리외방전교회 건물과 공통점을 가지나 구체적 특징에서는 차이도 크다. 가톨릭 성당은 양식 사조에 대해 높은 집중도를 보여주며 프랑스 특유의 형식주의 품격을 보여준다. 구석구석 잔손을 많이 가해 어디 한 군데 서툴게 놔둔 곳이 없었다. 반면 영미 계열의 건물은 이들 특유의 실용정신을 잘 보여준다. 상대적으로 장식 처리를 절제한 대신 특별히 양식이라 이름 붙이기 힘든 보편적 모습으로 지은 부분이 많다. 도 2-15 벽돌도 가급적 붉은색 표준형 한 가지만 사용하려 했다. 차이는 실내에서 더욱 두드러져서 가톨릭 성당은 신도석 벽을 돌이나 벽돌을 이용해서 중세 양식에 충실하게 지었다. 반면 정동제일교회는 실내 구성은 이들과 같은 3랑식이나 이를 구획하는 신도석 벽을 정식 벽이 아닌 각목으로 처리해서 소박한 실용주의를 주장했다.

빅토리안 고딕은 본래 19세기 영국에서 시작된 가톨릭 양식이었으

2-13 정동제일교회 첨탑(왼쪽)
2-14 정동제일교회 아치 창(오른쪽)

2-15 배재학당 동관

나 미국에 수입되어 19세기 개신교 교회에 많이 사용되었으며 이것이 미국 선교사 손에 들려 조선에까지 흘러들어온 것이다. 가톨릭과 개신교는 교리나 감정 등 여러 면에서 대립되는 내용이 많음에도 불구하고 유독 교회 건물만은 '붉은 벽돌에 뾰족 탑과 뾰족 아치'라는 공통 양식을 공유하는데 그 기원이 여기에서 나온 것이다. 어쨌든 명동성당과 정동제일교회를 합한 서양 중세 양식은 이후 한국 현대 사회에서 가톨릭과 개신교의 확장과 함께 온 국토를 뒤덮는 대표적 서양 양식이 되었다.

서구 열강과 대사관 건축

서구 열강의 정부가 지은 대사관 건물 가운데 현재 서울에 남아 있는 것은 러시아공사관(1890), 영국공사관(1891, 현 영국대사관), 벨기에영사관(1905, 현 서울

2-16 러시아공사관

시립미술관 남서울분관) 등이 대표적이다. 이 건물들에서는 르네상스 양식이 공통적으로 나타나며 부분적으로 다른 양식을 섞었다. 자국의 전통 양식을 특별히 드러내지는 않았고 19세기 유럽 역사주의의 보편적 흐름을 반복했다. 19세기 역사주의에서는 사교 클럽이나 외교 관계 건물을 르네상스풍의 대저택 양식으로 짓는 경향이 유행했는데 이것이 조선 외교가에도 반영된 것이다. 이런 종류의 건물에 르네상스 양식을 선호했던 이유는 르

2-17 영국공사관

네상스가 갖는 차분하게 정리된 합리적 이미지 때문이었다. 이것이 사교나 외교 등 고도의 정치적 행위에 안정적 분위기를 제공하며 신뢰감을 높일 수 있다는 판단에서였다.

러시아공사관은 르네상스를 기본 양식으로 삼아 19세기 도리스식 리바이벌 기법을 가미해 크게 단순화시킨 양식이다. 도 2-16 혹은 신고전주의를 사용한 19세기 유럽의 보편적인 대저택 양식으로 볼 수도 있다. 이는 19세기 러시아에서 유행하던 양식이기도 하다. 영국공사관은 영국의 컨트리하우스에 청나라 양식과 르네상스 빌라 구성을 더한 특징을 보인다. 도 2-17 1층과 2층에 넓은 발코니를 둔 처리는 세 양식 모두에서 관찰되는 공통점이다. 벨기에영사관은 르네상스 빌라를 기본 양식으로 삼아 오더 구사에서 차별화된 특징을 보인다. 도 2-18 투스칸식 오더를 기본 요소로 삼아 출입구에는 온전한 원형 기둥을 사용했고 창틀에는 벽기둥으로 변형

2-18 벨기에영사관

시켜 사용했다. 창틀도 1층에서는 얕은 사각 기둥으로, 2층에서는 원형 벽기둥으로 각각 다르게 처리했다.

이상의 대사관 건물은 주체가 외국 정부라는 점에서 서양 양식을 통째로 사용한 것은 일단 상식적으로 보인다. 거꾸로 워싱턴에 있는 한국 대사관저가 한옥인 것과 같은 이치이다. 문제는 당시 시대 상황이었다. 물리적 힘에서 앞서 있는 강대국이 군사력을 앞세워 침탈 점령과 식민 지배를 노리던 대상 국가에 세운 건물이라는 점이다. 당시 한국사를 보면 한반도와 직접 영토를 맞대고 있는 러 · 청 · 일 세 나라는 물론이고 유럽과 미국 등 여러 서구 제국주의까지 가세해서 복잡하게 얽히고설키며 짧은 주기로 한반도에 대한 지배권을 주고받는 상황이 급박하게 진행된다. 외국 대사관 건물에 등장한 어지러운 이방 양식의 파노라마는 이런 상황을 고스란히 반영하는 건축 현상인 것이었다.

이런 대응 해석은 일제강점기와 해방 이후의 근대화 과정에까지 연장할 수 있다. 20세기 한국 현대사의 최대 비극은 서구화를 우리 손이 아닌 외세의 강압에 의해 시작해서 진행시킨 데 있는데 19세기 말 열강의 발호가 그 시발점이 되는 것으로 볼 수 있기 때문이다. 물론 최근에 구한말 고종을 중심으로 우리 스스로 근대화를 실행했다는 내재적 발전론이 크게 부상하고 있긴 하지만 당시 열강들의 발호가 우리의 통제를 벗어났던 것 또한 부정할 수 없는 사실인 것이다.

일제의 식민지 근대화론도 같은 연장선상에 있다. 자신들이 식민 지배를 했기에 한반도에 근대화가 가능했다는 주장이다. 좁게는 식민 시대의 본질에 대한 논쟁이지만 확장하면 19세기 말에 시작되어 20세기를 관통하는 우리의 근대화 과정이 문명 전파라는 지구 보편적 현상의 관점에서 우리의 자주적 행위였느냐 여부의 문제이다. 내재적 발전론과 관계된 건축 흐름에 대해서는 뒤에서 다시 다루겠지만 대사관 건축에 나타난 것처럼 서양 건축의 완성된 양식 단위가 우리 손을 거치지 않고 통째로 수입된 현상은 분명 이후 우리의 건축 전개 상황에 큰 부담으로 남게 된다.

'대원군 콤플렉스'와 서양 건축의 직수입 문제

이 문제는 20세기 한국 현대화 과정 전체를 바라보는 시각과도 맞닿아 있다. 서울을 가득 채운 현대식 건물은 모두 서양식이다. 현대식은 반드시 서양식이어야 한다는 등식을 단적으로 보여주는 분야가 건축이다. 근대화가 서구화와 동의어로 인식되는 현상의 하나이다. 해방 이후 서구화 과정에서 전통 논의가 사이사이에 있었지만 사회적으로나 순수 예술 차원에서나 모두 큰 성공을 거두지 못한 것도 이런 동의어 등식이 강력하게 자리 잡고 있기 때문이다. 전통을 서양 문명의 반대편에 두고 전통 논의가 자칫 우리의 생명줄을 쥐고 있는 서구화를 가로막는 뒷걸음질이 될 수도 있다는 의식이 넓게 퍼져 있다.

개항을 늦게 했기 때문에 쓰라린 식민 지배를 당했다는 '대원군 콤플렉스'가 해방 이후 강하게 퍼지면서 근대화는 국가의 운명과 동의어가 되었다. 시간이 갈수록 더 심해져서 외래 문명에 지나칠 정도로 개방적이 되어가고 최우선의 가치 순위를 여기에 두는 현재의 상황에까지 이르렀다. 근대화가 서구화와 동의어가 되어 있었기 때문에 결국 서구화가 국가의 운명과 동의어가 되는 상황이 되었다. 서양 문명은 우리의 생활과 문화, 의식과 가치관, 시대 상황과 장소 상황 등에 맞게 적절히 적응, 응용해서 받아들일 대상이 아니라 가급적 원본 그대로 직수입해서 똑같이 흉내 내야 할 대상이 되었다.

건축의 서양 모방은 특히 심각해서 이를테면 영어에 전 국민이 온통 매달리는 것에 해당되는 현상이 건축이라는 예술 창작 행위에서도 버젓이 벌어지고 있다. 이 때문에 스포츠나 실기 중심의 다른 예술 분야와 달리 건축에서만 유독 세계적 건축가가 나오지 않고 있다. 세계까지 넓힐 것도 없이 아시아권에서조차 한국 건축은 생명을 상실한 채 서양 건축가와 일본 건축가나 무기력하게 모방하는 수준으로 인식되고 있다. 20세기를 관통하며 오랜 기간 누적되어온 한국 현대 건축의 고질적 문제의 한 갈래가 바로 구한말 서울의 대사관 양식에서 시작된 것으로 볼 수 있다.

미국 대사관저와 프랑스 대사관은 이런 관점에서 또 다른 좋은 비교 대상이다. 미국 대사관저는 정동에 있던 한옥을 구입해서 사용한 점에서 앞의 대사관들과 반대되는 의미를 갖는다. 정치적 · 사회적 차원에서는 이방 양식을 통째로 사용한 것보다는 낫다 하겠으나 건축적 차원에서는 이 또한 바람직한 현상만은 아니다. 시대, 주인, 장소 등이 바뀌었는데 과거 양식을 여기에 적응시키지 못한 채 직설적으로 가져다 쓰는 것은 창의력이 결여된 무기력한 차용 행위일 뿐이기 때문이다. 정치적으로도 한국에 대한 지배력을 강화하기 위한 정치적 제스처의 하나로 볼 수 있는 부정적 측면도 엄존한다.

프랑스 대사관은 이런 관점에서 모범적 예로 볼 수 있다. 김중업의 작품으로 1964년에 지은 것이기 때문에 이 장의 논의 대상에 속하지는 않으나 당시 대사관 양식과 관련한 건축 상황에 비유 모델로 적합한 건물이다. 이 건물은 프랑스 대사관의 건축적 성격을 두 나라를 대표하는 건축 형식을 하나로 합한 절충 양식으로 정의했다. 이를 위해 20세기를 대표하는 프랑스 최고의 건축가 르코르뷔지에(태생은 스위스임)의 건축과 한국 전통 건축을 합한 독특한 양식을 창출했다. 이 내용에 대해서도 뒤에서 다시 살펴볼 것이다.

청나라 양식

청나라는 한반도에 큰 영향력을 끼치던 오랜 역사가 무색하게 구한말에 접어들어 쇠퇴의 기미가 뚜렷했다. 비단 한반도에 대한 지배력에서만 그런 것이 아니라 나라의 운명 전체가 크게 기울고 있었다. 서구 열강에 의해 대륙이 여럿으로 찢겨 점령당하고 연이어 청일전쟁에서 패하며 일본에게 점령당하는 등 청 왕조가 망해가는 쇠락의 과정이 건축적 영향력에서 유사하게 관찰된다.

순수한 청나라 양식의 영향을 보여주는 건물로 현재 서울에 남아 있는 것은 기기국 번사창(1884)과 환구단의 황궁우 팔각정(1897) 정도이다.

2-19 기기국 번사창(위)
2-20 환구단 황궁우 팔각정 문(아래)

서양 양식보다 시기가 조금 앞서는데 이는 청나라의 영향력이 그나마 남아 있던 때가 이때라서 그런 것이다. 그 내용도 양식 전체를 받아들인 것이 아니라 벽돌 장식이나 지붕 형태 등 요소 중심으로 부분적이거나 제한적이다.

번사창은 조선 시대 말에 근대식 무기를 제작하던 관아인 기기국 소속으로 무기 공장이었다. 당시 신무기는 청나라 천진의 기술을 도입해서 만들었기 때문에 번사창도 청나라 건축 양식을 닮았다. 벽돌을 이용한 장식 처리와 지붕 구성이 대표적 내용이다. 도 2-19 검은 벽돌을 주재료로 삼아 아치 주변 등 부분적으로 붉은 벽돌을 이용해서 톱니형으로 장식 쌓기를 했다. 벽돌의 색 차이를 이용한 장식 처리도 나타난다. 지붕은 왕대공 지붕틀을 일정 간격으로 세운 위에 맞배지붕을 얹었다. 전체 지붕 속에 작은 지붕을 한 겹 더 올려 천측창처럼 처리한 점이 청나라 양식이다. 일차적으로는 실내 환기를 위한 기능적 목적에서 나온 것이나 확장하면 큰 지붕 속에 작은 지붕을 조각으로 잘라 넣는 청나라 지붕 기법을 반영한 것이다.

황궁우 팔각정은 3층 구성과 창 모양 등이 청나라에서 영향을 받은 것이다. 조선호텔 쪽으로 난 문도 검은 벽돌로 지은 아치형 삼문으로 청나라 양식이다. 도 2-20 지붕은 잘게 나눠서 외관 변화가 심하며 용마루 끄트머리를 살짝 올렸다. 벽돌 쌓기도 청나라의 전형적 양식이다. 검은 벽돌 사이에 붉은 벽돌과 흰 벽돌을 섞어서 점박이 같은 장식 효과를 냈다. 지붕과 아치 사이 벽면에서는 벽돌을 내어 쌓아 줄무늬를 만들었다. 중앙 문 위에서는 세 줄을 붙여서 굵고 울퉁불퉁한 줄 하나로 만들었고, 양옆 문 위에서는 두 줄로 한 뒤 사이를 띄우고 그 사이에 흑백의 점박이 띠 문양을 넣었다.

3장

전통미학에서 서양미학으로

1 :: 서양 건축의 이질성

서양 건축에서 양식 사조의 개념

이렇게 등장한 서양 건축은 전통 건축과 거의 모든 면에서 완전 반대편에 서는 특징을 보였다. 건축미학으로 환산하면 주제의 종류는 같았다. 건축은 사람 사는 일상의 다양한 기능을 담는 공간 축조물을 세우는 분야이기 때문에 동서양이 고민하고 추구했던 조형적 · 미학적 주제의 종류는 비슷한 것이 당연했다. 문제는 구체적 내용과 특징인데 서양 건축은 많은 면에서 한국 전통 건축과 반대편에 서는 특징을 보였다.

건축과 예술에 대한 기본 개념부터 달랐다. 서양에서는 건축과 예술이 양식 사조 중심으로 돌아갔는데 한국의 전통 시대에는 없거나 있어도 약한 개념이었다. 건축이 특히 그랬다. 한국 건축은 삼국-통일신라-고려-조선 등 왕조사의 연대기에 맞춘 시대 구분 정도가 가능할 뿐 서양처럼 고딕-르네상스-바로크-신고전주의 같은 확연한 사조의 구별은 나타나지 않는다. 시대에 따라 건물 모습에 차이가 있긴 하지만 약하다. 시대별 차이와 구별을 중요하게 인식하지 않았기 때문이다.

서양 건축과 한국 전통 건축의 이런 차이는 형식화의 유무에서 기인한다. 서양에서는 예술의 양식 사조를 각 시대의 문명 상황을 집약적으로 농축한 뒤 인간의 손으로 일정한 형식과 기교를 가해 집단화된 조형

규칙으로 멋지게 만들어내는 것이라고 정의한다. 각 시대의 문명 상황이 다른 만큼 이것을 형식화해낸 결과물인 예술 사조도 시대에 따라 크게 다르게 나타난다. 더욱이 새로운 시대가 앞 시대의 한계를 극복하고 앞 시대를 대체하기 위해 새로운 가치와 문명을 앞세워 등장하는 것이 통례이기 때문에 이 내용을 반영한 예술 사조 역시 자기 시대의 장점과 새로운 점을 강조해서 부각시키게 된다. 이것이 쌓이다 보면 각 시대마다 차이가 뚜렷한 여러 예술 사조가 꼬리를 물며 연속으로 나타나게 된다.

서양에서는 건축도 이런 전개 패턴을 잘 보여주는 대표적인 예술 분야 가운데 하나이다. 미술이나 조각처럼 건축가의 개인적 솜씨와 능력을 겨루는 경연장이며 이것을 사용자의 편의나 자연과의 관계보다 우선시한다. 일반인보다 뛰어난 능력의 소유자이기 때문에 엘리트의식이 바탕에 강하게 깔려 있으며 이런 천재적 능력을 드러내기 위해서 자연과 맞서 자연을 재단하려 했다. 작품성과 예술성, 즉 미학적 가치의 최고 상태를 이상적으로 정의하고 예술은 여기에 도달하기 위한 수단적 매개 혹은 중간 과정으로 본다. '이상 미ideal beauty'의 개념인데 여기에 도달하는 길은 두 가지이다.

하나는 일정한 기본기와 규칙을 통하는 것으로 반드시 지켜야 한다. 다른 하나는 이것을 개인의 능력에 따라 적절히 응용해서 예술적 상태로 승화시키는 것이다. 기본기를 탄탄하게 익히는 힘든 훈련의 과정과 이것을 자신만의 예술적 능력으로 훌륭하게 구사해내는 능력 둘을 모두 갖춘 사람만이 건축가로 인정받으며 그런 사람이 남긴 작품은 시대를 대표하는 걸작이 된다. 건축 사조는 이런 걸작들 중심으로 정의되고 전개된다.

전통 건축을 대체하기 시작한 이질적 서양 건축

서양 건축의 이런 형식화 경향은 한국 전통 건축에는 없거나 있어도 약한 개념이다. 한국에서는 전통적으로 건축을 인간의 능력과 예술적 솜씨를 자랑하는 경연장으로 보지 않았다. 그보다는 사람과 자연을 이어주는 중간 매개로 보았으며 가급적 건물을 사용자에 맞추려 했다. 건축가는 밖으로 드러나지 않고 뒤로 숨을 수밖에 없었다. 한국 전통 건축에 건축가라는 직업이 없는 이유이기도 하다. 문文을 숭상해서 기술직을 천시했기 때문이라지만 그래도 미술에는 김홍도나 신윤복의 예에서 보듯 개인 예술가라는 개념이 형성되어 있었다. 신분 차별은 받았지만 예술가로서의 능력과 작품은 인정받았다.

건축에는 이런 것이 없었다. 건축가의 개인적 요소를 인정하지 않았기 때문이다. 건축에 건축가의 개인적 요소가 개입되면 욕망이 발현되고 이렇게 되면 자연과 대립하며 사용자의 편의보다 자신의 솜씨를 앞세워 자신의 작품을 사용자에게 강요하게 된다. 건축은 이래서는 안 되는 것이라고 보았다. 건축가는 건물을 짓는 재료와 사용자의 일상생활과 이것을 모두 아우르는 자연이라는 세 요소 사이에서 최적의 조화와 어울림을 만들어내는 조정자coordinator였다. 건축은 자연과 대립하지 않고 자연과 최대한 친한 환경을 만들어줌으로써 자연의 지혜와 혜택을 빌려 인간에게 살기 좋은 일상을 선사하는 '생활다운 봉사' 분야로 정의되었다.

기본 개념부터 이렇게 다른 이질적 서양 건축이 들어오면서 많은 혼란과 시행착오가 일어났다. 집에서 도시 가로에 이르는 일상 조형 환경이 갑작스럽게 변하면서 전 국민이 겪게 되는 충격과 갈등이 이런 변화의 최종 결과물일 터인데, 그 이전에 건축 현장에서부터 적응이 쉽지 않았다. 시공 방식에서부터 차이가 즉각 나타났다. 설계도 없이 현장에서 장인의 순발력으로 즉석에서 대응해서 짓던 전통 방식 대신 설계도에 따라 모든 공정을 계획적으로 진행해야 했다. 모서리가 조금 안 맞더라도 사람이 사는 건물은 소박하고 편안한 분위기가 우선이라는 인식 아래 너무 야무진 마무리를 피하던 전통 방식에 비해 새로운 서양 건축은 정반대였다. 모서리는 빈틈없이 꽉 맞아야 했고 정합이 잘 맞는 짜임새와 튼튼함만이 유일한 시공 기술의 미덕이었다.

전통 건축에서는 현장에서 장인이 많은 권한을 가지며 다양한 응용력을 구사할 수 있었다. 그런데 그 응용이라는 것이 앞에서 얘기한 것 같은 조정자의 범위를 넘지 않았다. 해학이나 영성함의 미학 같은 한국 전통 건축만의 은근한 아름다움이 탄생한 배경이자 원천이기도 했다. 서양의 건축가들이 추구하던 엘리트나 천재 개념의 개인주의가 아닌 한국식 조화와 중용 개념에 기초한 개별성의 미학이었다.

서양 건축에서는 이런 한국다운 개별성의 미학을 꺼리고 경계했다. 뜯어고치려 했다. 현장에서 장인의 역할을 설계도가 제시하는 표준화된 원형을 좇아 똑같이 충실하게 지어내는 것으로 한정했다. 그런 설계도를 작성하는 일이 건축가의 몫이었다. 건축가와 장인이 하나로 합해져 있던 전통 건축에서와 달리 둘은 철저하게 분리되었다. 설계한 사람과 짓는 사람이 다른 데서 오는 불일치의 위험은 '설계도서의 표준화와 현장 감리'를 통해 해결될 수 있다고 믿었다. 서양에서는 건축이 기본적으로 표준화, 산업화될 수밖에 없는 이유이다. 이것이 산업혁명 이후 자본주의 및 제국주의와 맞물리면서 건축은 집단적 가치를 증폭시키고 강요하는 난폭한 수단으로 변질되어갔다.

서양 건축이 도입되어 자리 잡아가는 과정은 새로운 건축이 등장해서 더 좋은 생활환경을 제공하는 순기능의 과정이 아니라 이처럼 전통적 건축 방식을 지우고 그 자리를 차지해가는 대립과 자리싸움의 과정이었다. 일반 국민이 일상생활에서 느끼는 이질성도 생활환경을 짓는 현장 방식에서의 이런 차이나 갈등과 결국에는 같은 것이었다. 지금은 해방된 지 70년을 바라보며 일제 유산이 대부분 청산되고 주요 건물만 근대문화재로 지정되어 보존 대상이 되었지만 1960~1970년대까지만 해도 서울 시내 곳곳에 이런 이질성과 갈등의 흔적이 많이 남아 있었다.

현재까지도 몇 군데 그런 곳을 발견할 수 있는데, 가장 대표적인 곳이 운현궁과 양관이다.도 3-1 운현궁은 고종이 어린 시절을 보냈고 이후 대

3-1 양관 전경

3-2 운현궁 노락당과 그 뒤로 보이는 양관

원군이 섭정을 펼치던 곳으로 이를테면 개화기 때 민족자존을 상징하던 곳이었다. 양관은 일제가 한일합병을 전후한 시기에 조선 왕족을 달래기 위해 운현궁 터 일부를 헌 곳에 완전 서양식 건물로 지은 새로운 왕실 주거였다. 건립 배경, 상징성, 건축 양식 등 거의 모든 면에서 날카롭게 대립하며 반대편에 섰던 두 건물이 등을 맞대고 나란히 서 있는 것이다. 특히 운현궁 노락당에 서면 건물 뒤로 양관이 위압적으로 솟아올라 안마당을 감시하듯 굽어보고 있는 장면을 목격할 수 있다. 도 3-2

이보다 대립성이 약하긴 하지만 또 다른 곳으로 경운동 민병옥 가옥과 천도교 중앙대교당도 좋은 예이다. 도 3-3 민병옥 가옥은 한옥이고 중앙대교당은 영국 빅토리안 고딕 양식이다. 천도교의 중앙본부가 서양 양식

3-3 민병옥 가옥과 천도교 중앙대교당

으로 지어졌다는 사실 자체도 슬픈 일이려니와 이것 역시 한옥과 등을 맞대고 나란히 서서 전혀 다른 건축미학을 대립, 충돌시키고 있는 장면은 일제강점기 때 서울의 건축 전개 상황의 한 단면을 보여주는 상징적 장면이다. 이런 이질적 갈등을 강제적 수단에 의해 대단위로 강요한 것이 일제강점기였는데 개화기도 그 첫 단추가 끼워진 시기임에 분명했다. 이것이 우리가 처음 접한 서구화와 근대화의 의미였다. 한국 현대사에서 서구화와 근대화의 첫 단계가 시작된 방향이었다.

2 :: 전통미학에서 서양미학으로

비대칭에서 대칭으로

큰 방향에서 이렇게 차이가 나는 서양 건축이 들어와서 실제 건물을 남기기 시작하면서 구체적인 건축미학에서도 이전의 전통미학과 완전히 다른 특징들이 나타났다. 앞에서 나열했던 전통미학의 항목 대부분에 대해서 비교가 가능할 정도로 조형 환경 전반에 걸쳐 이질적인 서양 건축이 주변을 차지해가기 시작했다. 우선 대칭 구도가 두드러졌다. 대칭은 단순 대칭에 머물지 않고 한 발 더 나아가 동일화를 뚜렷이 지향했다. 아직 모더니즘의 산업 양식만큼 동일화가 진행되지는 않았지만 그 끝이 동일화를 향하고 있음을 알 수 있다. 전통 건축에서는 가능하면 대칭을 피했으며 궁궐의 정전, 사찰의 주불전, 한옥의 행랑채 등 대칭을 피하기 어려운 일부 건물에서는 어쩔 수 없이 대칭을 쓰더라도 동일성만은 대부분 피했다. 서양 건축은 정반대였다. 가급적 모든 구도를 대칭으로 짰으며 더 가능하다면 이것을 동일성으로 몰고 갔다.

건축미학에 부여된 목적과 가치관의 차이였다. 전통미학에서는 건물을 즐김의 대상으로 봤기 때문에 건물에 비대칭을 만들어놓고 흥겨운 놀이 요소를 찾아 즐겼다.도 3-4 반면 서양에서는 건물의 목적을 질서 형성에 뒀으며 대칭은 이것의 핵심 매개였다.도 3-5 질서는 크게는 자연에 맞서 인간의 손으로 구축하는 인공 세계를, 좁게는 각 시대의 가치관을 구현하는 수단을 의미했다. 대제국의 영토를 하나로 묶어 지탱해주는 토목 인프라의 기본 구성을 이루기도 했고 천상 세계를 지상에 옮겨 놓은 종교 이상향을 구성하는 토대가 되기도 했다. 르네상스와 계몽주의 때에는 인간에게 좀더 안정적인 조형 환경을 제공해주는 기술력의 바탕을 이루었다. 산업혁명 이후에는 동일성으로 확대되면서 생산을 증대하고 부를 축적하는 핵심 수단이 되었다. 대칭은 질서에 요구되는 이 모든 목적을 이루는 건축 요소였다.

3-4 경복궁 교태전 – 한국 전통 건축의 비대칭미학(위)
3-5 배재학당 동관 – 서양 건축의 대칭미학(아래)

구체적 예로 창이나 장식 디자인을 보면 대부분의 건물에서 두 건축의 차이를 노골적으로 보여주는 '비대칭 대 대칭'의 명확한 대립 특성을 볼 수 있다. 좀더 미묘한 차이도 있어서 두 건축 모두 형태와 형식을 바꿔가며 응용하는 일을 허용하는 유사한 장면도 관찰된다. 하지만 그 방식과 내용은 반대여서 전통 건축은 장인이 개별 건물의 형편에 맞게 현장에서 그때그때 직접 결정하면서 완전 비대칭 혹은 순수 비대칭을 만든다. 대칭을 유지하더라도 동일성을 피하고 구성 요소를 늘려 대칭의 위압 구도를 완화시킨다.도 3-6 대칭 속에 비대칭 구도를 부분적으로 포함시키거나 숨겨둔다는 뜻이다.

반면 서양 건축은 일정한 법칙이 모습을 조금씩 달리하며 반복되는 정도의 양상만을 보인다. 구성 요소의 종류와 다양성의 폭이 한국 전통 건축보다 현저히 좁다. 이 때문에 비대칭이면서도 대칭의 느낌이 든다.도 3-7 처리 방향과 내용도 대부분 도면에서 강제적으로 적시한다. 현장에서 장인의 자유를 보장하는 한국 전통 건축과 달리 장인은 미리 결정된 건축가의 의도를 충실하게 구현하는 기능공으로 여긴다.

이처럼 비대칭의 전통 건물을 대칭의 서양 건물이 대체해가면서 서울의 조형 환경에는 즐거운 감상거리와 놀이거리가 점점 사라지고 줄 잘 선 엄격한 질서가 자리 잡게 된다. 서울의 근대화 과정이란 것을 건축에서 보면 비대칭을 대칭이 대체해가는 이런 과정과 크게 다르지 않다. 비대칭은 재래라는 이름 아래 전근대적이고 무질서한 것으로 치부되면서 근대화를 이루기 위해서 사라져야 할 대상이 되었다. 이런 인식은 일제강점기 때 한민족을 비하하려는 식민사관에서 공고하게 굳어졌으며 해방 이후 우리 손으로 시작한 압축 근대화 시기 때 절정에 달했다. 부의 축적을 일정 부분 이룬 뒤에 도래한 1990년대 이후의 후기산업사회에서 다시 비대칭을 추구하는 경향이 일부 나타나고 있지만 그 정도나 효과는 미미한 편이다. 서울은 이미 대칭 구도로 엄격한 질서를 세운 빽빽한 도시로 굳어버렸다.

3-6 종묘 향대청(위)
3-7 원효로성당 측면(아래)

마당을 낀 어울림에서 독립 오브제로

건물 안에 방과 생활 기능을 담는 방식에서도 두 건축은 반대였다. 전통 건축에서는 큰 건물 한 채에 모든 것을 넣지 않고 작은 채 여럿으로 나눈 뒤 각각에 마당을 부여해서 영역으로 존재하게 했다. 목적은 두 가지였다. 하나는 공간의 관점에서 마당을 즐기기 위한 것으로, 방에서 문을 열면 복도 없이 바로 마당의 외기였다.도 3-8 이 과정에서 중첩과 투명 등 한국만의 특이한 공간 특성이 나타났다.

다른 하나는 조형적 관점에서 덩어리 사이에 어울림의 미학을 만들어내기 위한 것이었다. 건물을 여러 개의 채로 나누다 보니 이것들을 다시 합해야 했는데 이 과정에서 한국 특유의 가족과 정의 문화를 반영하면서 어울림의 미학이 나타났다. 특히 유교 시대 대가족 제도의 영향이 커서 크고 작은 여러 채를 조합한 전통 건축의 모습은 대가족 구성원이 어울리는 모습과 닮았다. 이런 모습은 한옥이 제일 두드러지지만 그 출처는 궁궐이었다.도 3-9 특히 지붕을 통한 어울림의 장면은 한국 전통 건축의 대표적 미학 가운데 하나였다.

반면 서양 건축에서는 건물을 독립 오브제로 짓는다. 가능하면 여러 방과 생활 기능을 한 채의 건물 안에 집어넣으려 한다. 단일 육면체가 제일 효율적인 것으로 인식된다. 나라별 전통이나 기능적 필요 등에 따라 측동이 뻗어나가긴 하지만 모두 한 실내로 이어진다. 서양 건축에서는 같은 범위에 속하는 기능은 한 건물 안에 넣는다. 건물을 분리하는 것은 각 건물에 들어갈 내용의 성격이 너무 달라서 한 건물 안에 넣는 것이 오히려 손해가 되는 경우이다.

그 이유는 건물을 여러 채로 나누는 한국 전통 건축의 목적과 반대이다. 공간의 관점에서는 실내의 성격을 마당의 외기와 어울리는 소통의

3-8 해풍부원군 윤택영댁 재실(위)
3-9 경복궁 사정전과 근정전이 중첩되며 어울리는 모습(아래)

장으로 보는 것이 아니라 그 반대로 외기의 열악한 환경에서 개인을 보호해주는 은신처나 피난처로 정의한다. 외기를 냉기와 열기, 비와 바람, 소음과 남의 눈길 등 불리한 조건이 가득 찬 피해야 할 대상으로 본다는 뜻이며 공간의 일차적 존재 이유는 이것을 차단해서 물리적으로 쾌적한 환경을 만들어주는 데서 찾았다. 따라서 건물의 사면은 막히고 실내는 실외와 완전히 분리된다.도 3-10

조형적 관점에서는 서양 특유의 자기중심주의를 반영한 결과이다. 건축주와 건축가 모두에게 공통적으로 적용될 수 있는 내용이다. 건축주는 건물을 자신의 사회적 지위, 성격, 경제력 등을 표현하는 매개로 본다. 자기를 세상의 중심에 두고 자신의 존재를 정의하고 표현해주는 매개로 본다는 뜻이다. 건축가는 예술가의 관점에서 동일한 시각을 갖는다. 건물을 예술가로서의 세상의 중심인 자신의 존재를 표현하는 매개로

3-10 양관 실내

3-11 대한의원 본관 전경

본다. 둘을 합하면 건물은 독립 오브제가 되어야 마땅하다. 세상 속에서 자신을 알리려는 것이다. 도3-11

이처럼 독립 오브제로 존재하는 서양식 건물이 들어서면서 서울의 도시 공간 개념은 크게 바뀌기 시작했다. 제일 큰 변화는 공간의 켜가 여러 개 중첩되던 것이 둘로 갈리게 된 것이다. 전통 도시에서는 공공성이 제일 높은 가로에서 가장 은밀한 사적 영역인 내 방까지 이르는 공간의 전이 과정이 여러 켜의 공간이 중첩되어 만들어진다. 가로와 내 방 사이에 여러 영역이 끼어들어 있기 때문이며 많은 경우 제일 바깥 영역은 공공 성격이 많이 스며들어 도시와 일정 부분 공존한다. 공공 영역과 사적 영역 사이에 중간 성격의 공간이 여러 켜 겹쳐진다는 뜻이다.

서양 도시에는 이런 것이 없다. 도시라는 것이 건물의 집합체이기 때문에 건물의 기본 의미는 도시 공간의 성격 형성에 결정적 영향을 끼친다. 독립 오브제로 정의되는 건물들이 모여서 이루어지는 서양 도시는 공공 영역과 사적 영역이 칼로 자른 듯 이분법으로 갈린다. 문만 열면 바로 가로요 문을 닫으면 나만의 공간이 되어야 한다. 도시 공간의 켜는 단겹이 된다. 이런 현상은 도시 외부 공간을 팍팍하고 단조롭게 만든다. 이런 위험은 고층 건물이 등장하면서 특히 높아진다. 도시 외부는 쉬면서 여유를 즐기는 머묾의 공간이 아니라 독립 오브제들인 이 건물에서 저 건물로 빨리 옮겨가야 하는 이동을 위한 복도로 정의된다.

문 – 소통용 구멍에서 출입구 형식화로

건물의 기본 성격에 대한 차이는 문에 대한 차이로 이어진다. 특히 건물의 기본 성격을 공간의 관점에서 정의한 내용과 연관이 깊다. 문이란 공간과 공간을 이어주는 역할을 하기 때문이다. 내외 공간을 단절이 아닌 소통의 대상으로 보고 마당을 통해 하나로 합해서 즐기려는 한국 전통 공간에서는 문을 그런 소통을 돕는 왕래와 교류의 구멍으로 정의한다.[도 3-12] 이 때문에 문은 마당을 포함한 영역 전체의 바깥 경계에만 정식으로 존재하고 정작 건물 자체에는 특별히 형식화된 문이 없다. 대문은 발달한 대신 서양식 현관문이라는 것은 없다. 방에 달린 문을 열면 바로 외기이기 때문에 방문이 현관문을 겸한다. 문이 창까지 겸하는 경우도 많기 때문에 현관문의 형식다움은 더욱 약해진다.

대문도 마찬가지여서 보안이 중요한 궁궐이나 반가 등에서는 발달했지만 일반 백성들의 민가나 초가 등에서는 싸리문처럼 상징적 칸막이 정도로 놔두는 경우가 많았다. 사찰에도 특별히 안과 밖을 명확하게 가르는 '꽉 다문 입' 같은 의미로서의 대문은 없었다. 서원과 향교 등 교육

3-12 해풍부원군 윤택영댁 재실 솟을대문

3-13 양천향교 홍살문(왼쪽)
3-14 양천향교 정문(오른쪽)

공간의 대문은 안과 밖을 가르기는 했지만 누각 형태로 짓는 경우가 많았기 때문에 2층을 통해서는 안이 들여다보였다. 누각이 아니라 단층의 문으로 처리하더라도 마당에 숨통을 뚫은 개념으로 정의되기는 마찬가지였다. 왕릉에 세우던 홍살문도 세트로 함께 사용했다. 단절의 기능이 전혀 없는 순수 상징체로서의 문이었다. 문은 안팎을 가르는 단절 요소가 아니라 홍살문에서 대문을 거쳐 경내로 이르는 여정의 연결 고리로 정의했다. 도 3-13, 3-14

서양 건축은 이와 반대였다. 서양 건축도 빌라처럼 교외에 존재하는 일부 유형에서는 담을 쌓고 대문을 달기는 했지만 드문 경우였고 대부분 건물의 안팎을 가르는 현관문이라는 것이 모든 문을 대신했다. 마당이 발달하지 않았고 실내 공간의 기능을 외부와의 단절로 보는 기본 인식이 문에도 반영된 것이다. 그 대신 현관문은 형식화가 심하게 나타났다. 차양이 돌출하면서 작은 영역을 형성하는 경우가 많았으며 차양을 길게 뽑은 뒤 끝에서 기둥이 받치는 포치porch로 처리했다.도 3-15 아치를 여러 개 이어붙여 두꺼운 벽으로 문틀을 짜기도 했고 계단을 붙여 지면에서 올려 두는 경우도 많았다.

'출입구 형식화'로 부를 수 있는데, 한국 전통 건축에서 다양한 크기와 형식으로 분산되어 나타난 여러 개의 문을 하나로 합한 개념이었다. 서양 건축의 가장 기본적 특징인 형식주의가 문에 작용해서 나타난 결과였다. 문이 이렇게 바뀌어가면서 서울의 조형 환경 및 그 속에서 살아가는 일상생활도 함께 바뀌었다. 전통 시대의 일상생활에서는 문을 내는 데 형식의 제약이 매우 약했기 때문에 여러 종류의 비공식적인 소통 구멍이 주변에 넘쳐났다.

3-15 대한의원 본관 출입구

사람들은 이것들을 통해 자유롭게 의사소통을 했다. 한쪽과 다른 쪽을 이어주는 연결 통로가 다양하게 존재하는 한국 특유의 문화적 특징 가운데 하나였다. 미리 정해진 형식보다 상황에 맞게 적

3-16 서울문묘 비복청과 서리청(위)
3-17 배재학당 동관 출입구(아래)

응하는 융통성에 유난히 능한 한국인의 국민성이 문에 반영된 결과이다. 이런 융통성은 사람 사이의 관계를 풍요롭게 해주고 사람 사이에 발생하는 갈등과 문제를 원활하게 풀어주는 역할을 했다.

이것이 서양의 형식화된 출입구로 바뀌면서 의사소통 방식도 딱딱하고 공식적인 한 종류로 단순화되었다. 전통적 관점에서는 막혔다고 볼 수 있을 정도였다. 이쪽 영역과 저쪽 영역 사이에 뚫려 있던 크고 작은 소통의 구멍들은 봉쇄되어갔고 크고 웅장한 정식 출입문을 통해서만 교류가 가능해졌다. 도 3-16, 3-17 '이리 오너라'와 헛기침이 초인종과 노크로 바뀐 것과 같은 현상이다. 사람 사이의 관계는 점차 단순해지면서 부담스러워져 갔다. 도시 공간의 켜가 단겹이 된 현상과 합해지면서 서울의 조형 환경은 점차 삭막해져 갔다.

투명 공간에서 불투명 공간으로

이상의 변화를 공간의 관점에서 단적으로 정리하면 투명한 전통 공간이 불투명한 서양식 공간으로 바뀌었다고 할 수 있다. 여러 켜의 영역이 겹치면서 사람 사이의 소통 관계도 다층으로 형성되던 투명한 공간이 'yes or no'의 이분법적 단절 공간으로 바뀐 것이다. 이런 공간을 건축에서는 불투명하다고 부른다. 투명한 전통 공간에서는 집 주인이나 방 주인의 의사와 상관없이 다양한 소통이 항상 일어났다. 사람이 있는 곳에는 목소리, 그림자, 실루엣, 발소리, 헛기침, 훔쳐보기 등 실로 다양한 의사소통이 늘 일어났다.

적극적으로 의사 표현을 하는 직접 소통 방식과 구별해서 소극적 혹은 간접 소통 방식이라 부르는 것이다. 이것을 공간으로 환산하면 다양한 중간 켜가 존재한다는 사실과 맥을 같이한다.도 3-18 프라이버시 보호가 안 된다는 한옥의 단점에 해당되는 내용이지만 적응해서 습관이 되면 의사소통이 다양해진다는 장점도 있다. 사람이 살다 보면 내 생각이나 기분 상태 등을 내 입으로 직접 말하는 것보다 남이 은근히 혹은 자연스럽게 알아주기를 바라는 때가 많이 있는데 전통 공간의 투명성은 이것을 배려해서 나온 특징이다.

벽과 문의 물리적 성질도 이를 돕는다. 벽은 나무와 흙이 주재료이기 때문에 딱딱하고 육중한 물성이 약하다. 사람의 감각은 신기한 것이어서 외장 마감을 했어도 이런 물리적 특성을 느낄 수 있다. 더욱이 흰 회벽으로 미장을 했기 때문에 벽은 시각적으로는 불투명할지라도 느낌상으로는 투명하게 다가온다. 창호지 문은 더욱 그렇다. 반투명이라 유리 같은 완전 투명성에는 이르지 못했지만 이는 시각이라는 한 가지 기준에 국한된 얘기이다. 유리에는 없는 창호지만의 묘한 투명성이라는 것이 있다.도 3-19 종이 재질이기 때문에 소리가 통과되고 체온까지도 느낄 수 있는 데서 오는 투명성이다. 사람의 존재를 총체적으로 투영시키는 투명성이다. 오감 전체로 보면 유리보다 훨씬 투명하다.

3-18 창덕궁 연경당 안채

이런 투명 공간이 불투명 공

간으로 바뀌었다. 일단 재료의 물리적 성질부터 달랐다. 서양 건축은 돌과 벽돌이 주재료이기 때문에 딱딱하고 육중한 불투명성을 대표적 특징으로 갖는다. '돼지 삼형제' 동화에 나오는 내용을 미덕으로 여긴다. 벽돌로 튼튼하게 지은 마지막 집이 태풍을 이겨내며 돼지 삼형제를 무사히 지켜냈다는 내용인데 이것을 건축적 미덕으로 여겨 불투명 공간의 배경으로 삼는다. 비바람에서 사람을 보호해주고 개인의 프라이버시를 지키는 것이 공간의 존재 목적이기 때문에 단절할 때에는 확실하게 단절해주는 공간이 좋은 건축으로 정의된다. 불투명성은 이것의 당연한 결과이다. 도 3-20

서울에 불투명한 서양식 돌 건물과 벽돌 건물이 들어서면서 도시 외부 공간도 변해갔다. 건물의 외벽은 투박한 성벽처럼 사람을 에워쌌다. 도시 공간은 불투명한 벽으로 사방이 막혀 답답한 곳으로 변해갔다. 시각적 · 감각적 느낌에서의 이런 변화는 결국 사람 사이의 관계와 생활 방식의 변화로 이어졌다. 의사소통은 전적으로 건물 주인의 마음에 달리게 되었다. 집 주인이 'yes' 하고 열면 소통이 일어나고 'no' 하고 닫으면 모든 것이 끊기고 단절되었다. 도 3-21

3-19 한규설 대감가 사랑채

문과 관련해서 나타난 변화도 공간의 투명성이라는 관점에

3-20 명동성당 벽돌 벽 위의 창문 구성(위)
3-21 기기국 번사창 정면 벽돌 벽 위의 창문 구성(아래)

서 해석할 수 있다. 한국 사람들은 전통적으로 다양한 비공식적인 소통의 통로 속에서 살아왔기 때문에 이처럼 서양식으로 꽉 닫힌 문에 대해서는 거부감이 들면서 피해버리는 습성이 있다. 서양 사람들은 열려 있는 남의 집 문 앞을 지나칠 때 절대 안을 들여다보지 않지만 한국 사람들은 힐끔거리며 안을 들여다보는 것도 이런 습성이 남아 있다는 반증이다. 사람들은 점점 남의 집 일에 대해서 눈과 귀를 닫고 마음을 닫아갔다. 결국 아파트가 범람하면서 옆집에 누가 사는지 전혀 모르고 사는 상태까지 악화되면서 이웃의 문화는 완전히 사라졌다.

서양이라고 이웃의 문화가 없지는 않다. 문제는 그 방식이 다르다는 데 있다. 굳게 닫힌 문을 노크라는 공식적 의사 표현을 통해 열게 만들며 옆집과 소통하는 것이 서양식 문의 문화이자 이웃의 문화이다. 서양 건축의 불투명한 공간은 이런 서양식 문화에 맞게 만들어진 것이다. 불투명한 공간만 받아들이고 여기에 수반되어야 할 문의 문화와 이웃의 문화까지는 받아들이지 못하다 보니 물리적 환경이 우리의 전통적인 소통 방식과 안 맞게 되었다. 이도 저도 아닌 어중간한 상태가 된 것인데, 이는 결국 한국 전통 문화의 최대 특징이자 장점인 공동체 문화가 붕괴되는 결과로 이어졌다.

무엇을 잃고 무엇을 얻었는지 따져볼 문제이다. 우리의 전통 공간이 사라지다 보니 전통적 생활 방식도 함께 사라졌다. 서양식 공간이 그 자리를 채웠지만 생활 방식까지 서양식으로 바꾸지는 못했다. 결국 우리 것은 모두 잃은 것이며, 서양 것은 반드시 짝으로 들어와야 할 둘 가운데 불투명한 공간이라는 물리적 환경 한 가지만 받아 서울 전체를 꽉 채우게 된 것이다. 이런 상황에서 전통적 생활 방식은 습관으로 남아 있다 보니 물리적 환경과의 불일치가 발생할 수밖에 없게 되었다.

3 :: 자연 재료에 대한 기본 인식의 변화

돌 – 곡선과 수평선에서 직선과 수직선으로

구한말에는 돌 건물과 벽돌 건물처럼 한국 전통 건축에는 없던 완전히 다른 건축 방식만 전래된 것은 아니었다. 예를 들어 돌 자체는 한국 전통 건축에서도 주요 재료로 사용되었다. 거꾸로 서양 건축에서도 나무를 주요 재료와 공법으로 사용했다. 그러나 이 두 재료를 바라보는 기본 인식은 여전히 많이 달랐다.

한국 전통 건축에서 돌을 바라보는 기본 태도는 형상이나 크기 등 각 조적 단위가 갖는 고유한 조형적 개별성을 충분히 존중해서 살리자는 것이었다. 건축가의 역할은 이것들이 서로 어울리게 도와주는 조정자였다. 이에 따라 돌 건축에서 나타난 구체적 조형성도 곡선이었다. 완전히 둥글게 처리하지는 않았지만 가급적 직선을 피하며 친근한 해학의 느낌으로 나타나게 했다.도 3-22 돌에 대한 이런 태도는 자연을

3-22 놀이미학을 보여주는 운현궁 노락당 돌계단

존중하고 따르는 문명관의 한 종류이며 이런 점에서 땅을 조형 모델로 삼은 수평선의 미학과 일맥상통한다.도 1-14 한국 전통 건축에 돌을 이용해 지은 중층 건물이 없는 이유이기도 하다.

서양 건축은 반대였다. 돌은 표준화를 위해 반드시 동일한 부재로 깎고 다듬어야 할 대상이었다. 재료 물성이 단단한 만큼 인공적 힘으로 극복하고 손아귀에 넣어 다룰 대상이었다. 이렇게만 할 수 있으면 단단한 물성 때문에 유리한 점이 많았다. 수직으로 올라가기에 적합한 재료라는 인식도 여기에서 나온 것이다. 돌을 수직으로 쌓아 중층 구조를 만들면서 높이 올라갈수록 더 많은 물질과 부를 얻을 수 있었다. 서양 건축의 기본적 조형의식이 수직선으로 나타나게 된 배경이다. 표준화된 돌을 쌓아 물질과 부를 얻기 위해서는 결국 수직으로 올라갈 수밖에 없기 때문이다. 서양 건축에서 일찍부터 중층 구조가 발달한 이유이기도 하다.

수직선은 당연히 직선을 수반한다.도 2-13, 2-16 곡선으로는 높이 올라가기 힘들기 때문이다. 기술적으로는 가능하지만 이럴 경우 경제적 효율이 심하게 떨어지기 때문에 수직선을 도입한 본래 취지에 반하게 된다. 수직선을 도입한 목적이 부의 축적이었던 서양

3-23 정동제일교회의 돌 기단과 벽돌 벽

3-24 서대문형무소 중앙사

건축에서는 수직선을 쌓는 조형 매개로 직선을 채택했다. 수직선을 높이 올리기 위한 필수 조건이던 구조적 효율은 곧 경제적 효율과 동의어가 되었다. 돌도 잘 다루면 구조적 효율을 얻어 낼 수 있는 재료였다.도 3-23

표준화는 산업화로 이어졌다. 자연석을 채석해서 사람 손으로 일일이 잘라 표준 부재로 만들어 쓰는 방식으로는 성에 안 차게 되면서 산업화가 절실해졌다. 그 결과 세운 것이 벽돌 공장이었다. 동일한 조적 부재를 수십만 장 수백만 장씩 찍어 사용하면서 성벽과 건물 벽을 짓는 시간은 점점 빨라졌고 강도는 더욱 튼튼해졌다.도 3-24 이는 모두 부의 축적으로 이어졌다. 서양 건축의 발전을 이끈 핵심 현상 가운데 하나인데, 물질에 대한 욕심은 그 속도를 훨씬 초월해서 더 커졌고 결국 산업혁명을 일으켜 철근 콘크리트와 철골을 손에 넣어 수십 층, 심지어 백 층 이상의 수직 집적을 이루게 되었다.

서양식 돌 건물과 벽돌 건물이 서울에 등장하면서 자연 재료에 대한 기본 인식도 따라 변했다. 자연 재료에 나를 동화시켜 어울리려는 전통적인 조정자의 인식은 사라졌다. 자연 재료는 견실절검堅實節儉하며 부지런히 쌓고 또 쌓으면 물질적 풍요를 이룰 수 있다는 근대화의 공식을 실현하는 수단이 되었다. 이에 따라 도시 환경을 이루는 조형성도 곡선과 수평선에서 직선과 수직선으로 바뀌었다.

나무 – 공예미학에서 구조 효율로

나무에 대한 기본 인식에서도 비슷한 차이와 변화를 찾을 수 있다. 한국 전통 건축은 나무가 주재료였기 때문에 나무와 관련해서 풍성한 건축적 특징을 만들어냈다. 크게 구조 방식과 공예 장식으로 나눌 수 있다. 구조 방식의 대표적인 특징은 다시 둘로 요약할 수 있다. 하나는, 못이나 보강재 같은 보조 연결 부재를 이용하지 않은 목재 접합 방식이다.도 3-25 목재끼리 살을 파내고 몸을 끼워 넣어 단단히 결구한다. 돌쌓기에서 마찰력을 이용해서 벽의 강도를 확보하던 지혜와 같은 이치이다. 개체 사이의 임계 거리가 가깝고 살을 비벼대는 주관적 스킨십이 유난히 많은 한국 특유의 인간관계를 건축 구조에 반영해서 얻어낸 구축 방식이다.

다른 하나는, 휜 나무를 그대로 사용하는 미가공성이다. 소박미나 엉성함의 미학 같은 한국 전통 건축 특유의 미학을 구성하는 대표적인 내용인데 자연 혹은 자연 재료를 바라보는 한국인의 기본 인식을 반영한 결과이다. 돌과 마찬가지로 각 부재 단위의 개별적 존재를 존중하겠다는 자연관의 발로이다. 건축가를 재료 자체의 본성을 최대한 지켜줌으로써 재료 스스로 조형적 특징을 만들어내도록 이끌어주는 조정자로

3-25 해풍부원군 윤택영댁 재실 – 목재 구조의 접합의 미학

3-26 뚝섬수원지 제1정수장 송수실 실내(위)
3-27 기기국 번사창 실내(아래)

정의한다는 뜻이다.

반면 서양 건축에서는 목구조 역시 건축 구조에 요구되는 일반적 기능인 '구조적 효율성'의 대상으로 본다. 나무 특유의 특징을 살리기보다는 일반 구조의 한 형식으로 보는 것이다. 이를 위해 트러스라는 서양 건축만의 목구조 접합 방식을 만들어 사용해왔다. 개화기 서울에 등장한 서양 건물의 목구조에서도 트러스를 제일 많이 사용했다. 기기국 번사창과 뚝섬수원지 제1정수장 송수실(1908)이 현재 남아 있는 대표적인 예이며도 3-26, 3-27 일제강점기 이후 지어진 구세군 중앙회관(1920) 강당도 같은 예이다.

이런 예들의 목조 트러스는 효율제일주의를 잘 보여준다. 결구 방식을 보면 접합식이 아닌 연결식이다. 부재끼리 끼우는 일 없이 끝과 끝을 평평하게 맞댄 뒤 못이나 잡철 같은 철물 부재를 덧대 이어붙였다. 부재도 당연히 직선으로 곧게 폈다. 나무의 본래 형상을 조금이라도 간직하던 전통 부재는 완전히 자취를 감추게 되고 목재마저도 표준 치수로 정리되었다. 목구조는 이렇게 표준화된 목재를 가지런히 이어붙여 최대한의 구조 효율을 얻어내는 유능한 일꾼 개념으로 정의된다. 공포 등 화려한 공예 장식을 구현하는 최대 통로였던 전통 목구조가 단순한 역학 다이어그램으로 바뀌었다.

구체적 예로 장 스팬을 들 수 있다. 지붕을 받치는 구조에서 중간에 기둥 없이 최대한 긴 거리를 만들어내는 방식이다. 목적은 단연 공간 사용에서의 효율이다. 벽과 벽 사이의 중간에 기둥이 없으면 공간 사용이 자유롭기 때문이다. 큰 물건을 놓을 수도 있고 벽도 마음대로 세워 필요한 대로 방을 나눌 수도 있다. 이 때문에 공장이나 창고 같은 곳에 쓰임새가 많은 구조이며 무대를 바라보는 시선을 가로막지 말아야 하는 강당에도 유용하다. 트러스는 이런 장 스팬을 만들어내기 위해 서양 건축이 고안해서 오랜 기간 사용해오던 대표적인 목구조 방식이었다.

목구조의 기본 의미와 특성이 이렇게 바뀌면서 나무와 자연 재료를 바라보는 시각도 바뀌었다. 나무는 인간과 어울려 자연의 구성 법칙을 표현하던 친숙한 공존의 대상에서 인간의 이익을 돕는 수단적 대상으로 바뀌었다. 가급적 인간의 손으로 인공적 가공을 가해 표준화시켜 최대 효율을 뽑아내려는 서구식 문명관이 반영된 결과였다. 공예의 대상에서 기술의 대상으로 바뀐 것이다.

공예미학 대 직설 상징

이처럼 돌과 나무라는 자연 재료를 바라보는 기본 시각에서 두 건축은 완전히 반대였다. 전통 건축에서는 자연 재료를 공예미학의 대상으로 봤다. 공예미학은 재료의 본성에 건축가의 손맛을 더한 합작품으로 생각했

3-28 도편수 이승업 가옥 – 돌과 나무를 다루는 공예성(위)
3-29 도편수 이승업 가옥 – 나무와 철물을 다루는 공예성(아래)

다. 건축가는 개인의 솜씨를 자랑하는 예술가이기보다는 재료의 본성과 장인의 손맛이 어울러 회합히도록 돕는 조정자였다. 이렇게 정의되는 전통 공예미학의 하이라이트는 소박미 혹은 엉성함의 미학이다.

건축에서 공예미학은 장식과 직결된다. 전통 건축에서는 공예미학을 위와 같이 생각했기 때문에 장식의 개념도 그 범위에서 크게 벗어나지 않았다. 직설 상징을 억제하고 건물과 장식을 분리시키지 않는 두 가지 특징이 대표적 내용이었다. 필요한 요구에 맞춰 자연 재료가 자기 스스로를 건축 부재로 만들다 보면 나타나게 되는 자연스러운 형상과 문양을 장식의 기본 개념으로 봤다. 도 3-28, 3-29 돌에서는 혼성 패턴의 구성미가 대표적인 내용이었다. 나무에서는 현장에서 결구를 짜는 장인의 풋풋한 손맛 및 그에 따라 나무들이 자연 형상을 유지하며 어울리는 관계적 모습이 대표적 내용이었다. 장식은 건물과 분리되지 않은 한 몸이었다. 건축 부재를 쌓고 결구하다 보면 자연스럽게 나타나는 데까지를 장식으로 삼았다. 건물에 필요한 디테일을 재료의 본성 및 디테일의 목적에 합당하게 만들다 보면 자연스럽게 나타나는 결과까지만 장식으로 봤다.

물론 한국 전통 건축에서도 이것만으로 부족할 때에는 인위적 장식을 만들어 썼다. 그러나 자연을 따르는 기본 태도는 버리지 않았다. 돌이나 벽돌의 경우에는 와편이나 벽돌 등과 함께 어울려 사람의 손길이 많이 간 좀더 반듯한 문양을 냈다. 그러나 재료 고유의 성질이 장식에 기여하는 정도를 어느 선 이상으로 지켰다. 장식은 반드시 재료를 쌓는 축조 형식의 결과물로만 만들어냈지 축조와 별개로 사후에 표피 위에 부가물 개념으로 더하지 않았다.도 3-30 십장생 굴뚝이나 꽃담처럼 직접 장식 문양을 만들기도 했지만 와편이나 벽돌을 이어붙인 것이었다.

한국에서는 서양과 같은 조각가가 없었기 때문에 직접 정을 들고 돌을 조각해서 건물에 더하는 일은 없었다. 인체, 사람, 동식물 같은 자연 형태를 직접 모방하는 개념의 장식도 약하거나 없었다. 장식을 직설 상징 같은 인공 요소로 보지 않고 재료 본연의 물성과 형상을 유지하는 선에서 자연과의 합작품으로 본 것이다. 자연 형태를 직접 모방해서 건물 위에 나중에 더하는 장식은 기와 박공 윤곽에 얹는 잡상 정도가 거의 전부였다.

3-30 운현궁 노안당 문양

나무의 경우에는 공포

가 인위적 장식의 대표적인 예인데 이번에도 결구 방식 자체가 장식의 근원이 되는 기본 개념은 지켰다. 단위 부재의 형상을 좀더 다듬거나 결구를 여러 층으로 복잡하게 쌓은 정도가 직설적 인공성의 전부였다. 이번에도 직설 상징은 거의 나타나지 않았다. 한국에도 목공예는 많이 발달했기 때문에 사찰의 경우 나무로 용 형상을 만들어 붙이는 정도가 직설 상징의 거의 유일한 예였다.

서양 건축의 장식은 이와 반대로 직설 상징을 추구하며 건물을 먼저 세운 뒤 표피 위에 더하는 사후 부가물 성격이 강하다. 모두 강한 인공성을 전제로 한다. 그만큼 욕망을 빌고 의도를 전달하려는 목적의식이 강하다. 모방 모델도 특정 형태를 명확하게 지목한 뒤 인간의 손으로 사실적·직설적으로 모방한다. 건축가가 건물을 짓고 난 뒤 조각가가 합세해서 조각물을 더한다. 장식이 건물과 분리되는 것이다. 한 사람이 둘 모두를 해내면 천재로 추앙받게 된다.

성당 건축의 맞춤형 장식과 명동 일대의 표피 장식

개화기와 일제강점기 때 서울에 등장한 서양 건축에서 이런 수준의 정통 서양 장식은 거의 나타나지 않았다. 이런 장식은 대부분 가톨릭 성당에서 만들어지는데 이런 조각 장식을 새길 조각가나 장인까지 입국하지는 못한 이유가 제일 컸다. 혹은 이런 조각 장식이 성서의 내용이나 성인의 업적 등을 기리는 내용으로 새겨지는데 이것까지 포함하면 가톨릭이 너무 어렵고 낯설게 느껴지기 때문에 성공적 전도를 위해 생략한 것일 수도 있다.

그 대신 성당 건물의 각 지점에 따른 맞춤형 장식을 선택했다. 약현성당이 대표적 예로 벽돌 들여쌓기는 아치 윤곽에, 내어쌓기는 층 구분이 일어나는 지점에 각각 사용했다.도 3-31 창틀과 문살에는 나무를 사용했다. 굵은 창틀을 벽돌에 튼실하게 부착시킨 뒤 그 속의 문살은 가는 선형 부재로 짰다.도 3-32 위쪽은 아치의 윤곽에 맞춰 곡선을 주로 사용했고 아

3-31 약현성당 정면 첨탑(위)
3-32 약현성당 목조 창틀(아래)

3-33 명동예술극장(왼쪽)
3-34 신세계백화점 본관(오른쪽)

래쪽은 직선, 직사각형, 삼각형 등 기하학적 모티브를 주로 사용했다. 이런 처리들은 직설 상징을 사용하지 않고 건물의 축조 방식이 그대로 장식이 되는 점에서 서양식 장식보다는 한국의 전통 공예미학에 가까운 것으로 볼 수 있으나 맞춤형 개념을 도입하고 문양에 기하학적 형태가 나타난 점은 자연스러움을 벗어나 서양 장식의 인공적 특징이 나타난 예로 볼 수 있다.

일제강점기 때 명동에 지어진 서양 역사주의 건물에는 표피 위에 더하는 조각이나 2차 부가물 개념의 장식이 많이 등장한다. 현재 남아 있는 대표적 예로 한국은행 본관(1912), 신세계백화점 본관(1930), 명동예술극장(1935) 등을 들 수 있다. 도 3-33, 3-34 명동성당 계열의 개화기 가톨릭 성당에서 사용하던 장식 처리가 시대를 바꿔 일제를 주체로 삼아 강화된 현상이었다. 일제강점기 때 명동이 일본인들의 주요 생활 장소였던 점과 함께 생각하면 이런 현상이 갖는 의미는 더 명확해진다.

장식을 건물과 분리된 표피 부가물로 보는 서양 건축의 등장은 산업화가 진행되면서 장식이 완전 생략되는 정반대의 결과를 낳게 된다. 서양에서도 국제주의 양식이 산업화와 어울리면서 쉽게 자리 잡게 되는 배경인데 한국전쟁 이후 서울에서는 그 정착 속도와 확산 정도가 훨씬 빠르고 심하게 나타나게 된다. 장식이 건물과 한 몸이 되어 축조 행위의 자연스러운 결과물로 만들어지게 되면 갑자기 사라지는 일은 일어나지 않게 된다. 한국 전통 건축의 특징이다. 반대로 표피 부가물로 만들어질 경우 필요할 때에는 과도해지다 필요 없게 되면 완전히 사라지는 양 극단을 오가게 된다. 서양 역사주의 양식에서는 과도한 장식이 넘쳐나다가 압축 근대화 때 경제성이 최우선이 되면서 장식이 사라진 삭막한 콘크리트 육면체가 온 도시를 뒤덮게 된 서울의 20세기 건축 역사가 이를 증명하고 있는 것이다.

4장

자주적 서양 양식

1 :: '내재적 발전론'과 자주적 서양 양식

서양 양식의 충격

서양 건축은 거의 모든 면에서 한국 전통 건축과 반대되는 특징을 가졌다. 엄격한 대칭 구도가 지배했으며 여러 채가 어울리기보다 단독 건물로 혼자 우뚝 서고 싶어했다. 개별 건물의 다양성보다 우선 정해지는 양식과 동일성의 원리를 좇아야 했다. 단독 건물로 우뚝 서기 위해 마당을 버렸으며 공간은 방과 복도만으로 구성되는 단켜였다. 계단은 실내에서 수직 이동의 효율성만을 위해 단조롭게 반복되었다.

이처럼 기본적 조형의식이 전통 건축과 너무 다른 이질적 건축이 던진 충격은 대단한 것이었다. 낯선 점령군처럼 서울 시내를 차지해가기 시작했다. 서양 건축 가운데서도 역사주의 양식이어서 충격이 특히 심했다. 이름에서 알 수 있듯이 18세기까지 유럽에서 진행되던 수많은 양식 사조를 통째로 가져다 쓰는 전형적인 리바이벌 건축이기 때문에 우리에게는 그만큼 낯선 이방 양식이었다. 네오르네상스, 네오바로크, 네오로마네스크, 신고전주의 등 수많은 서양 양식이 한반도에 존재해야 할 타당성에 대한 고민 없이 물밀 듯 밀어닥쳤다. 특히 외세나 일제 등 타인이 주체가 되어 강요된 것이기 때문에 이질성의 충격은 특히 컸다. 해방과 한국전쟁 이후 60여 년에 걸친 한국 현대 건축은 이런 충격을 극복하고 낯선 서양 양식에 적응하는 과정으로 볼 수 있다.

명동성당이 좋은 예로, 고딕 양식은 프랑스의 12~13세기 가톨릭 양식이었다. 지금은 100년 이상의 시간이 흘러 명동성당 건물과 가톨릭 모두 한국 사회에 친숙해졌지만 당시 조선에서는 고딕 양식과 가톨릭은 뜬금없는 이방 문화였을 뿐이다. 가톨릭은 이미 18세기부터 서학이라는 이름으로 한국에 전파되어 있었지만 그 파급 범위는 매우 제한적이었다. 특히 한양 한복판에 당시로서 제일 높은 성당 건물을 지으며 공격적으로 조선 사회에 모습을 드러내고 파고든 것은 19세기 후반이 처음이었다.

이름도 못 들어본 프랑스라는 먼 외국의 700~800년 전 양식은 그만큼 당시 조선에게는 너무 낯설고 이질적인 건축이었다. 이것이 한양 시내의 스카이라인을 갑자기 점령하며 웅장한 벽돌 건물을 지어 보인 것은 당시로서는 도발적이며 충격적인 사건이었다. 구릉 위에 위치하는데다 주변에 높은 건물이 없어서 지금도 강한 수직선을 드러내는데 당시로서는 더 말할 필요도 없었다. 조선 정부는 이런 높이 문제 때문에 오랫동안 명동성당의 건축을 불허했었다.

구릉이 주변 도로보다 13미터 정도 높은데다 건물 높이가 23.43미터이고 종탑 높이는 46.70미터로 당시로서는 경복궁이 들여다보일 정도로 압도적인 높이였다.도 4-1 다행히 한국 가톨릭은 현대사를 관통하면서 사회적 책임을 다하고 긍정적 이미지를 쌓아 서양 건축의 부정적 측면이 처음 조선에 들어온 통로라는 평가는 벗어날 수 있게 되었으나 당시로서는 단순히 이질성 때문에 한양에 던져준 충격은 대단한 것이었다. 이처럼 시간적으로나 공간적으로 모두 우리와 아무 상관없는 외래 양식이 조선 반도에 반半강제적으로 전파되어 '우리와 상관있는' 우리 역사의 일부가 되어가는 과정이 20세기 한국의 현대화 과정이었다.

4-1 명동성당 전경

건축적 차이는 곧 사회적 영향으로 직결되었다. 건물이 일상생활을 지배하며 어쩔 수 없이 매일 접하고 그 속에 들어가 살아야 하는 대상이라는 점을 생각하면 그 영향력은 가늠하기 힘들 정도로 큰 것이었다. 더욱이 이것이 산업이 되어 경제를 지탱하는 핵심 분야가 되면 더 말할 필요도 없었다. 이것이 우리에게 맞는 것인지 아닌지, 맞는다면 어디까지 맞고 안 맞는다면 어떻게 우리에게 맞게 변형, 중화시킬 것인지 등 수많은 고민과 조정 과정이 필요했지만 건축이 지닌 막강한 현실성은 이런 중간 과정을 모두 거추장스러운 발목잡기로 몰아가버리게 되어 있다.

이처럼 개화기와 일제강점기는 한국 전통 건축과 정반대의 서양 건축이 변형과 적응의 완충 과정 없이 직수입된 시기였다. 관건은 주체였다. 우리 스스로 필요에 의해 자발적으로 들여온 것이 아니기 때문에 갈등은 크게 남을 수밖에 없었다. 20세기 전체를 관통하며 한국 사회를 에

워쌌던 제일 큰 문제인 '서양 문명의 수입과 근대화'의 첫 단계는 이처럼 충격과 갈등의 구도로 시작되었다. 해방과 한국전쟁 이후에는 우리 손으로 서양 건축을 운용하게 되었는데 이때에는 지각 산업화를 만회하고 가난에서 벗어나기 위해 우리 스스로 극단적 서양화를 좇게 되면서 갈등 구도는 더욱 심화되었다.

자주적 서양 양식

이런 가운데 개화기 서양 건축의 등장 과정에서 우리 스스로 주체가 되어 행한 예도 있었다. 앞서 2장에서 잠깐 설명한 바와 같이 자주적 서양 양식이라 부를 수 있는 중요한 활동이었다. 문제의 요점은 두 가지이다. 서양 양식이라는 이방 양식을 받아들여야 하는 문제와 누가 주축이 되는가 하는 주체의 문제이다. 전자는 산업혁명 이후 문명 흐름으로 봐서 피해갈 수 없는 시대 상황으로 볼 수 있다. 그렇다면 주체의 문제가 남는다. 이런 관점에서 우리가 주축이 되어 자발적으로 서양 양식을 받아들여 행하려던 시도가 있었다. 19세기 후반 쇄국과 개항 사이에서 요동치던 한반도의 문명사에서 매우 중요한 역사적 의미를 갖는 흐름이다. 이런 역사성은 해방 이후 20세기 후반 한국 현대 건축에까지 영향을 끼쳐서 서양 건축을 우리 것으로 만들어가는 힘든 역사 전개 과정에 선구적 모델이 될 수 있는 중요성을 갖는다.

스스로 주인이라고 능사만은 아니어서 구체적인 내용에 따라 소극적 경향과 적극적 경향으로 한 번 더 나눌 수 있다. 서양 건축의 수입과 관련한 주체의 문제는 단순히 '수입상이 누구냐' 차원에 머물지 않는다. 실제 건물에 나타난 건축적·조형적 예술성에서 이질적 양식이 주는 충격과 갈등을 중화시키는 구체적인 성과를 얻어냈는가의 여부가 관건이다.

이 기준에 따라 자주적 서양 양식은 구체적인 성과를 얻어내지 못한 소극적 경향과 성과를 얻어낸 적극적 경향으로 나눌 수 있다. 소극적 경향은 서양 양식을 여전히 통째로 수입한 경우로 비록 우리 스스로 수입했다고 하더라도 그것이 끼친 최종 결과에서는 외세나 일제가 강요해서 수입한 경우와 별 차이가 없게 된다. 서양 양식이 주는 이질감과 단절의 충격을 중화시키지 못한 채 직접 모방에 머물러 갈등 구도의 고착화를 거든 경우이다.

적극적 경향에서는 중화 작용을 관찰할 수 있다. 한국사에서 얘기하는 '조선 후기의 내재적 발전론' 가운데 건축에 해당되는 부분이다. 구한말과 대한제국에 이르는 시기에 고종과 자주 개화파를 중심으로 남녀노소와 계층을 망라한 다양한 국민이 참여해서 우리 스스로 서양화와 근대화를 이루려는 계획과 시도가 있었다는 주장이다. 18세기 때 서학 탄압에서 시작해서 대원군의 쇄국 정책을 거치며 서양 문명을 배척만 하다가 식민 지배를 받게 되었다는 식민사관에 반대되는 내용이다. 나아가 식민지 근대화론의 허구성도 증명할 수 있는 중요한 역사성을 갖는다.

건축에서는 고종과 서재필이 중심인물이었다. 두 사람 모두 개화를 통한 서양식 근대화를 추구하되 외세에 의존하지 않고 우리의 힘을 길러 자주적·독립적으로 해야 된다는 믿음을 가지고 있었다. 서양화와 근대화를 외세가 주도할 경우에는 독립을 가로막으면서 자주성과 반대가 되는데 두 사람 모두 이런 갈등 구도를 극복한 것이다. 서양화와 근대화를 자주독립과 상쇄되는 것이 아니라 함께 가며 도움을 줄 수 있는 것으로 전환시킨 것이다. 자주적 서양 양식 가운데 적극적 경향과 같은 의미였다. 이런 노력은 이들이 주도한 건축에 반영되어 있다.

2 :: 고종과 서재필의 자주적 서양 양식을 통한 독립 노력

고종과 서재필

고종은 식민사관에서 이야기하는 것처럼 외세의 눈치만 보던 무력한 군주가 아니었다. 그는 조선의 자주독립과 근대화에 대한 확고한 신념과 뚜렷한 계획을 가지고 있었으며 이를 실행할 의지와 능력도 있었다. 건축도 그중 하나였다. 건축에 관심이 많아서 건물을 많이 지었는데 이 과정에서 근대화에 대한 자신의 고민을 많이 반영했다. 고종이 자신이 주도한 건축 사업에 어느 정도까지 직접적으로 간여했는지에 대해서는 아직 자세하게 정리된 기록은 없는 편이다. 특히 디자인과 관련해서는 더 그렇다.

한 가지 확실한 것은 고종의 서양식 건축 사업이 그의 자주적 근대화 사업에서 중요한 부분을 차지했다는 점이다. 건축 활동은 외세 열강 사이에서 조선을 구하고 자주독립을 이루려던 그의 정치적 노력에서 중요한 부분을 차지했다. 건축은 덩치가 큰 물리적 구조물을 세워서 가로변에 불특정 다수의 국민들에게 노출시키는 분야이기 때문에 대중적 영향력이 크다. 무력을 동원해 강제적으로 개항을 강요하고 나아가 조선 반도를 침략해서 차지하려던 외세 열강의 정치적 · 군사적 압박과 조선 반도에 갑자기 낯선 서양식 건물이 들어서는 현상은 고종에게는 같은 것이었다. 그런 압박을 이겨내는 일과 자주적 서양 양식의 건물을 짓는 일 역시 같은 것이었다.

이를 극복하기 위해 서양 양식의 건물을 짓되 고종 스스로가 주체가 되어 외세 침략이 아닌 문화 전파의 형식으로 전환시키려는 노력을 감행했다. 이와 함께 전통 양식의 건물도 꾸준히 지어 조선의 마지막 자존심을 지키려 했다. 전통 양식을 이런 자주적 서양 양식과 나란히 놓게 되면 둘은 대립적인 것이 아니라 상호보완적인 것이 된다. 함께 도와 조선과 대한제국의 자주독립과 근대화를 이루는 협력자가 된다. 덕수궁은 이런 그의 노력의 중심 공간이었다. 중화전, 대한문, 환구단 등 지금도 남아 있는 대부분의 중요한 전각을 전통 양식으로 지었으며 석조전과 정관헌 등 서양식 건물도 지었다. 도 2-6, 4-2, 4-3

4-2 덕수궁 대한문(위)
4-3 덕수궁 담 밖 뒤쪽에서 본 석조전(아래)

서재필은 〈독립신문〉을 창간, 간행하고 독립협회를 조직해서 고종에게 '헌의 6조'를 올리는 등 구한말 대한제국의 자주독립운동을 이끈

4-4 독립문과 서재필 동상

인물이었다. 그가 생각한 독립은 청나라로부터의 독립에 한정되었다는 비판의 소지가 있긴 하지만 우리 스스로 서구의 신문명을 받아들이려는 시도를 한 점은 당시 상황에서 큰 의미를 갖는다. 특히 서구 문명을 받아들이되 시민이 중심이 되어 자유, 민주, 평등사상 등과 같은 정신적 · 사회적 · 제도적 내용을 받아들여 우리에게 맞게 운용하자고 주장한 것은 한국의 20세기 서양화 과정과 관련해서 볼 때 선구적인 것이었다. 서재필도 고종과 마찬가지로 건축이 갖는 힘을 꿰뚫어보고 건물을 통해 자신의 주장을 한양 시내 전체에 알리고자 독립문을 지었다. 도 4-4, 4-8

두 사람의 정치적 관계는 협력과 대립의 양면적인 것이었지만 자주적 서양 양식이라는 기준에서는 같은 목적을 가진 것으로 볼 수 있다. 관건은 서양화와 근대화가 자주성과 대립이 되던 당시 시대 상황의 한계를 극복하는 것이었다. 자주적 서양 양식 가운데 적극적 경향이 추구한 중화 작용이 여기에 해당된다. 서양 양식을 구사한 구체적 조형성과 예술성에서 전통 건축의 특징과 융합, 조화해낸 구체적 증거가 있는 경우로 독립문, 덕수궁 정관헌, 뚝섬수원지 여과지 등을 대표적 예로 들 수 있다.

독립문 – 건축을 통한 자주적 서양화와 독립 의지의 표명

자주적 서양 양식 가운데 정치 · 사회적으로나 건축적으로 가장 모범적인 예로 독립문(1897)을 들 수 있다. 서양 문명의 도래를 피할 수 없는 문명사의 큰 흐름으로 보고 이를 적극적으로 받아들여 우리 스스로 경쟁력을 갖춰 독립적 근대화를 이뤄야 한다던 서재필의 자주독립 주장을 대표하는 건물이다. 서재필은 갑오경장 이후 국내외 정치 사정이 자주독립에 어려운 쪽으로 흐르자 자신의 주장을 한양 전체에 알리기 위해 4대문 가운데 하나인 서대문에서 멀지 않은 시내 한복판에 독립을 갈망하는 기념문을 세웠다.

건축 양식은 서양의 개선문을 모델로 삼았지만 석문의 생명인 돌쌓기에서 인근 인왕산의 서울성곽을 모델로 삼아 전통 건축 기법을 합해냈으며 이를 통해 한국인의 전통 정서를 잘 반영했다. 몰탈선을 수평선으로 정리함으로써 조적 부재가 최소한의 정형성을 갖도록 다듬었지만 동일성까지 가지 않고 다양성을 유지했다. 한국의 전통적인 돌쌓기에 나타나는 자연 재료의 느낌이 남아 있으며 이를 이용한 리듬감도 느낄 수 있다.도 1-13, 4-5 독립문 바로 위쪽 인왕산 기슭을 따라 세워진 서울성곽을 모델로 삼아 착안한 돌쌓기 기법으로 볼 수 있다. 서울성곽은 태조, 세종, 숙종에 걸쳐 세 번 쌓았는데 독립문은 이 가운데 세종 때 축조 기법과 가장 닮았다.

4-5 독립문 돌쌓기

아치를 받치는 기둥도 이런 돌쌓기 분위기에 맞춰 전통 정서로 표현했다. 서양의 고전 오더 양식을 따르지 않고 넓적한 돌 판재를 7~8개 겹쳐 쌓는 독특한 방식으로 처리했다.도 4-6 한국의 목조 공포 구조를 돌로 번안한 것에 비유할 수 있다. 판재가 위로 올라갈수록 커져서 주두 전체가 기다란 역삼각형 모양을 한 점도 이런 해석을 뒷받침한다. 혹은 석탑 구성을 빌려 쓴 것으로 볼 수도 있다. 석탑을 뒤집어 자른 다음 돌 벽에 끼워 넣은 모습이다. 현판이라는 한국의 전통적인 상징예술 기법도 사용했다. 아치의 종석 바로 위에는 각각 한자와 한글로 쓴 '獨立門'과 '독립문'이라는 현판이 걸려 있고 그 좌우에 태극기를 새긴 화강석을 붙였다.도 4-7

4-6 독립문 오더 디테일(위)
4-7 독립문 화강석 현판(아래)

독립문을 세운 장소도 독립 의지를 상징적으로 보여준다. 명·청의 중국 사신을 환영하던 영은문을 헐고 그 자리에 세운 것이다. 영은문의 주초를 쌍기둥으로 남겨 독립문 앞에 세웠는데 여러 의미로 해석할 수 있다.도 4-8 시대의 흔적을 부분 요소로 남김으로써 더 이상 사대주의는 남아 있지 않다는 선언 같은 것이다. 이보다 몇 배 더 큰 독립문 앞에 소품으로 활용한 것은 독립 의지와 상대적 크기 비교를 한 것이다. 사대의 과거를 잊지 말자는 교훈의 지표로 사용한 것이며 이를 바탕으로 독립 의지를 잊지 말자는 교육 효과를 노린 것으로 볼 수도 있다.

독립문 옆에 남아 있는 독립관도 비슷한 역사를 갖는다.도 4-9 원래 중국 사신이 머물며 접대를 받던 모화관이라는 건물이었는데 청나라가 쇠퇴하면서 쓸모가 없어져 방치되던 것을 접수해서 독립관이라 이름 붙이고 애국토론회 등을 개최하는 장소로 사용했다. 현재 건물은 일제가 철거했던 것을 1989년 이 일대를 독립공원으로 조성하면서 복원한 것이다. 서양식 개선문과 한국 전통 건물이 나란히 서서 독립 의지를 천명하던 장면은 당시 한양 시민들에게 적지 않은 영향을 끼쳤을 것이다. 특히 그 서양식 개선문이란 것이 돌쌓기 모습에서 전통 기법과 자연스러운 연속성을 보임으로써 낯선 이방 건물의 거부감을 주지 않고 친숙하게 다가온 점이 건축적으로 중요한 내용이었다.

고종의 경운궁과 정관헌

고종의 자주적 서양 양식은 두 종류로 나눌 수 있다. 하나는 앞에서 분류한 적극적 경향으로, 정관헌과 뚝섬수원지 제1정수장을 대표적 예로 들 수 있다. 두 건물은 독립문과 마찬가지로 구체적인 건축 기법에서 전통 건축의 특징이나 한국인의 전통 정서를 반영한 내용을 보여준다. 다른 하나는 이보다 더 확장된 경우로 양화진 외국인선교사묘원, 탑골공원, 환구단 등이 대표적 예이다. 이 내용에 대해서는 뒤에서 살펴볼 것이다.

정관헌(1900)은 고종이 다과를 들고 음악을 감상할 목적으로 지은 서양식 정자이다. 구한말 비운의 역사가 점철된 덕수궁에 지은 점에서 위치부터 역사적 의미가 크다. 고종은 열국들을 상대로 힘겨운 외교전을 벌이게 되는데 이를 위해 각국 대사관과 지리적으로 가까운 덕수궁을 통

4-8 독립문과 영은문 주초(위)
4-9 독립관(아래)

치 중심지로 삼았다. 원래 이름은 경운궁이었으며 고종은 대한제국의 독립을 상징적으로 보여주기 위해 이곳에 많은 건물을 새로 지었다. 중화전, 중화문, 대한문, 함녕전 등 현재 남아 있는 주요 건물들은 대부분 고종이 아관파천에서 돌아와 지은 것이며 석조전과 정관헌 같은 서양식 건물도 지었다. 환구단도 이때 지은 것이다.

고종이 경운궁에 지은 서양식 건물은 대한제국이 독립적으로 서양화를 이룰 수 있음을 보여주는 중요한 역사적 증거이다. 정관헌이 좋은 예로, 석조 기둥, 벽돌 조적 기술, 철물 신건축 등 전통에서 19세기에 이르는 서양 건축의 여러 기법을 기본기에 충실하면서도 응용력 높게 구사했다.도 4-10 여기에 한국 전통 건축의 여러 특징을 더해서 합해냈다. 건물의 몸통 경계를 이루는 돌기둥 열 밖으로 가는 나무 기둥을 한 열 더 둘렀다. 돌과 나무를 섞어 쓴 것인데 이 바깥 기둥 덕분에 공간 구성에서

4-10 덕수궁 정관헌 전경

대청이나 툇마루 같은 전통 공간의 분위기가 나타난다. 도 4-11

섬세한 장식도 돋보이는데 이는 전통적 공예미학을 홍겨운 장식으로 번안한 의미를 갖는다. 장식 모티브도 한국 전통 소재와 서양 소재를 섞어 썼다. 주두는 서양 고전주의의 코린트식과 이오니아식을 위아래로 겹쳐서 처리했으며 주변 장식을 한국 산사의 사물四物 가운데 운판 모티브로 처리했다. 도 4-12 서양 신전의 돌 장식과 한국 사찰의 목조 단청을 합해 놓은 모습이다.

4-11 덕수궁 정관헌 기둥 열(위)
4-12 덕수궁 정관헌 장식 디테일(아래)

이처럼 다양한 재료와 건축술을 섬세하게 구사하면서 서로 잘 어울리게 처리한 점에서 이 건물은 폭력적으로 강요되던 외세 중심의 서양식 건물과 중요한 차이를 보인다. 서양 양식을 통째로 수입하거나 직설적으로 모방한 건물보다 예술성과 조형성이 훨씬 뛰어나며 우리의 정서와 감성과도 잘 어울리는데, 이는 우리가 서양 건축을 받아들이는 모범적 방향을 제시한 것으로 해석할 수 있다.

뚝섬수원지 제1정수장 - 근대식 콘크리트와 완만한 자연 곡선

뚝섬수원지 제1정수장(1908)은 궁궐 건축이 아닌 공공 인프라 시설인 점에서 고종의 근대화 사업에서 실용적 차원의 중요성을 갖는다. 을사늑약이 체결되고 대한제국의 국운이 기울어가던 시기에 완공되긴 했지만 건축 허가는 이보다 5년 전인 1903년에 고종이 자주적으로 내린 것이다. 서울에 최초로 설치된 수원 시설로 미국인이 대한제국 정부로부터 상수도 시설에 대한 특허를 받아 지은 것이다. 건축 처리에서도 한국 전통 건축의 특징으로 해석할 수 있는 내용을 볼 수 있다.

4-13 뚝섬수원지 제1정수장 송수실 돌쌓기 디테일(위)
4-14 뚝섬수원지 제1정수장 송수실 전경(아래)

송수실과 완속여과지로 구성되는데 건축적 특징은 서양의 근대식 실용성이 주를 이루지만 자세히 보면 의외의 곳에서 한국 전통 건축의 특징도 나타난다. 송수실은 벽돌을 주재료로 사용해서 전체 골격을 지었는데 여기에 다양하게 응용한 화강석을 더해서 장식 효과를 노렸다. 다양한 돌쌓기 기법을 이용해서 조적 미학을 추구한 모습과 특히 돌을 다소 투박하게 다룬 모습은 한국의 전통적인 돌쌓기에서 느끼는 특징을 현대식으로 다듬은 것으로 볼 수 있다.도 4-13 출입구는 아치로 골격을 짠 포치를 돌출시켜서 건물을 출입할 때 미니어처 독립문을 통과하는 것 같은 분위기를 냈다.도 4-14

완속여과지는 현재 서울에 남아 있는 제일 오래된 철근 콘크리트 구조물이다. 당시 서울에 등장했던 서양 건물이 거의 역사주의 양식인 데 반해 이 건물은 근대식 신재료 공법을 사용한 점에서 서양화와 근대화를 함께 진행시킨 대표적인 예에 해당된다. 이런 기록적 의미 이외에 콘크리트를 섬세하게 구사한 점에서 조형적 의미도 크다. 콘크리트를 단순한 구조 재료로 본 것이 아니라 조형 재료로 응용할 가능성도 함께 모색한 것이다.

4-15 뚝섬수원지 제1정수장 완속여과지 출입구 형식 1

제일 눈에 띄는 것은 콘크리트를 이용해서 출입구와 실내 구조에 다양한 조형 처리를 가한 점이다. 출입구는 낮은 탑처럼 돌출시킨 형식과 동굴 입구처럼 게이트로 처리한 형식 두 종류로 처리했다. 두 종류 각각 제격에 맞는 최소한의 조형 처리를 가했다. 탑 형식에는 낮고 얕게 돌출한 콘크리트 지붕을 얹은 뒤 내어쌓기로 받쳤다.도 4-15 게이트 형식에는 양옆으로 경사진 낮은 콘크리트 벽

4-16 뚝섬수원지 제1정수장 완속여과지 출입구 형식 2(위)
4-17 뚝섬수원지 제1정수장 완속여과지 지하 콘크리트 구조(아래)

을 밖으로 벌어지게 세워서 마치 두 팔을 벌려 환영하는 것 같은 분위기를 냈다. 도 4-16 실내 구조에는 보를 없애서 기둥머리에 합한 무량판을 사용했는데 천장을 넓적한 접시를 펼쳐놓은 것 같은 완만한 곡선으로 처리한 점이 특이하다. 이런 내용들은 물론 기본적으로 이 시설의 허가를 받아내 지은 미국인의 작품으로 볼 수 있으나 당시 대한제국이 서양식 근대 재료공법인 콘크리트를 이 정도로 섬세하고 다양하게 응용해서 구사할 기술력을 갖추고 있었음을 보여주는 것이기도 하다. 도 4-17 특히 치마저고리나 보자기를 펼쳐놓은 것 같은 부드럽고 완만한 곡선은 한국의 전통미학을 연상시킨다.

완속여과지 전경에서는 한국 전통 건축의 완만한 곡선과 부드러운 수평선을 보여준다. 이런 모습은 일차적으로 겨울철 동파를 막기 위해 지면 아래에 지은 지하 구조라서 나타난 것이긴 하지만 곡선의 분위기와

4-18 뚝섬수원지 제1정수장 완속여과지 전경

수평선의 친근함은 의도적으로 한국 전통 건축의 분위기를 모델로 삼았을 것이란 추측을 불러일으킨다. 도 4-18 특히 지하 시설을 받치는 콘크리트 구조와 함께 보면 더 그렇다. 지하 구조라도 이보다 훨씬 인공적이거나 직선적으로 처리할 수 있는데 굳이 낮은 둔덕을 파고드는 완만한 곡선 형태로 처리한 점에서 그렇다.

이런 모습은 자연 지형에 순응하는 한국 전통 건축의 맥을 이은 것으로 느껴진다. 땅의 미학이라고까지 말하긴 어렵더라도 적어도 콘크리트가 반드시 땅에 반대되지 않고 땅과 어울릴 수도 있음을 보여준 점에서 중요한 의미를 갖는다. 콘크리트에 전통 건축의 기본적 자연관을 적용한 것으로 해석할 수 있다. 토압을 견디기 위해 지붕을 완만한 곡면의 아치 구조로 지어서 이런 분위기를 돕는다.

3 :: 고종의 외교 정책과 장소로서의 자주 건축

양화진 외국인선교사묘원 – 무력 충돌에서 우호선린으로

이상의 예와 건축적 성격은 조금 다르지만 양화진 외국인선교사묘원(1893), 탑골공원, 환구단 등도 개화기 서울의 건축 상황과 관련해서 중요한 의미를 갖는다. 건물이 아닌 공원이거나 건물이더라도 서양 양식이 아닌 전통 양식이지만 모두 고종의 자주독립을 향한 노력의 일환으로 진행된 건축 사업이란 점에서 확장된 의미의 자주적 서양 양식에 포함시킬 수 있다. 특히 모두 고종의 외교적 노력이 깃든 건축 활동이었다는 점이 중요하다. 굳이 서양 양식이라는 단어를 쓸 필요 없이 '자주 건축'이라 부를 수 있다.

이 예들은 환구단과 탑골공원 팔각정을 제외하면 정식 건물이 아닌 사이트, 즉 장소이다. 두 건물도 개별 건물로서의 중요성보다는 복합단지를 구성하는 요소로서 의미가 더 크다. 이런 예들은 개별 건물 이외에 역사적 기록과 상징성을 담고 있는 장소로서의 건축, 즉 장소 건축의 가능성을 담고 있다. 이런 가능성은 일제강점기 때 '장소 건축으로서 민족 건축'이라는 주제로 이어질 수 있다.

양화진 외국인선교사묘원은 말 그대로 양화진 지역에 외국인 선교사들을 위해 지은 묘지공원이다. 우선 양화진이라는 장소가 갖는 지리

4-19 양화진 가운데 한 곳인 절두산에 세운 순교성지 성당

적 · 역사적 의미가 중요하다. 조선 시대 전체에 걸쳐 한강을 통해 한양으로 들어오던 주요 통로인 양화 나루터가 있던 곳이다. 한강나루, 삼전도와 함께 조선 시대 3대 나루의 하나였다. 이를 방어하기 위해 별장別將 아래 관선과 진병 등을 배치한 진지가 있던 곳이기도 했다. 경치도 뛰어나서 무성한 버드나무 덕에 '양화답설楊花踏雪'이라고 불렸으며 중국 사신이 오면 이곳에서 뱃놀이를 즐겼고, 사대부들의 별장이나 정자도 강변에 많이 세워져 있었다. 도 4-19

개화기에 들어와 외세와 조선의 민족주의가 충돌하며 피를 흘린 아픈 장소로 변한다. 병인양요 등을 비롯해서 외국 여러 나라가 개항을 요구하며 한양으로 들어오려 애쓰던 길목이었다. 방어하는 조선 쪽에서는

4-20 양화진 외국인선교사묘원 전경

순교를 일으키며 서양 문명의 도입을 힘으로 저지하던 곳이었다. 한국 천주교의 성지인 잠두봉이 인접해 있는 점이 이를 잘 보여준다. 1882년 임오군란 이후에는 청나라와 일본을 비롯한 세계열강들과 개항 조약을 체결하면서 양화진 일대는 외국인이 거주와 통상을 할 수 있는 개시장開市場으로 한 번 더 변신한다.

개화기 때 외세 전래와 얽힌 이런 역사 가운데 1866년의 병인교난에서 병인양요로 이어지는 무력 충돌을 절정으로 볼 수 있다. 이후 6년에 걸쳐 잠두봉에서 1만여 명의 가톨릭 신자를 선참후계先斬後啓: 재판 없이 즉결 참수로 순교시켰다. 이런 역사가 있는 장소이기 때문에 이곳이 외국인선교사묘원의 부지로 선정된 것은 당연한 측면이 있었다. 한국에 기독교를 전도하러 온 외국 선교사들 가운데 한국에 묻히기를 원하는 사람들이 늘어나자 이들을 위한 묘지공원이 필요해졌다. 고종은 이들의 건의를 받아들여 양화 진영이 있던 자리를 묘원 부지로 하사했다. 도 4-20

이곳에는 가톨릭과 개신교 구분 없이 한국에서 선교 활동이나 사회사업을 했던 13개국의 외국인 묘지 500여 기가 안장되어 있다. 이들이 한국에서 행했던 기독교 전도와 사회 활동의 성격, 목적, 의미 등에 대해서는 상반된 해석이 가능하나, 적어도 표면적으로는 한반도를 침략의 대상으로 봤던 제국 열강 정부의 입장과는 차이를 보였다. 순수하게 근대적 서양 문명을 전래해서 그 혜택을 한반도에 선사하려 했으며 특히 항일독립운동을 지원하고 국민정신을 일깨우는 데 기여한 점은 중요한 의미를 갖는다.

고종이 이들에게 묘원을 하사한 것은 의도와 순수성에 따라 외세를 구별해서 보려던 고종의 외교 행위의 하나였다. 조선에 도움이 되는 외세와는 우호선린의 협력 관계를 유지하려 했다. 이는 궁극적으로 조선의 독립을 통해 자주적으로 근대화를 이루려던 고종의 숙원을 받쳐주던 외교 정책의 핵심이었다. 이 묘원에 어니스트 베델, 호러스 언더우드, 알리스 아펜젤러, 호머 헐버트, 셔우드 홀 등의 인사가 안장되어 있는 사실이 이런 해석을 뒷받침해준다. 이들은 상대적으로 옅은 정치색을 보이며 조선의 근대화를 도우려던 인사들이었다.

이 묘원은 이처럼 쇄국 대 개항의 이분법적 대립 속에 벌어졌던 상호살상의 역사를 정리하고 서구 여러 나라와의 친교를 바탕으로 국제 사회의 일원으로서 역할을 다하겠다는 고종의 국제적 정치력을 잘 보여주는 장소이다. 특히 고종이 주체가 되어 조선의 자주독립과 근대화에 도움이 되는 외세를 선별하고 이들과의 우호 관계를 주도적으로 이끌어간 증거

4-21 양화진 외국인선교사묘원 십자가

의 현장이란 점에서 자주적 서양 양식의 좋은 예라 할 수 있다.

이런 역사적 · 정치적 의미 이외에 조형적으로 주목할 만한 특징을 보여준다. 묘원이기 때문에 건물은 없지만 그 대신 다양한 형태의 십자가들이 많이 세워져 있다. 크기와 형태도 다양할 뿐더러 단순한 기하학적 윤곽을 가진 것에서 장식을 새긴 것까지 마치 옥외 십자가 전시장에 온 것 같은 느낌이다. 도 4-21 십자가는 이후 20세기 한국 사회를 관통하여 긍정과 부정의 양면적 이미지가 겹쳐지면서 큰 영향을 끼치게 되는데 여기에서는 그런 사회적 의미와 별도로 순수한 조형적 차원에서 다양한 십자가 예술품을 볼 수 있다. 묘지도 대부분은 한국에서 보기 힘든 서양식이지만 일부는 한국식 둥근 산소를 작고 단순하게 만들어 서양식 묘와 혼합한 형식도 있어서 형태적으로 독특한 모습을 보여준다.

탑골공원 – 민족 공원과 3.1만세운동

양화진에서 보여준 고종의 외교력은 탑골공원(1897)에서 더 빛을 발한다. 3.1만세운동의 시발점으로만 알려져 있지만 사실은 고려에서 조선에 이르는 오랜 역사가 서린 유서 깊은 장소이다. 특히 구한말에는 고종의 외교적 노력이 깃든 또 하나의 중요한 역사적 장소이다. 이런 노력이 3.1만세운동과 연결되면서 역사적 상징성을 확장시키는 역할을 하게 되는 것이다.

원래는 고려 시대에 홍복사興福寺라는 절이 있었으며 조선 세조 때에 원각사圓覺寺로 이름을 바꿔 중건되었다. 도성 내 3대 사찰 가운데 하나로 그 규모가 만만치 않았는데, 특히 새로 번역한 〈원각경〉을 안치한 10층 석탑과 동 5만 근으로 주조한 원각사 종이 유명했다. 탑은 지금도 공원 안에 유리 보호막에 둘러싸여 서 있다.도 4-22 16세기 초 연산군 때부터 수난의 시기로 승려들을 몰아내고 기생집으로 바꿔 사용했다. 중종 때에는 아예 건물들을 해체해서 건축 재료로 만들어 여러 공공건물을 짓는 데 써버림으로써 사찰은 아예 자취를 감추었고 원각사 터로 남게 되었다.

4-22 탑골공원 원각사지 10층 석탑

이후 1897년 대한제국 시절 외국인과 고종의 협력을 통해 근대적 도심 공원으로 다시 태어난다. 탁지부度支部의 총세무사였던 영국인 존 브라운의 건의에 따라 고종이 도심 공원으로 복원한 것이다. 원각사 탑이 남아 있어서 탑골공원이라 불렀다. 기본 개념은 서양의 근대적 도심 공원을 따랐고 소속은 황실 공원이었지만 설치한 시설 등 건축적 개념은 민족 공원이었다. 이처럼 이 공원에는 서양, 근대, 황실, 민족 등 네 개의 주제어가 공존하면서 구한말 서울의 급박했던 역사성 및 그 속에서 힘들게 외교 정책을 벌였던 고종의 노력을 상징적으로 보여준다.

처음에는 빈 땅에 간단히 울타리를 두르고 몇십 그루의 나무를 심고 의자를 갖다 놓은 정도에 불과했지만, 1902년에 고종 즉위 40주년을 기념해서 군악 행사를 거행할 장소로 팔각정을 지으면서 활기를 띠기 시작했다. 팔각정은 황실관현악단의 연주 장소가 되었는데 이것을 일반 시민들에게도 공개하면서 인기 있는 명소가 되었다. 팔각정(시도 유형문화재 73호)은 원각사지 10층 석탑(국보 2호) 및 대원각사비(보물 3호)와 함께 이 공원을 민족주의의 중심지로 만들어주는 중요한 건물이다.

근대적 도심 공원이었음에도 새로 지은 시설을 서양식 건물이 아닌 한국식 팔각정으로 정한 것은 고종이 이 공원의 역사성과 장소성을 이어받아 살리고 싶어했음을 보여준다. 대원군 때 경복궁 중건과 창덕궁 수리에 참여했던 도편수 최백현이 지은 것이라 전해지는데 건축적으로도 독특한 구성을 하고 있다. 팔각형 두 개를 동심원처럼 겹친 것인데 이를 해결하기 위해 구조 처리도 독특하게 했다. 안쪽 팔각형을 더 높게 해서 고주로 받쳤고 바깥쪽은 평주로 받쳐서 내외진을 형성했다. 기둥도 16개나 되어서 급하게 겹치는 기둥 열이 또 다른 특징이다.도 4-23, 4-24

이처럼 민족 공원의 면모를 갖추었기 때문에 이곳이 3.1만세운동의 시발점이 되었을 것이다. 당시 기록을 살펴보면, "아침부터 파고다공원

4-23 탑골공원 팔각정(위)
4-24 탑골공원 팔각정 기둥(아래)

4-25 탑골공원 전경

에는 4,000~5,000명의 학생들이 모여들었는데 정오를 알리는 오포午砲 소리가 울리자 학생 정재용鄭在鎔이 공원 내의 팔각정에 올라가 독립선언서를 낭독하고 독립만세를 불렀다. 이에 학생들은 태극기를 꺼내 흔들며 일제히 대한독립만세를 외치고, 공원을 나설 때는 수만의 군중이 호응하여 함께 시위행진을 감행하여 대한문(=덕수궁 정문)으로 향하였다"고 되어 있다. 팔각정과 대한문이 핵심 단어이다. 고종이 한국식 팔각정이 아닌 서양식 건물을 지었더라면 독립선언서를 낭독하는 장소가 되지는 않았을 것이다. 그런 고종의 노력은 역시 그가 세웠던 또 다른 건물인 대한문과 연계되면서 일제강점기 독립운동사에서 중요한 지리적·공간적 의미를 획득하게 된다. 도 4-25

환구단과 조선 역사 잇기

환구단(1897)은 전통 양식을 반복했지만 설립 목적이 자주독립을 지향한 점에서 자주적 서양 양식과 함께 생각할 만한 의미를 갖는다. 환구단도 앞의 두 예와 마찬가지로 소공동이라는 장소가 갖는 역사적 의미가 크다. 소공동이라는 이름부터 조선 초의 역사가 서려 있다. 태종이 둘째 딸 경정공주를 시집보내면서 이곳에 살림집을 차려주었는데 그 집을 '작은 공주 집', 즉 '소공주집'이라 부른 데서 연유했다.

이후 조선 시대를 거치면서 유난히 외세가 자주 드나들던 아픈 역사가 서린 곳이 된다. 임진왜란 때에는 각각 왜장 우키다와 명장 이여송의 사령부가 설치된 곳이었다. 조선 후기에는 남별궁이 있어서 청나라 사신들이 머물던 곳이었다. 고종은 이를 극복하기 위해 1897년 대한제국을 선포하고 황제로 즉위하는 의식을 올리면서 환구단을 지었다. 당시에는

4-26 환구단 황궁우 전경(위)
4-27 환구단 황궁우 출입 계단과 저층부(아래 왼쪽)
4-28 환구단 아치문(아래 오른쪽)

이곳까지 덕수궁이어서 환구단은 궐 안에 지은 시설이었다.

고종의 외교적 노력이 서린 덕수궁 내의 여러 건물들 가운데 하나였다. 환구단은 천자가 하늘에 제사를 드리는 제천단이었기 때문에 자주적 상징성 면에서는 이 건물들 가운데 단연 최고였다. 환구단은 정식 건물은 아니고 사직단과 유사한 제단이었다. 화강암으로 된 3층의 단으로 구성되며 그 위를 황색으로 칠한 원추형 지붕으로 덮은 구조였다. 이후 2년 뒤에 역대 왕들의 신위를 봉안하는 황궁우皇穹宇를 추가로 지어 신위판神位版을 모시면서 태조를 추존하여 태조고황제太祖高皇帝로 삼았다.

이런 일련의 건축 행위는 대한제국의 뿌리를 찾아 정의하려는 고종의 노력을 보여준다. 조선의 태조를 새 제국의 시원인 고황제로 삼은 것은 대한제국이 조선을 이어받은 자주독립국임을 온 천하에 선포한 상징적 의미를 갖는다. 국권을 회복하려는 고종의 노력이 서린 건물이다. 그렇기 때문에 장소도 외세가 습관적으로 점령해오던 소공동으로 택하면서 이곳을 덕수궁 내로 편입시킨 것이다.

현재 환구단은 사라졌고 황궁우만 남아 있다. 우리나라에서는 보기 드문 3층 팔각정으로 섬세한 장식이 돋보인다.도 4-26, 4-27 구체적 건축 양식에서 청나라 영향이 나타난 점은 이 건물의 건축 목적에 견주어 아쉬움으로 남는다. 팔각정을 3층으로 올린 구성과 창 모양 등에서 청나라 양식의 영향이 드러난다. 조선호텔 쪽으로 난 문도 청나라 양식이다. 검은 벽돌로 지은 아치형 삼문으로 우리나라에는 없던 양식이다. 세 칸 가운데 중앙문을 높였다. 지붕은 잘게 나눠서 외고나 변화가 심하며 용마루 끄트머리를 살짝 올렸다.도 2-20, 4-28 벽돌도 재료의 색채 차이를 이용해서 장식 효과를 노린 청나라 기법으로 쌓았다.

5장

일제강점기 건축의
근대사적 의미

1 :: 소극적 자주 양식에서 일제강점기 건축으로

소극적 자주 양식 – 일제강점기 건축의 전주곡

소극적 자주 양식은 서양 양식을 직접 모방한 특징이 두드러지며 한일합병 이전부터 일제의 압력에 의해 지은 경우이다. 건축주가 프랑스 신부, 미국 선교사, 각국 정부 같은 외세가 아니고 대한제국의 황실이었지만 건축 목적이 일제의 침탈을 돕는 수단으로 악용된 경우로 현재 서울에 남아 있는 건물 가운데에는 공업전습소 본관(1908, 현 한국방송통신대학교 별관)과 대한의원 본관(1907, 현 서울대학교병원 의학박물관)이 대표적인 예이다. 을사늑약 이후 건물들로 이미 한반도를 실질적으로 지배하기 시작한 일제의 탐욕이 실린 건물이다. 이런 점에서 일제강점기 건축과 직접적 연관성을 갖는다.

공업전습소는 을사늑약 이후 세워진 공업 교육 기관으로 구한말 전환국 기계시험소가 있던 자리에 본관, 실습동 7동, 기숙사, 부속 관사 등의 시설을 갖추며 1906년 개소했다. 한반도를 식민 지배하는 데 필요한 근대 공업 인력을 양성한다는 목적 아래 목공, 토목, 응용화학, 금공, 염직, 도기 등 6개 분야에 걸쳐 실습 중심의 교육을 담당했다. 1907년 첫 입학생은 74명이었으며 본관은 1908년 탁지부 건축소의 설계와 요시다 겐조吉田謙造의 시공으로 완공되었다.

이 건물의 특이한 점은 건물 전체가 목구조이며 특히 외벽을 목조 비늘로 마감한 점이다.도 5-1 목재 패널로 바탕면을 깔고 그 위에 크고 작은 목조 판재를 오려 붙여 서양 고전주의 양식을 표현했다. 전체적인 양식은 네오매너리즘으로 볼 수 있다. 건축 부재를 잘게 나눠 사용했으며 목조 디테일치고는 들고남을 심하게 처리해서 음영을 활용한 점 등이 매너리즘의 대표적인 내용이다. 그 외에 수평과 수직을 대비시키고 표준 고전주의에는 없는 변형 부재를 사용한 점 등도 마찬가지이다. 이런 특징들은 '목조 비늘'이라는 재료의 성격과도 잘 부합해서 돌을 사용한 유럽의 매너리즘 건물보다 더 매너리즘다운 독특한 분위기를 풍긴다.도 5-2

대한의원 역시 의료를 통해 고종의 개혁 의지를 꺾고 한반도 지배를 준비한 중심 기관이었다. 고종은 민영환을 살린 앨런을 통해 서양 의학을 접한 뒤 그 효능을 인정하고 국내에 서양 의학을 적극 도입한다. 그러나 이것이 자칫 전통 한의학과 맞서게 될 것을 걱정해서 둘을 통합하려는 계획을 수립해서 추진한다. 의료는 민심에 영향을 크게 끼칠 수 있는 사업이기 때문에 일제는 고종의 이런 사업이 자칫 자신들의 한반도 침탈을 방해할까 두려워 이를 무산시킨다.

한의학을 인정하지 않고 탄압하며 서양 의학만으로 구성된 국립병원을 세우게 되는데 그것이 바로 대한의원이다. 대한제국 내부 소관의 서양식 병원인 광제원, 학부 소관인 경성의학교 부속병원, 그리고 궁내부 소관인 적십자병원을 통합해서 설립했으며 의정부 직속으로 운영했다. 고종의 의료 통합 계획은 요즘으로 치면 독일이나 미국 등에서 서양 의학의 한계를 느끼고 이를 극복하기 위해 동서 의학의 장점을 통합하려는 대체의학이나 통합의학에 해당되는 것으로 이것을 무려 100여 년 앞서 선구적으로 제시한 것이었다.

5-1 공업전습소 본관 전경(위)
5-2 공업전습소 본관 목조 비늘 디테일(아래)

일제는 대한의원 본관의 건축 방향을 고종의 이런 예봉을 꺾는 쪽으로 잡았다. 부지부터 그랬다. 마두봉 언덕을 부지로 잡았는데 일찍이 경모궁과 창경궁의 외원이었던 함춘원이 있던 장소로 창경궁을 조망할 수 있는 유서 깊은 곳이었다.도 3-11 궁궐의 일부를 헐고 그 자리를 사용한 것인데 이런 행위는 대한제국 황실을 능멸하기 위해 창경궁을 동물원인 창경원으로 개조한 일제의 만행과 맥을 같이한다. 창경원은 대한의원 본관이 완공되고 1년 뒤인 1909년에 문을 열었다. 한일합병도 되기 전에 궁궐이 동물원으로 개조당하는 치욕적 수모를 겪은 것인데 대한의원 본관의 완공은 이것의 전주곡에 해당되는 것이었다. 대한의원이 한일합병이 되던 해에 곧바로 총독부의원이 된 점도 이런 해석을 뒷받침해준다.

공업전습소 본관과 마찬가지로 탁지부에서 설계와 시공을 담당했으며 건축 양식은 19세기 유럽 역사주의의 전형적인 특징을 보여준다. 19세기 영국에서 유행하던 여러 종류의 역사주의 양식을 혼합한 절충주의이다. 영국의 네오바로크를 중심으로 빅토리안 고딕, 영국 신고전주의, 네오르네상스 등을 혼합했다. 마름모꼴의 중앙탑이나 배부른 변형 기둥 등이 영국 바로크에서 많이 사용하던 어휘이며 건물 표면에 전체적으로 들고남이 심한 모습은 바로크의 일반적인 특징이다.도 3-15, 5-3

5-3 대한의원 본관 석재 디테일

그리스 신전 정면을 소품화해서 창틀로 사용한 처리는 19세기 영국 신고전주의의 특징이며 반원형 아치를 2차원 면 장식으로 만들어서 창틀로 사용한 처리는 19세기 영국 금융 건물에서 자주 쓰던 네오르네상스 기법이다. 아치 창틀과 층 구분에 벽돌과 화강석의 재료 차이와 색채 차이를 이용한 모자이크 장식과 띠 장식을 넣은 점은 빅토리안 고딕의 특징이다.도 5-4, 5-5 별동은 훨씬 더 장식적이어서 조각적 느낌까지 든다. 바로크에 대한 집중도가 높아서 혼합 양식보다는 전형적인 네오바로크로 볼 수 있다.

5-4 대한의원 본관 소품화된 신전 파사드(위)
5-5 대한의원 본관 창 디테일(아래)

탁지부와 제국 양식의 등장

두 건물을 지은 목적이 무엇이었는지는 설계와 공사를 담당한 곳이 탁지부라는 데서 확인할 수 있다. 탁지부는 호조를 이어받아 1894년에 설립된 탁지아문을 일 년 뒤에 개명한 관청으로 국가의 예결산, 조세, 출납, 국채, 화폐 등에 관한 업무를 총괄하던 곳이었다. 시작부터 일본의 영향

아래 생겨서 개화기 때 서양 건물을 직설적으로 모방해 짓는 일을 도맡아하던 관청이었다. 을사늑약 이후에는 일제의 식민 지배를 본격적으로 준비하는 곳으로 완전히 바뀌게 된다. 주요 업무가 국가 재무를 총괄하는 일이었기 때문에 경제적 침탈을 준비하는 핵심 기관이었다. 을사늑약 이전부터 그랬듯이 서양 역사주의 양식의 건물을 짓는 일도 이런 침탈 준비 중 하나였다.

두 건물의 양식적 특징에서도 이런 목적이 잘 드러난다. 두 건물 모두 제국주의의 속성을 건축적으로 표현한 제국 양식을 특징으로 갖는다. 제국 양식은 19세기 유럽의 제국 열강이 정치적 권력을 과시하고 치열한 경쟁 속에서 자국의 국민을 통제, 단합시키기 위해 대형 공공건물에 사용한 역사주의 양식을 일컫는다. 뒤늦게 제국 경쟁에 뛰어든 일본도 이런 흐름을 받아들여 19세기 중반부터 이런 종류의 건물을 대거 짓게 되는데 이것이 한반도에까지 흘러들어온 것이다.

공업전습소 본관은 엄밀한 의미에서 제국 양식은 아니지만 해석 과정을 거치면 제국의 속성이 담긴 건물임을 알 수 있다. 목조 비늘을 사용한 특이한 모습은 당시 일본에서 유행하던 '의양풍擬洋風'이라는 양식이었다. 나무를 이용해서 서양의 석조 전통 양식을 모방하는 양식이다. 한국과 일본의 전통 건축은 모두 목구조이지만 목재를 자르고 다루며 디테일을 만드는 특징을 보면 일본의 전통 건축이 서양 양식에 더 가깝다. 일찍부터 표준화되어 있었으며 직선을 더 많이 사용하기 때문이다. 당시 일본은 서양화를 통해 군국주의의 탐욕을 이루려던 절박한 상황이었기 때문에 서양 것이면 무엇이든 모방하며 좇으려 했고 급기야 목조 전통 건축으로 서양 양식까지 모방하는 단계에 이른 것이다.도 5-6 전체적으로 일본식 2층 목조 주택의 분위기가 나는 것도 이 때문이다.

5-6 공업전습소 본관 – 목재를 잘게 잘라 서양 석조 양식을 모방한 모습(왼쪽)
5-7 공업전습소 본관 측동 아치 모티브(오른쪽)

제국의 침탈 목적이 서린 양식을 서울에까지 이식한 것이니 그 목적이 무엇이었을지는 명확했다. 구체적인 건축 어휘에서도 제국 양식의 전조를 드러낸다. 양 끝의 측동이 대표적인 예이다. 팔라디오의 로마 목욕탕 창을 빌려 쓴 것인데 그 출처가 로마인 점에서 19세기 유럽 제국 양식에서 자주 사용하던 창 형태였다. 여기에서는 한 발 더 나아가 이것을 위아래로 중첩시켜 로마 개선문 모티브로 응용하고 있다.도 5-7 개선문은 나폴레옹이 제1제국의 대표 건축으로 삼은 데서 알 수 있듯이 19세기 유럽에서는 가장 대표적인 제국 양식 모티브였다.

대한의원 본관은 이런 해석 과정이 필요 없는 전형적인 제국 양식에 해당된다. 외관에서는 중앙의 수직 탑을 축으로 삼아 출입구를 강조하고 좌우대칭을 강하게 드러낸 점과 출입구 형식화를 강화한 점 등이 대표적인 내용이다.도 3-11, 3-15, 5-8 실내에서는 중앙 복도를 중심으로 양옆에 방들이 일지선으로 드러난 구성이 대표적인 내용이다. 별동은 건물 규모가 작아진 대신 중세 버트레스를 사각 벽기둥으로 과장해서 돌출시켰고 아치의 홍예돌도 과장해서 이와 대비시켰다.도 5-9 이런 특징들은 한일합병 이후 본격적으로 등장하는 제국 양식에 본보기 역할을 했다.

원래 출처는 나폴레옹 3세 때의 제국 양식이던 보자르 양식이었다. 네오바로크를 대표 양식으로 삼아 수직-수평 구도가 각각 과장되면서 대립함으로써 제국의 힘을 과시하는 구성 기법이다. 이외에도 19세기 유럽에서 제국 양식은 주로 국회의사당, 왕궁, 시청사, 오페라하우스, 박물관 등 공공건물에 등장했는데 병원도 그중 하나였다. 19세기에 대형 병원은 모두 국립이었기 때문에 국가의 권위를 표현할 필요가 있었기 때문이다. 대한의원 본관도 여기에 해당된다.

19세기 유럽의 제국 양식은 영·불·독 세 나라에서 공통적으로 유행했다. 이 건물에 사용한 여러 절충주의 양식 가운데 빅토리안 고딕은 영국에서, 네오바로크는 프랑스와 영국에서, 신고전주의는 세 나라에서 공통적으로 사용하던 제국 양식이었다. 이것을 한 곳에 모아놓았으니 이 건물은 제국 양식의 집합체라 할 만했다. 서울에 지어진 제국 양식의 결정판은 지금은 헐리고 없는 조선총독부인데 조선총독부가 신고전주의 한 가지 양식으로 웅장하게 지은 반면 대한의원 본관은 여러 양식을 섞어서 아기자기한 모습으로 제국의 속성을 드러낸 특이한 경우이다. 건물 자체로는 강한 시각적 자극을 보이며 예술성이 높지만 그 이면에는 이런 시대 배경이 숨어 있다.

5-8 대한의원 본관 중앙탑(위)
5-9 대한의원 본관 별동(아래)

2 :: 일제강점기 건축과 1차 서양화

개화기 건축에서 일제강점기 건축으로

이상 살펴본 바와 같이 개화기는 큰 방향과 구체적 특징 모두에서 우리와 이렇게 다른 서양 건축이 들어와서 실제 건물을 남기기 시작한 시기였다. 자주적 서양 양식이 있긴 했지만 역부족이었다. 물론 그것 자체로 더없이 소중하고 의미 있는 시도였으며 그 내용은 독립적 중요성을 갖는 것으로 평가해야 한다. 정치사나 일반 문화사에서 개화기 때 자주독립의 노력을 새롭게 평가하는 사관이 자리 잡아 가고 있는 것과 같은 맥락이다. 개화기의 역사는 기본 성격과 진행 상황, 자주성과 지향 목적 등에서 일제강점기와 엄밀히 구별되어야 한다. 정치사나 일반 문화사는 물론이려니와 건축사도 마찬가지이다. 앞에서 살펴본 자주적 서양 양식은 좋은 예이다.

그러나 시간의 끈을 늘려 일제강점기까지 함께 생각하면 개화기의 자주독립 시도가 실패한 것 또한 부정할 수 없는 역사적 사실이다. 개화기가 식민 지배로 이어지면서 둘을 한 묶음으로 보는 시각이 우세한 것 또한 사실이다. 개화기를 외세에 시달리다 일제강점기로 가게 되는 전 단계 정도로 보는 것이 우리의 보편적 역사의식임을 부정할 수 없다. 안타깝게도 결과 중심으로 역사를 보게 되면 이런 시각이 완전히 틀린 것만은 아니다. 일제의 한반도 침략이 하루아침에 갑자기 자행된 것이 아니고 수십 년에 걸친 준비 작업과 전조 현상을 수반했고 이를 막으려 노력했지만 실패하면서 식민 지배를 허용하게 되는 일이 벌어진 것이 개화기였음을 부정할 수는 없다.

개화기는 이처럼 양면적 의미를 갖는데 건축은 이 가운데 부정적 의미가 잘 맞는 분야이다. 자주적 서양 양식은 역사적 영향력을 행사하지 못한 단발성 현상에 가까웠다. 전통 건축과 너무 다른 서양 건축이 서울 도심을 차지해가면서 일반 시민은 일상생활에서 이질성을 피부로 느끼고 있었다. 이것들 사이에서 '그냥 서양 양식' 혹은 '종속적 서양 양식'과 '자주적 서양 양식'을 구별하는 것은 당시로서는 무리였을 것이다. 왜냐하면 자주적 서양 양식도 표면적으로는 '그냥 서양 양식'과 크게 다르지 않기 때문이다. 시간의 끈을 일제강점기까지 늘려 실제 나타난 결과 중심으로 보면 더 그렇다. 개화기 서울에 등장한 서양 건축이 일제강점기를 준비한 전주곡으로 해석될 소지가 많은 것을 부정하기 힘들다.

1900년과 1920년의 종로 사진을 비교하면 이런 사실을 명확하게 알 수 있다. 1900년 종로에는 아직 서양 건물 없이 한옥만 넘실댔다. 당시 서양 건물은 수가 많지 않았기 때문에 서울 여러 곳에 분산되어 등장했다. 반면 1920년 종로 사진을 보면 일제강점기 때 제국 양식의 서양 건물이 일렬로 늘어서서 가로를 점령하고 있다. 이 두 장면을 개화기 때 자주독립의 노력이 실패하면서 식민 지배로 이어진 역사 전개와 겹쳐 생각하면 그 의미는 명확해진다. 개화기 때 처음 등장해서 서울 곳곳에 점점이 박혀 있던 서양 건물이 일제강점기를 거치면서 전면에 등장하며 서울 전역을 차지하게 된 것이라는 해석이 성립된다. 개화기 때 등장한 서양 건물과 일제강점기 때 지어진 서양 건물을 엄밀히 구별하는 일은 전문가라도 쉽지 않기 때문이다.

이렇게 보면 개화기 때 서울에 등장한 서양 건축의 이질성은 어쩔 수 없이 부정적 현상을 남긴 것으로 해석될 수밖에 없다. 자주적 서양 양식이 일제강점기로 이어지면서 맥을 잇는 것은 불가능했을 것이다. 일제강점기 전체를 통틀어 치열한 독립운동이 국내외에서 일어났지만 이것을 건축에까지 반영하는 것 역시 한계가 있었다. 물론 일제강점기에도 서울에 민족 건축의 흐름이 있긴 했지만 독자적 건축운동이나 양식 사조로 독립할 만한 세를 형성하지 못했다. 독립운동에 비교하면 더 그렇다.

독립운동 자체가 많은 희생을 수반하며 힘들게 진행되었기 때문에 이것이 건축에까지 반영되기에는 역부족이었다. 일제강점기 때 민족 건축 역시 자주적 서양 양식처럼 단발성 현상에 그친 측면이 크며 이것을 자주적 서양 양식이 계속 이어진 흐름으로 보는 것 역시 무리가 있다. 정치사나 일반 문화사에서는 개화기 때 자주독립의 노력과 일제강점기 때 항일독립운동이 하나의 연속 흐름으로 이어졌지만 건축은 그렇지 못한 것이다. 각각의 흐름 자체가 미약했을 뿐더러 둘을 연속된 흐름으로 보는 것은 무리이다.

1차 서양화와 압축 서양화

시간의 끈을 한국의 20세기 전체로 연장해서 보면 더 그렇다. 독립운동 정신은 해방 이후 근대화기 때 역사의 주류까지는 못 되었을지라도 적지 않은 한국인에게 중요한 정신적 지주 역할을 했다. 반면 건축에서는 이런 현상이 매우 약했다. 건축은 해방 이후의 압축적 근대화가 압축적 서양화로 나타나는 데 중심 역할을 했다. 그만큼 서양 건축의 모방이 심했다. 전통 논의가 있긴 했지만 미약했다. 개화기 때 자주적 서양 양식이나 일제강점기 때 민족 건축이 미약했던 정도를 닮았다. 더욱이 이번에도 이런 전통 논의는 앞의 두 흐름과 연관성을 찾기 힘든 단발성 현상에 가까웠다.

건축은 분명 일제강점기의 폐해가 가장 많이 드러나고 남아 있는 분야 가운데 하나이다. 이처럼 20세기 후반의 압축적 근대화까지 함께 생각하면 개화기 건축을 이런 부정적 폐해가 처음 시작된 시기로 정의할 수밖에 없게 된다. 앞에서 살펴본 전통미학과 서양미학 사이의 이질성이 그 구체적 내용이다. 개화기에 한정하면 이런 이질성은 단순히 미학적 차원에서의 차이이거나 일상생활에서의 갑작스러운 변화나 낯설기 정도일 수 있으나 일제강점기까지 이어진 상황 전체를 보면 일제의 침략을 돕는 또 하나의 무서운 침탈이었다. 일제강점기 건축의 역사적 의미 또한 전 시대의 이런 현상과 연계지어 판정할 수밖에 없다. 개화기 때 서양화의 부정적 측면이 확장, 연속되며 최악으로 심해진 시기였다.

개화기에서 일제강점기를 거치며 서양 건축이 서울의 조형 환경을 차지해가기 시작한 이런 현상을 1차 서양화라 부를 수 있다. 한국전쟁 이후 이행한 모더니즘 건축을 2차 서양화로 보며 이와 구별한다는 뜻에서 1차라 부를 수 있다. 1차 서양화에 나타난 특징이 서양 건축의 끝은 아니었다. 서양 건축 내에서도 대부분 전통 건축에 해당되는 것이다. 이후 일제강점기를 거치면서 양적으로나 일상생활의 변화 모두에서 돌이킬 수 없게 공고해지며 서울을 구성하는 당연한 조형 환경으로 자리 잡는다. 서양에서 2,500년을 거치면서 형성된 건축 방식을 50여 년 만에 압축적으로 받아들여 정착시킨 것으로 볼 수 있다. 압축은 해방 이후 근대화에서만 있었던 것이 아니라 이처럼 1차 서양화에서도 있었다. 압축

근대화 이전에 이미 압축 서양화가 있었던 것이다

1차 서양화는 전통 건축과의 화해나 통합 없이 서양 건축을 통째로 받아들였다. 전통 건축과 양자택일의 대상이 되면서 전통 건축을 밀어내고 그 자리를 차지해가는 제로섬 형식으로 진행되었다. 당시 서양 건축은 우리가 주체가 되어 차분히 시간 여유를 갖고 들여온 것이 아니라 외세의 한반도 침략에 따라 강제로 지어졌기 때문에 침략이 심해질수록 전통 건축의 말살과 서양 건축의 번성도 비례적으로 심화되었다. 이런 현상을 극단적 서양화라 부를 수 있다.

극단적 서양화, 식민사관, 식민지 근대화론

압축 서양화에서 압축 근대화로 이어지는 조급증은 한국 현대사에서 최대의 비극인데 건축도 이것이 집약적으로 나타난 분야 가운데 하나였다. 수도 집중이 심한 한국에서 비극의 현실이 두드러지게 구체화된 곳이 바로 서울이었다. 조급증은 당연히 극단적 서양화를 구체적 현상으로 수반했다. 한일합병을 기점으로 일제강점기 때가 첫 번째 절정이었다.

한일합병은 외세의 한반도 침략이 일차적으로 완결된 사건이었기 때문에 이를 계기로 건축에서 압축 서양화와 극단적 서양화가 본격적으로 자행되었다. 수도 서울은 당연히 이런 현상이 압축적으로 진행된 곳이어서 1930년대경이면 전통 건축은 거의 자취를 감추고 그 자리를 서양 건축이 통째로 차지하게 된다. 실로 50여 년 만에 일어난 일이었다. 한반도 전역을 보면 아직 전통 건축이 남아 있었지만 적어도 서울은 완전히 서양 건축 천지가 되어 있었다. 도심에 들어선 건물뿐 아니라 건물을 설계하고 시공하는 건축술 전반에 걸쳐 전통 장인 그룹과 이들의 전통 기술은 거의 소멸되면서 맥이 끊기게 되었다.

전통 건축은 재래라는 부정적 딱지를 붙여 지울 수 있는 한 최대한 지웠으며 일제강점기 때 식민 통치를 거치면서 극에 달했다. 조선의 역사, 문화, 국민성 등을 어떻게 해서든지 열등하고 미개한 것으로 몰아붙여서 식민 통치를 합리화하고 쉽게 진행시키기 위한 식민지 우민화 정책 혹은 조선 우민화 정책에서 핵심을 차지하는 부분이었다.

이것이 역사 이론으로 조직화, 체계화된 것이 아직도 우리 사회에 뿌리 깊게 남아 있는 식민사관이다. 식민사관 아래에서 전통 건축은 서양 건축과 양자택일의 대상으로 대립적 위치에 세워지면서 서양화를 위해 버리고 포기해야 할 대상으로 비하된다. 조선은 미개하고 전근대적이며 이로 인해 가난하고 못살기 때문에 이를 극복하기 위해서는 조선의 재래 문화를 과감하게 서양 문화로 바꿔야 한다는 주장인데, 전통 건축도 대표적 분야 가운데 하나였다. 건축에서 1차 서양화가 식민 통치를 거치면서 극단적 서양화로 둔갑하게 된 이유이다.

이것이 최악으로 악화된 것이 식민지 근대화론이다. 식민사관만큼 우리 사회 전반에 퍼져 있지는 않지만 적지 않은 사람들의 역사 인식에 스며들어 있는 것 또한 사실이다. 서양화의 주체 문제를 '지배 - 피지배'의 구도에 끼워 넣다 보면 피지배 민족이었던 우리는 자주적으로 서양화를 이룰 수 없기 때문에 식민 지배자가 이끄는 대로 따를 수밖에 없게 된다. 서양화에 늦은 시대 상황에 식민 통치까지 겹치면서 서양화가 전통 건축을 지우는 것과 동의어가 되는 극단적 서양화는 더욱 심해지게 된다. 일제강점기를 거치며 최악으로 굳어버린 극단적 서양화 개념은 해방과 한국전쟁 이후 고쳐지지 않은 채 모더니즘 건축을 운용하는 2차 서양화로 이어졌고 결국 압축 근대화라는 또 다른 극단적 서양화로 귀결된다.

3 :: 제국 양식과 지배 이데올로기

제국 양식의 고착

일제강점기 동안은 한반도의 모든 중요한 건물을 일제가 주체가 되어 서양 양식으로 지었다. 건축 경향은 크게 보면 개화기 때 등장한 흐름과 서양 사조가 반복되면서 양적으로 대폭 증가한 것으로 요약할 수 있다. 건축 주체를 기준으로 하면 일제와 서양 기독교 세력이 양분했다. 식민 지배가 시작되면서 개화기 때 주체 가운데 하나였던 서양 열강의 정부는 더 이상 이렇다 할 건물을 남기지 않았다.

서양 기독교 세력에도 변화가 있었는데 코스트 신부의 사망 이후 프랑스 가톨릭이 쇠퇴했으며 상대적으로 미국 선교사들의 활동이 늘어났다. 이들은 교육 사업에 진출하면서 학교 건물을 많이 남겼는데 영미권의 컨트리하우스를 기본 양식으로 하는 흐름을 형성했다. 영국 성공회도 주요 건물을 남겼다. 미약하긴 했지만 민족 세력도 건축 행위의 한 주체로서 건물을 남겼으며 근대 한옥도 일제강점기 때 하나의 건축 흐름을 형성했다.

일제는 식민 지배의 주체가 되면서 건축에서도 절대적 주도권을 행사했다. 당시 일본은 군국주의 체제였기 때문에 앞에 얘기한 유럽의 제국 양식이 건축 경향의 대세를 형성했다. 19세기 유럽 역사주의가 여전히 대표 양식으로 큰 흐름을 이루었다. 개화기 때 서양 양식보다 제국주의의 지배 이데올로기가 한층 강화된 양식이었다. 조선총독부, 서울시청사, 한국은행 본관, 명동예술극장, 경성제국대학 본관 등 한반도를 통치하는 데 필요한 정치 · 경제 · 사회 · 교육 등 모든 분야에 걸쳐 수많은 건물들을 이 양식으로 지었다. 개화기 이후 몇십 년의 시간이 흐르면서 개화기 때 없던 새로운 사조가 등장한 것도 있는데 1930년대의 전체주의 양식이다. 제국 양식의 한 종류이긴 한데 역사주의에서 벗어나 근대화된 양식으로 부민회관과 경기고등학교를 대표적 예로 들 수 있다.

요약하면 일제의 제국 양식, 미국 선교사의 학교 건축, 영국 기독교의 교회 건축, 민족 건축의 네 방향으로 분류할 수 있다. 개화기와 비교하면, 서양 양식을 구사하던 여러 갈래의 외세가 일제와 미국 선교사로 양분, 정리되었으며 그 사이에서 민족 세력이 어렵게 약간의 건축 활동을 유지했다. 일제는 한반도를 직접 식민 지배하면서 가장 강력한 건축 주체가 되었으며 미국 선교사는 일제와 정치적 충돌을 피하며 기독교와 교육 사업으로 우회해서 명맥을 유지했다. 민족 세력은 그 사이를 파고들어 틈새에서 최소한의 영역을 확보했다.

세 흐름 가운데 일제의 제국 양식이 단연 압도적이었다. 비독 한반도에 짓는 건물만의 일은 아니었다. 당시에는 일본 전체가 군국주의 광기에 휩쓸려 자국 영토부터 앞다퉈 제국 양식으로 뒤덮던 때였다. 제국 경쟁의 본고장인 유럽도 마찬가지이긴 했지만 유럽에서는 이미 1910년대부터 모더니즘 계열의 다양한 아방가르드 건축운동이 발진하고 있었다. 이것이 1920년대에 추상 아방가르드 건축으로 열매를 맺으면서 19세기 역사주의 계열의 제국 양식은 거의 자취를 감추게 된다. 1930년대 전체주의 시대 때 잠깐 부활하긴 하지만 그 양은 현저히 줄게 되며 추상

아방가르드 양식을 더한 현대화된 제국 양식도 함께 등장한다.

일제는 달랐다. 일제도 모더니즘 건축운동이 없진 않았지만 역사주의 계열의 제국 양식을 밀어낼 만큼은 안 되었다. 여기에 서양 문명의 맹목적 추종과 유난히 심했던 군국주의 광기가 더해지면서 일제는 제2차 대전 패망 때까지 역사주의 계열의 제국 양식이 유독 번성한 나라가 된다. 한반도도 여기에 포함되면서 제국 양식이 대대적으로 등장하게 된다. 서울은 이런 현상이 집중되는 중심지였다. 개화기 때 건축 주체가 여럿으로 나뉘어 탐색전 형식을 띠면서 그나마 최소한의 다양성을 유지하던 서양화 현상은 일제로 단일화되면서 심한 편집증을 앓게 된다.

당시 건축 주체였던 일제 쪽에서 보면 한반도 건축이 제국 양식으로 편집偏執되는 현상은 자신들 나라에서 흔하디흔한 동시대의 보편적 현상일 뿐이었다. 그러나 우리를 기준으로 하면 그 의미는 정반대가 된다. 우리와의 이질성과 불일치가 이중으로 심해진 최악의 현상이었다. 이질적인 외래 양식을 강제적으로 받아들여야 하는 점에서 일차적 부정적 현상이었다. 여기에 더해 그 외래 양식의 내용이 하필 타국을 식민 지배하는 제국 양식이라는 점에서 더 심한 이차적 부정적 현상이 가세했다.

제국 양식과 지배 이데올로기의 연속

제국 양식은 물론 식민 지배 이데올로기를 강하게 강요했다. 순하고 소박한 나무 건물에서 수천 년을 살아오던 한민족은 위압적인 서양식 돌 건물 앞에서 주눅이 들었다. 이것은 저항 의지를 꺾어 식민 통치를 돕는 역할을 했다. 일제강점기에 국한해도 최악의 상황일 텐데 역사의 끈을 앞뒤로 늘려 보면 더 최악이었다. 조선도 계급 구조를 바탕으로 통치 세력의 지배 이데올로기가 매우 심한 시대였는데 이것이 더 악랄한 군국주의로 이어진 것이다. 이것이 자국 내에서 진행되었어도 최악일 텐데 외세의 식민 지배에 의한 것이었으니 그 이상 비극은 없는 인류 역사 최악의 상황이었다.

유럽의 20세기 제국주의는 18~19세기의 혁명기를 거친 뒤 민족 간, 국가 간 욕심 경쟁으로 촉발된 측면이 많았다. 산업혁명으로 새로운 물리력을 손에 넣으면서 산업화된 국력을 겨루어보고 싶은 집단 욕망이 일차적 배경이었다. 여기에 식민지 분할과 세계무역권 독점 등 구체적 열매를 놓고 벌인 탐욕 경쟁이 가세했다. 하지만 혁명기를 거치며 전통 왕정에 대한 심판을 끝낸 뒤 전 국민이 자발적으로 참여한 제국주의였다. 우리에게는 이런 것이 없었다. 조선의 지배 정체에 대해 우리 스스로 한 번도 심판과 단죄를 하지 못한 채 그보다 더 악랄한 군국주의 지배를 그것도 식민지 형태로 받게 된 것이다.

유교를 바탕으로 한 조선의 지배 정체에 대해서는 긍정적 · 부정적 측면의 양면적 해석이 가능하다. 건축도 마찬가지여서 우리가 일반적으로 알고 있는 전통 건축의 훌륭한 장점은 분명 여기에서 나온 것이었다. 그런데 이것이 앞과 같은 일제강점기의 부정적 상황으로 이어지면서 좋은 점은 사라지고 나쁜 점만 부각되어 남아 해방 이후 독재 정권으로 이어지는 가장 안 좋은 반전이 일어나게 된 것이다. 근대화기로 넘어오는 과정에서 우리 스스로가 주체가 되어 앞 시대에 대해 혁명적 정리를 하고 그것의 자연스러운 연속으로 자주적 근대화를 이루지 못한 데 대한 대가가 건축에서도 고스란히 드러나게 되는 것이다.

이런 중간의 정리, 여과 과정 없이 조선의 지배 정체에서 바로 일제의 식민 지배로 이어지면서 국민들은 전통 건축을 왕조 건축으로만 인식하게 되었다. 이런 인식 아래에서 조선 왕조 건축과 일제 제국 양식은 주인만 바뀌었을 뿐 결국 모두 기층민을 지배하는 통치 건축으로 같은 것이 되어버렸다. 둘을 동일한 지배 이데올로기를 갖는 같은 것으로 합해서 받아들이게 되면서 건축은 늘 그런 것이라는 자포자기식 패배주의에 빠지게 된다. 건축이 혁명정신을 담아 예술적으로 승화시켜 얼마나 많은 사람에게 근대적 각성을 해줄 수 있는지, 건축이 인간에게 얼마나 따뜻한 자애 봉사를 해줄 수 있는지, 건축이 얼마나 하나의 민족과 국가를 통합하고 화합시키는 역할을 할 수 있는지 등등 건축이 갖는 수많은 순기능을 전혀 경험하지 못한 채 건축 전반에 대해 부정적 · 패배적 인식을 가져버리게 된 것이다.

이런 잘못된 인식은 고스란히 해방 이후 독재 정권과 압축 근대화로 이어졌다. 식민 과거를 청산하고 우리가 주체가 되어 올바른 근대화를 이루어야 하는 중요한 시기에 이를 방해하는 반대 요소로 작용하게 되는데 건축이 이것을 단적으로 보여주는 분야가 되는 것이다. 건축은 이번에도 여전히 독재 정권을 합리화하거나 압축 근대화를 지탱하는 주요 수단으로 사용된다. 일제강점기 때의 폐해를 청산하지 못한 채 근대화기로 넘어온 것이 한국 현대사의 비극의 핵심인데 이는 건축을 기준으로 봐도 동일하게 나타난다. 일제가 조선의 식민 지배를 위해 제국 양식으로 지은 각종 건물을 1980년대까지 그대로 대한민국의 각종 공공건물로 그대로 사용한 것이다. 조선총독부는 중앙청으로, 경성부청사는 서울시청사로, 경성재판소는 대법원으로, 경성제국대학은 서울대학교로, 경성역은 서울역으로 등등이다. 새 건물을 지을 경제적 여유가 없었다는 것이 통상적인 이유이다. 그러나 일제가 우리를 식민 통치하던 건물을 해방 후 40여 년 동안 그대로 사용했다는 것은 아무리 변명을 해도 역사의식이 없는 것이지 경제력 탓으로 보기는 힘들다.

일제강점기는 이처럼 한국 현대사에서 개화기와 자주적 근대화기를 이어주는 중요한 중간 단락이었는데 철저하게 부정적 영향만 끼치게 된다. 누구나 다 알고 있는 식민 폐해를 건축의 관점에서 시간의 끈을 앞뒤로 늘려 관찰한 내용이다. 순수하게 건축의 조형적·양식적 측면에 국한시켜보더라도 일제의 제국 양식은 역사주의라는 이름에서 알 수 있듯이 우리와 아무 상관없는 유럽의 낯선 과거 양식을 통째로 가져다 쓰는 전형적인 리바이벌 건축이었다. 신고전주의, 네오바로크, 네오르네상스 등 수많은 서양 양식이 한반도에 존재해야 할 타당성에 대한 고민 없이 물밀 듯 밀어닥쳤다.

이런 양식을 구성하는 수많은 건축 부재와 장식 디테일 등은 모두 그들만의 오랜 역사적 배경 아래 만들어진 그들의 상징 요소이자 문화 아이콘인데 이것이 하루아침에 우리의 주변 환경을 이루며 우리의 일상이 되어버린 것이다. 사람은 조형 환경과 심미적으로, 심리적으로 교감하며 살아야 정신적으로, 정서적으로 건강한 상태를 유지할 수 있으며 이 때문에 건축도 '신토불이'의 논리가 강하게 요구되는 분야이다. 이것이 건축이 갖는 상징 기능이다.

우리가 유럽 역사주의 양식과 이런 심미적·정서적 상징 교류를 할 리는 절대 만무하다. 그런 상징의 내용을 모를 수밖에 없으며 설사 공부를 통해 안다고 해도 오랜 기간 자국의 주거 전통으로 그 속에서 살지 않는 한 간극은 영원히 크게 남을 수밖에 없다. 유럽 역사주의 양식은 건축이 갖는 이런 다양한 상징 기능이 모두 생략된 채 우리에게 그저 식민 통치를 공고히 하는 제국 양식 한 가지로만 남게 된다.

6장

일제강점기 건축의 흐름과 한국 전통미학의 혼재

1 :: 제국 양식과 초기 근대 리바이벌

유럽 역사주의 제국 양식

이상의 의미를 갖는 일제강점기 건축의 흐름은 앞서 언급한 대로 세 방향으로 나타났다. 가장 주도적인 것은 일제 주도의 제국 양식이었다. 전국에 걸쳐 셀 수 없을 정도로 많은 수가 지어졌으며 해방 이후 급속도로 헐리다가 1980~1990년대에 건축계와 문화계의 노력으로 근대문화재로 지정되면서 일부가 살아남았다. 식민 역사의 잔재를 국가가 나서서 문화재로 지정하는 것이 옳으냐에 대한 논쟁이 있었으며 지금도 계속되고 있다. 이 문제에 대한 판단은 이 책의 목적이 아니기 때문에 더 이상의 언급은 않기로 하고 여기에서는 일제강점기 제국 양식이 갖는 다양한 사회미학적 의미에 대해서 살펴보고자 한다.

수도 서울은 질과 양 모두에서 제국 양식의 집결지였다. 현재 서울의 근대문화재는 20여 채 정도만 남아 있지만 일제강점기 동안 서울 시내는 거의 서양 제국 양식으로 뒤덮였다고 해도 과언이 아닐 정도였다. 양관(1910년경), 한국은행 본관(1912), 서울역(1925), 서울시청(1926), 경성재판소(1928, 현 서울시립미술관 서소문본관), 경성제국대학 본관(1931, 구 서울대학교 본관, 현 한국문화예술진흥원), 명동예술극장(1935) 등이 현재 서울에 남아 있는 제국 양식의 대표적인 예들이다. 모두 조선총독부 주도로 지은 공공건물로 일본의 식민 지배 목적을 위해 지은 것들이다. 이외에 일본 자본이 들어와서 지은 광통관(1909, 현 우리은행 종로지점)과 조선저축은행 본관(1935, 현 SC제일은행 본점)이나 미스코시 백화점(1930, 현 신세계백화점 본관)도 같은 계열의 건물로 볼 수 있다.

이 건물들에서는 개화기 때 서울에 처음 등장했던 서양미학이 더 강화된 모습으로 나타났다. 서양 전통 양식에 내재되어 있던 지배 이데올로기를 식민 통치라는 구체적 목적에 악용하기 위한 과정에서 발현된 현상이었다. 불투명한 석조 표피 위에 서양의 낯선 장식 디테일을 붙인 독립 오브제가 서울의 전통 건축물을 제치고 도시의 주인 자리를 차지해갔다. '경성개발계획'은 전통 가로와 건물을 헐고 새로운 서양 건물이 들어설 자리를 마련해주는 선발대 역할을 했다. 서울은 제국 양식의 경연장이 되어갔다.

여기까지는 이제 거의 상식이 되다시피 한 내용이다. 일본 군국주의가 한반도를 식민 통치하면서 지은 건물인데 그 특징이 어떠했을지는 더 이상 설명이 필요 없을 정도이다. 지금까지 일제강점기 건물의 성격으로 결론지은 내용이다. 나는 여기에 더해 이 건물들에서는 이와 반대되는 특징도 찾을 수 있다는 점을 조심스럽게 제시해본다. 제국 양식다운 위압적 분위기 이면에 의외로 아기자기한 특징도 보인다는 점이다. 이는 한국 전통 건축의 특징이 스며들어간 것으로 조심스럽게 가정해보고자 한다. 일제강점기가 한국의 전통 건축을 말살한 최악의 시기였음에 틀림없지만 그 와중에서 그런 말살을 주도한 첨병 건물에 거꾸로 한국 전통 건축의 특징이 미미하긴 하지만 배어난 것이라는 뜻이다. 이런 가정은 개화기 때 서양 건물과 비교하면 더 명확히 알 수 있는데, 두 가지 차이가 이런 내용을 반영한다.

'양자 동화에 의한 한국적 아기자기함'

하나는 양식 사조 차원으로 네오르네상스와 네오바로크가 주를 이룬다는 점이다. 개화기 때에는 상대적으로 적었던 양식이며 소극적 자주 양식부터 많이 등장한 양식이었다. 이런 양식은 서양의 건축 사조 내에서도 한국적 국민성과 잘 어울리는 것들이다. 르네상스는 휴먼 스케일을 유지하면서 절제미를 특징으로 갖는 점에서, 바로크는 변화무쌍하고 상대적인 비정형주의를 특징으로 갖는 점에서 각각 그렇다.

다른 하나는 디테일 차원으로 장식이 풍성해지면서 섬세해진다는 점이다. 물론 서양 건축의 장식은 앞에서 설명한 것처럼 우리의 전통 장식과 큰 차이가 나며 서양 건축의 이질성을 악화시키는 쪽으로 작용한 것이 사실이다. 그러나 이것은 우리의 전통 건축과 비교한 경우이고 개화기와 일제강점기라는 두 시기의 서양 건축만을 놓고 비교하면 그 안에서도 이런 차이가 있게 된다. 개화기는 시기적으로 서양 건축이 처음 등장하던 때였으며 건축 주체도 여러 갈래였다. 이 때문에 원본 양식을 그대로 짓는 것이 급선무였다. 갑자기 낯선 서양 양식이 등장하면서 이질감과 충격이 컸고 한국 전통 건축의 특징을 반영할 사정이 허용되지 않았다. 대원군의 쇄국 정책 여파가 남아 국민들 정서도 비슷한 분위기였다.

일제강점기는 이와 달라서 일제강점기를 거치면서 일제와 한국 양자 사이에 최소한의 동화라는 의외의 현상이 나타난 것으로 추측해볼 수 있다. 한국과의 접촉 시간이 늘어나면서 일제가 어느 정도 한국에 동화되는 현상과 반대로 한국인도 일제의 식민 지배를 피할 수 없는 현실로 받아들이며 동화하는 현상이다. 이런 양자 동화를 통해 일제가 짓는 제국 양식에 한국 전통 건축의 특징이 미미하나마 나타난 것으로 가정할 수 있다. 이런 현상을 '양자 동화에 의한 한국적 아기자기함'이라 부를 수 있다.

물론 일제강점기 때 모든 건물에서 이런 내용이 발견되는 것은 아니다. 설사 발견된다 해도 한국의 전통미학의 맥을 잇는 것치고는 매우 변질된 형식일 것이다. 당시 일본에 지어진 같은 양식의 건물에서도 비슷한 특징이 발견될 수 있다. 하지만 서울에 지어진 건물에서 발견되는 이런 현상은 일제강점기의 건축, 나아가 일제강점기 전체에 걸쳐 발견할 수 있는 작은 희망의 단서로 생각하고 싶다. 일제의 악랄한 식민 지배와 수탈 속에서도 우리의 전통적 특성을 잃지 않고 그들이 짓는 서양의 제국 양식에 그 흔적을 조금이라도 남긴 것으로 볼 수도 있기 때문이다.

초라하고 비굴한 해석이거나 억지춘향일 수도 있지만 한국인 특유의 현실 포기와 현실 응용력을 바탕으로 한 질긴 생명력을 의미하는 것으로 볼 수도 있다. 한국 국민과 한반도 국토라는 물리적 실체가 완전히 사라지지 않는 한 정부 주체가 바뀌었다고 해도 우리의 전통 정서는 완전히 소멸되지 않고 어떤 형식으로든 모습을 바꿔 맥을 이었다는 증거로 해석하고 싶다. 개화기 때 시도되었던 적극적 자주 양식의 정신이 국권을 상실한 최악의 상태에서 아주 사라지지 않고 최소한의 맥을 이은 것으로 해석할 수 있다.

조금 더 논리적으로 부연 설명을 해보자. 위에 예를 든 서울의 일제강점기 건물들은 양식사를 기준으로 할 때 공통점이 있다. 크게 보아 네오르네상스가 주를 이루며 세부적으로는 르네상스의 하부 사조라 할 수 있는 매너리즘과 바로크가 섞여 나타난다. 합하면 초기 근대 양식의 리바이벌 경향이라는 공통점이다. 초기 근대 양식은 언뜻 보면 신고전주의나 중세 양식보다 상대적으로 제국 양식과 연관성이 적어 보일 수 있다. 특히 르네상스의 경우 아담한 휴먼 스케일을 유지하며 장식과 부재를 억제하는 추상 경향을 주 특징으로 갖기 때문에 더 그렇다. 하지만 실제는 그렇지 않은데 그 내용과 의미는 지역을 기준으로 세 방향에서 살펴보아야 한다.

네오르네상스와 네오바로크의 의미

첫째, 역사주의 제국 양식의 본고장인 유럽이다. 초기 근대 양식의 리바이벌 경향이 제국 양식에 사용된 경향은 이미 유럽에서부터 유행하던 것이었다. 유럽에서는 시기가 중요해서 19세기와 20세기를 구별해서 보아야 한다. 19세기에는 신고전주의와 중세 양식 계열의 제국 양식이 주를 이루었으며 초기 근대 리바이벌도 제국 양식에 참여하는 경향이 점차 늘어났다. 구체적인 내용에서는 초기 근대를 이루는 세 양식을 활용하는 경향이 다르게 나타났다.

르네상스는 오더와 돔 등을 중심으로 제국 양식에 합당하게 웅장하고 초월적인 스케일로 부풀려 사용함으로써 과시적이고 위압적인 분위기를 표현했다. 조선총독부가 모델로 삼았던 독일의 제국국회의사당이나 벨기에의 제국대법원 등이 대표적인 예이다. 네오바로크는 절대왕정 양식이었던 루이 14세 양식을 리바이벌한 것이기 때문에 그 자체가 처음부터 제국다운 속성을 어느 정도 담고 있었다. 구체적 사용 경향에서도 들고남이 심하고 형태 변화가 큰 덩어리 구성과 강한 장식 등으로 제국 양식을 대표하는 강한 인상을 표현했다. 매너리즘은 이 두 경향 각각에 보조적 장식 요소로 사용했다.

이후 20세기에는 상황이 역전되어 초기 근대 리바이벌이 제국 양식을 이끄는 주요 경향이 된다. 이는 모더니즘의 영향으로 제국 양식이 추상화, 단순화되어가는 흐름의 결과로 볼 수 있다. 이런 흐름에는 신고전주의나 중세 양식보다는 초기 근대 양식이 더 잘 맞기 때문이다. 특히 1920~1930년대 무솔리니의 파시즘 건축과 히틀러의 나치 건축에서 이런 경향이 두드러지며 일부는 역사주의의 외관 잔재를 거의 지운 추상고전주의 계열의 근대적 제국 양식으로 한 발 더 나아가기도 했다.

둘째, 일본 본토이다. 일본에서도 20세기 제국 양식에서는 신고전주의나 중세 양식보다 초기 근대 양식을 리바이벌시킨 경향이 많았는데, 본고장 유럽의 경향이 일본에서 동일하게 유행한 것은 당연했다. 당시 일제의 모토가 '서양 문명을 가급적 그대로 받아들여 그들과 똑같이 구사함으로써 궁극적으로 그들 것을 가지고 그들과 경쟁해서 그들을 능가하자' 였기 때문이다. 여기에 더해 일본과 서양의 초기 근대 3세기 간의 연관성도 함께 생각해야 한다. 서양과 일찍부터 교류했던 일본은 중세까지는 몰라도 초기 근대부터는 자신들도 합류할 수 있다는 생각을 가지고 있었다. 이런 분위기가 초기 근대 중심의 리바이벌 양식을 거부감 없이 받아들이는 배경으로 작용했다.

셋째, 서울이다. 초기 근대 양식의 리바이벌 경향은 서울 내에서 가깝게는 개화기 때 소극적 자주 양식이 이어진 것으로 볼 수 있다. 당시 건축 주체였던 일본의 유행 경향이 한반도와 서울에 동일하게 나타난 것으로 상식적 현상으로 볼 수 있다. 다른 한편 이런 동시대 유행 경향을 가정한다 해도 유럽이나 일본에 비해 네오르네상스와 네오바로크의 집중이 유독 심하게 나타나는 것은 분명한 사실이다. 이것은 앞서 얘기한 대로 두 양식이 한국의 국민성이나 전통 건축의 특징과 어울리는 특징이 많기 때문에 나타난 현상으로 추측해볼 수 있다. 달리 말하면 우리의 전통적 특징을 반영하는 데 조금이라도 더 유리한 양식을 선택해서 실제로 반영을 했을 것이란 뜻이다.

2 :: 양자 동화에 의한 제국 양식과 한국 전통미학의 혼재

일제강점기 건축의 양면성

제국 양식에 전통 건축의 특징이 섞여 나타났다는 해석은 건물이 지어지는 장소로부터 영향을 받는다는 논리에 기초한다. 조선총독부를 제외한 나머지 건물들은 제국 양식치고는 아기자기한 것이 사실이다. 반드시 '아기자기'일 필요는 없으며 포괄적으로 한국 전통 건축의 미학이 더해진 현상으로 볼 수 있다. 일본 본토나 유럽의 제국 양식과 비교해도 뚜렷하지는 않지만 어느 정도 이런 특징을 보이는 것이 사실이다. 건물에 따라서는 한국 전통미학에 해당되는 구체적인 장면이 없으면서도 어딘가 모르게 한국적 분위기를 느낄 수 있는데 이는 서양미학 가운데 한국 전통미학과 닮은 특징을 특히 강조한 경우로 해석할 수 있다.

이러한 현상이 의도적인 것인지 자연스럽게 나타난 것인지는 판단하기 힘들다. 일제가 한반도와 서울에 짓는 건물의 특징을 처음부터 이런 방향으로 잡은 것일 수도 있다. 정부가 나서서 공식적으로 이런 방향을 계획한 것은 아니지만 공식적 기록으로 남지 않는 디테일한 실제 공사 과정에서 알게 모르게 그런 쪽으로 방향을 잡는 일은 얼마든지 가능하다.

두 가지 배경을 생각해볼 수 있다. 하나는 한민족을 무시하기 위해 본토 양식과 차별화한 것이다. 지금 보면 아기자기한 특징이 한국의 전통 분위기를 반영한 것으로 해석할 수 있지만 당시에는 규모와 위엄성 등 제국다운 특징이 강하게 나타난 건물일수록 등급이 높은 것으로 평가받았기 때문에 이런 특징은 의도적 차별에서 나온 것일 수 있다. 다른 하나는 실제로 한국적 특징과 분위기의 영향을 받은 것이다. 설계와 시공을 담당한 대표자는 일본인이었지만 실제 현장에서 공사에 참여한 인부 중에는 한국인이 다수를 차지했기 때문에 이들의 기본적 속성이 조금이나마 건물에 반영되었을 수 있다. 당시 한국 인부들의 서양화, 근대화 교육이 충분히 진행되지 않았다는 사실도 이런 추측을 뒷받침해준다.

한 발 더 나아가 건물 공사를 담당했던 일본인들 자체가 한국적 전통에 동화되어 이를 새로 짓는 건물에 의식적으로든 무의식적으로든 조금이라도 반영한 것일 수도 있다. 일제강점기 때 한국에 와서 산 일본인들 가운데 많은 수는 아니지만 일정 수가 우리의 전통 문화 및 국민성에 매료되어 한국 예찬론자가 된 경우들이 심심찮게 있기 때문이다. 건축에서 이런 기록이 남아 있는 것은 찾기 힘드나 충분히 생각해볼 수 있는 가정이다. 혹은 보다 일반론적 의미에서 건축을 포함한 모든 문화와 예술은 그것이 행해지는 지역의 영향을 받는다는 사실의 한 현상일 수 있다. 아무리 같은 양식으로 건물을 짓는다 하더라도 지역과 장소에 따라 미묘한 차이가 발생하는 것은 흔히 있는 일이다.

신촌역과 화랑대역

'양자 동화에 의한 제국 양식과 한국 전통미학의 혼재'가 앞에 예를 든 제국 양식에서 나타난 내용을 살펴보기 전에 일제강점기 때 서울에 지어진 기차역 두 곳을 먼저 살펴보고자 한다. 신촌역(1929년경)과 화랑대역(1939)으로 흔히 '간이역'이라고 부르는 역이다. 일제강점기 때 전국에 100여 채 이상 지어졌다가 대부분 사라졌고 서울에도 이 두 곳만 남아 있다. 두 역 모두 '큰 머리형'이라 부를 수 있는 공통 특징을 갖는다. 간이역이 보통 대합실과 역무실을 다르게 처리한 뒤 이어 붙이기 때문에 옆으로 길게 구성되는 데 반해 이 두 역에서는 큰 머리통 하나만으로 구성된다.

6-1 신촌역 전경

이런 모습은 한국의 전통미학 가운데 해학의 미학을 반영한 것으로 볼 수 있다. 은진미륵이나 댓돌 같은 데서 느끼는 한국 특유의 '덩어리의 미학'이다. 일차적으로는 돌을 대하는 조형적 · 건축적 태도에서 나온 것이지만 일상생활로 확장하면 '떡의 미학'이나 '덤의 미학'이 된다. 숫자 끝자리까지 따지고 무게를 그램까지 재서 셈을 정확히 하는 서양이나 일본과 달리 큰 덩어리 단위로 뚝 떼어 정하는 한국 특유의 정서이다.

신촌역과 화랑대역의 큰 머리형 구성은 이런 덩어리와 해학의 미학을 강하게 풍긴다. 신촌역은 동그란 공처럼 생긴 대합실이 역무실 앞으로 툭 튀어나와 있는데 그 모습이 마치 한국인의 토종 얼굴을 보는 것 같다.[도 6-1] 비례와 형상이 절 앞에 세운 석장승을 닮았다. 석장승은 돌을 해학적으로 받아들이려는 덩어리 미학을 바탕으로 삼아 한국인의 토종 얼

6-2 화랑대역 정면 전경

굴을 조각한 점에서 한국 전통미학을 대표하는 조형물인데 신촌역의 큰 머리형이 이것을 닮은 것이다.

화랑대역은 대합실과 역무실을 구별하지 않고 아예 한 덩어리로 합했다. 이 때문에 옆으로 길어져서 신촌역처럼 동그란 공 모양 모습은 보이지 않는다. 해학이나 덩어리의 미학도 상대적으로 약하긴 하지만 대합실 부분은 여전히 큰 머리형을 유지하고 있다. 그 대신 한국의 농가 모티브라는 신촌역에 없던 색다른 전통미학을 보인다.도 6-2 특징은 비대칭과 편안한 수평 비례의 두 가지이다.

비대칭은 일본이나 서양의 농가에서도 공통적으로 나타나는 특징이다. 한국 전통 건축 전반에 걸쳐 나타나는 대표적인 전통미학이긴 하지만 농가에 한정시켜 보면 반드시 한국의 전통미학으로만 보기는 어렵다. 그러나 편안한 수평 비례와 함께 보면 얘기가 달라진다. 같은 농가라 해도 일본이나 서양은 육면체 윤곽을 유지한다. 박공을 얹는다 해도 반듯한 정형성을 잃지 않는다. 반면 한국의 농가는 옆으로 늘어지며 펑퍼짐

한 모습을 보인다. 전체 비례도 땅과 밀착한 수평선으로 나타난다. 종합하면 '엉성함의 미학'이라는 한국의 또 다른 대표적 전통미학이다. 앞서 언급한 '덩어리의 미학'과 일맥상통하는 개념이다. 화랑대역의 특징이 여기에 해당된다.

창, 지붕, 출입구, 차양 목구조 등 다른 부분까지 함께 보면 신촌역이 좀더 일본이나 서양다운 분위기에 가깝다. 창 구성은 대합실에 국한시키면 좌우대칭을 하고 있으며 창틀은 근대화된 표준 부재로 짰다. 지붕에서는 일직선 박공 경사와 꼭짓점을 앞쪽으로 따낸 처리 등이 일본식 주택의 특징에 해당된다. 출입구 역시 일본식 주택의 현관 형식으로 처리했다.도 6-3 차양을 받치는 기둥머리를 삼지창 형태로 처리한 것도 서양과 일본의 간이역에 사용하던 기법이다.도 6-4

6-3 신촌역 출입문(왼쪽)
6-4 신촌역 측동 플랫폼(오른쪽)

화랑대역은 이와 많이 다르다. 창은 표준 치수를 적용하긴 했지만 창틀은 산업 부재로 느껴지지 않고 아직 수공예의 손맛이 남아 있다. 출입구는 딱히 한 나라의 특징을 보여주지 않는 대신 덩어리의 미학으로 처리했다.도 6-5 길게 늘어진 지붕선은 직선이긴 하지만 한국 농가의 분위기를 보여준다. 그 아래에서 몸통을 구획하는 창은 대칭을 피하고 한국다운 비대칭으로 구성했다.도 6-6 차양을 받치는 목구조에서는 삼지창과 뭉툭한 각목을 섞어 썼다. 인공적 가공을 최소화한 뭉툭한 각목은 싸리문이나 휜 기둥 같은 데서 나타나는 나무를 이용한 엉성함의 미학에 해당된다.도 6-7, 6-8 구체적 선례로 광문을 들 수 있다. 한옥에서 제일 쉽게 볼 수 있으며 궁궐, 서원, 왕릉 등 전통 건축 전반에 걸쳐 창고 건물의 문

6-5 화랑대역 철로 쪽 전경(왼쪽)
6-6 화랑대역 정면 출입구와 창(오른쪽)

틀이나 걸이에 공통적으로 나타난다. 뭉툭한 각목을 다듬지 않고 툭툭 쳐서 사용한 모습이 화랑대역의 차양 목구조에 사용한 각목 부재와 많이 비슷하다.

두 역에 나타나는 이런 차이는 시간과 함께 보면 앞에 언급한 '양자 동화'를 보여주는 예로 해석할 수 있다. 신촌역이 1929년경이고 화랑대역이 1939년으로 10여 년의 시차가 난다. 상식적으로 생각하면 나중에 지은 건물에서 서양화가 더 진행되어야 하는데 반대 현상이 나타난 것이다. 이는 시간이 지나면서 일본인들이 한국의 분위기에 동화되어갔음을 보여주는 증거이다.

6-7 화랑대역 차양 구조 디테일 1(위)
6-8 화랑대역 차양 구조 디테일 2(아래)

7장

제국 양식의 다섯 갈래와 한국 전통미학

1 :: 추상적 네오르네상스

양관의 양면성

앞장에서 살펴본 것처럼 두 기차역에 한국의 전통미학이 섞여 나타난 것은 이 건물들이 본격적인 제국 양식이 아닌 때문으로 볼 수 있다. 그러나 제국 양식으로 지어진 건물에도 지배 이데올로기 옆에 미약하게나마 여전히 전통미학이 부분적으로 섞여 나타나는 것을 추적할 수 있다. 이런 양면성을 기준으로 서울에 지어진 제국 양식은 크게 다섯 경향으로 나눌 수 있다. 첫 번째는 추상적 네오르네상스로 양관과 서울시청이 대표적 예이다.

두 건물은 장식을 절제한 평활면을 늘리면서 다른 한편 장식을 부분적으로 집중시켜 이와 대비시킨 특징을 공유한다. 두 건물 모두 일제의 식민 침탈을 위해 지은 것임은 두말할 필요가 없다. 양관은 일제가 조선을 합병하면서 조선의 왕족과 귀족을 달래기 위해 지은 건물로 대원군의 큰손자인 이준용에게 지어준 것이다. 건립 목적부터 적선하듯 불손하기 짝이 없으며 더욱이 서양의 전통 양식을 섞어 사용한 것은 이제 더 이상 조선은 없다는 침략 메시지를 강요한 것이다. 시작부터 비운의 건물이어서 그랬는지 이후 한국 현대사의 질곡을 따라 주인이 여러 번 바뀌는 운명을 겪는다.

외관의 몸통은 이탈리아 르네상스 빌라이고 지붕은 프랑스 바로크이다. 주거치고는 기둥 등 기본 부재가 크며 전체적으로 수직적 위압감을 주는 점이 제국 양식의 특징으로 볼 수 있다.도 3-1, 3-2 그러나 어딘가 모르게 한국다운 특징도 느낄 수 있다. 흰 바탕면이 두드러지게 넓어서 한옥의 흰 회벽을 연상시킨다. 장식을 절제한 점과 흰 바탕면 위에 그림자가 드리우는 모습은 한옥과 많이 닮았다.도 7-1 이 건물의 위치가 운현궁 바로 옆이라는 점도 이런 해석을 돕는다.도 3-2 비록 나라를 빼앗긴 왕족에게 선물 주듯 서양식으로 지은 건물이긴 하지만 바로 옆에 있는 한옥의 분위기를 반영한 것으로 추측해볼 수 있다.

2층 벽체 상부를 무려 다섯 단의 프리이즈를 수직 중첩시켜 높이 올

7-1 양관 외벽 그림자(왼쪽)
7-2 양관 외관(오른쪽)

린 것은 서양에서도 흔치 않은 처리이다.도 7-2 지붕과 몸통 사이에 큰 완충지대를 넣으려는 의도로 볼 수 있는데 양면적 해석이 가능하다. 지배 이데올로기와 연관시켜 생각하면 르네상스 특유의 안정적이고 정밀한 비례를 깨트리면서 수직 비례를 강조해 위압적으로 보이려는 목적에서 나온 처리이다. 반면 한국 전통 건축의 공포 구조를 연상시키기도 한다. 다섯 단의 프리이즈가 위로 올라가면서 밖으로 돌출한 것도 이런 해석을 돕는다.

이런 양면적 의미는 같은 양식을 사용한 개화기 때의 러시아공사관과 비교하면 더 확실해진다. 러시아공사관은 바탕면의 면적이 적으면서 디테일 부재가 많은 상부와 이와 반대로 디테일이 극도로 생략된 채 흰 외벽만 드러내는 하부로 양극화되어 있다. 외관은 전체적으로 2차원의 평활면이 주도한다. 이 때문에 그림자 효과는 거의 기대할 수 없다.도 2-16, 7-3 벽체 상부도 수직으로 잡아 올리지 않고 바로 끊었다. 제국 양식의 지배 이데올로기와 한국의 전통미학 모두가 아직 나타나지 않고 있는 것이다.

7-3 러시아공사관 2차원 평활면

이 건물이 지어지던 시기의 시대 상황과 건축 주체 등에 따른 현상인데 이는 거꾸로 양관의 위

7-4 양관 외관의 풍부한 음영

와 같은 양면적 특징 역시 바뀐 시대 상황과 건축 주체를 반영한 현상이라는 해석을 가능하게 해준다. 양관은 19세기 유럽 제국 양식의 원본에 충실한 풍성한 디테일을 자랑하면서도 2차원다움과 3차원다움을 공존시키는 한옥의 특징을 동시에 나타낸다. 2차원 일색으로 끝난 러시아 공사관과 분명한 차이이다. 이에 따라 양관은 풍부하면서도 다양한 3차원 인상을 만들어낸다. 바로 한옥의 인상이다.도7-4

수직 창, 출입구 형식화, 중앙부 강조와 대칭 – 서울시청의 제국 양식

서울시청의 양면성도 양관과 유사하다. 조선총독부 건축과장이었던 이와이의 설계로 경성부청사로 지은 건물이다. 명칭부터 일제의 조선 폄하가 드러난다. 일국의 수도였던 경성을 일개 '부'로 격하시킨 것이다. 평면 형태도 마찬가지여서 식민 지배를 공고히 하기 위한 지배 이데올로기를 강하게 드러낸다. 북악산과 조선총독부 평면이 각각 '大'자와 '日'자 모습을 하고 있기 때문에 경성부청사 평면을 '本'자로 하면 셋을 합해 '대일본'이라는 도장을 서울 심장부에 찍는 것이 된다.도 7-5 부지 위치도 마찬가지이다. '대일본'의 세 글자가 일렬로 늘어서기 위해서 이곳을 정한 것이다. 여기에 더해 덕수궁에 맞불을 놓을 수도 있었으니 일석이조의 위치였다. 덕수궁이 훤히 들여다보일 만한 높이로 덕수궁을 압도하려는 목적을 달성한 것으로 볼 수 있다.

정치적 중요도에 비해 건물은 검소한 편이어서 벽면의 대부분을 장식 없는 평활면으로 처리했다. 하지만 양관처럼 한옥의 추상 분위기를 반영한 특징으로 느껴지지는 않는다. 평면 형태에 신경을 쓰다 보니까 건물이 옆으로 길게 늘어져 수평선을 형성하지만 이것 역시 한국의 전통적인 수평선과 닮은 점은 없어 보인다. 수평으로 긴 벽면을 수직 창으로 분할해서 관청 건물의 위압감을 주려 했다. 이런 수직 창은 조선총독부와 이곳 경성부청사를 비롯

7-5 서울시청사

해서 일제강점기에 지어진 제국 양식을 대표하는 건축 어휘였다. 출입구를 크게 만드는 등 중앙부를 강조해서 정면에서 보면 대칭을 유지했는데 이것 역시 제국 양식을 대표하는 기법이었다.

검소한 추상성과 수평선 모두 순수한 조형적 목적을 위한 것이 아니라 정치적 목적 아래 만들어진 특징이다. 검소한 추상성은 이 건물을 조선총독부의 자식 개념으로 계획해서 시공하는 과정에서 나타난 결과였다. 조선총독부를 짓다 남은 재료를 써서 공사비는 조선총독부의 팔분의 일로, 공사 기간은 오분의 일로 각각 줄였기 때문에 검소한 모습으로 나타난 것이다. '대일본'이라는 글자에 맞추다 보니 발생한 결과이다. 따라서 이 건물의 검소함은 한옥 같은 순수한 추상성이 아닌 부족함이라는 부정적 특징으로 느껴진다. 수평선이 이질적으로 느껴지는 것도 마찬가지이다. 평면 형태에 집착하다 보니 외관이 보기 싫게 길게 늘어져서 짜임새를 잃고 어색하게 남게 되어버린 것이다.

2 :: 르네상스 팔라초 양식

경성제국대학 본관과 경성재판소

제국 양식의 두 번째 경향은 아치를 이용한 르네상스 팔라초 양식으로 경성제국대학 본관과 경성재판소가 대표적 예이다. 두 건물은 공통점이 많다. 갈색 벽돌을 주재료로 삼아 아치 중심의 르네상스 양식을 리바이벌시킨 점이 제일 큰 공통점이다. 모두 르네상스 팔라초 양식을 모델로 삼은 점도 중요한 공통점이다. 팔라초는 보통 육면체 덩어리 중심으로 건물 전체 구성을 짜고 표면에 아치 창을 가지런히 배열하는데 두 건물도 이런 구성을 따랐다.

두 건물 모두 제국 양식의 지배 이데올로기를 담고 있다. 경성제국대학은 3.1운동 이후 이상재를 중심으로 일어난 조선민립대학 설립운동을 무산시키기 위해 일제가 1924년에 세운 대학이니 이른바 일제 관학의 대표로서 교육을 통해 식민 지배를 다지려는 설립 목적을 갖는다. 장소도 처음에는 영등포, 노량진, 청량리 등 여러 곳이 후보로 올랐지만 총독부 병원과 공업전습소가 자리 잡고 있던 동숭동, 연건동 일대로 결정되었다. 법학부, 의학부, 본관 등이 차례로 들어섰다. 먼저 있던 두 시설에 경성제국대학이 합해지면서 이 일대는 일제의 교육, 의료 중심지가 된다.

7-6 경성제국대학 본관

경성재판소는 대한제국 최초의 재판소였던 평리원(한성재판소)을 폐하고 일제가 세운 사법 기관이다. 평리원은 1895년에 세워진 최초의 근대적 사법 기관인데 을사늑약 이후 통감부 체제였던 1907년 일제에 의해 폐지되고 다음 해에 경성재판소로 바뀐다. 현 건물은 1928년에 지어진 것이다. 시간의 끈을 앞으로 늘려 보면 조선총독부와 경성부청사의 뒤를 잇는 시기이다. 정치적 핵심 건물 두 채를 위압적 제국 양식으로 지은 뒤 곧바로 사법부의 중심 건물을 비슷한 분위기로 지어 지배 기능을 증대하려는 목적을 갖는다. 공간적으로도 앞의 두 건물과 인접해 있으며 옆의 부민회관까지 합하면 이 일대는 일제의 정치-사법 중심지가 된다.

공간을 기준으로 보면 경성감옥과도 긴밀히 연결된다. 경성감옥에

7-7 경성재판소

수감되거나 경성감옥에서 사형을 당한 독립투사는 대부분 이곳 경성재판소에서 재판을 받았다. 두 곳은 거리도 별로 떨어지지 않았으니 공간적으로나 제도적으로 묶어서 세트로 생각할 수 있다. 이상을 종합하면 조선총독부와 경성부청사가 세트가 되어 정치적 지배의 중심을 이루고 여기에 경성재판소와 경성감옥을 세트로 하는 물리적 탄압의 중심이 더해지게 되는 것이다.

이처럼 경성제국대학 본관과 경성재판소는 모두 지배 이데올로기를 공고히 하는 역할을 한 건물이었다. 건축적으로도 육면체의 덩어리 느낌을 강조해서 딱딱하고 위압적인 인상을 풍긴다. 도 7-6, 7-7 가지런히 늘어선 아치 열은 로마 제국의 기본 어휘를 르네상스식으로 정리한 것이다. 둘

7-8 경성제국대학 본관 – 로마의 개선 아치 모티브를 응용한 모습(위 왼쪽)
7-10 경성제국대학 본관 출입구 형식화(아래 왼쪽)

7-9 경성재판소 – 로마의 개선 아치 모티브를 응용한 모습(위 오른쪽)
7-11 경성재판소 출입구 형식화(아래 오른쪽)

을 합하면 견고한 중세 성채에 로마제국풍을 덧칠한 인상이다.도 7-8, 7-9 특히 출입구를 큰 아치 현관으로 만들어서 권위적 형식을 가한 점은 제국 양식의 대표적 기법이다.도 7-10, 7-11 그러나 이것이 전부는 아니어서 차이도 찾아낼 수 있다. 경성제국대학이 좀더 순해 보이면서 한국의 전통미학을 반영하는 반면 경성재판소는 이런 중화작용 없이 제국 양식의 지배 이데올로기에 충실한 특징을 보인다.

아치, 덩어리, 창 – 한국다움과 제국다움을 가르는 건축 요소

차이는 아치, 덩어리, 창의 세 요소에서 나타난다. 경성제국대학 본관은 아치를 평평한 2차원 면 요소로 처리해서 위압감과 장식성을 완화시켰다.도 7-12 전체적으로 추상적 느낌이 강한데 확장하면 한옥의 벽면을 대하는 것 같은 느낌이다. 반면 경성재판소의 아치는 로마네스크 기법과 고전 오더 등을 섞어서 3차원 덩어리 느낌과 축조다움을 강조한다.도 7-13, 7-14 서양의 역사성을 강하게 드러내는 것이며 이는 곧 사법부의 권위를 표현하는 것이다. 그만큼 엄숙하고 권위적인 모습으로 나타난다.

이런 차이는 덩어리 구성에서도 동일하게 나타난다. 경성재판소는 건물 본체를 네모반듯한 단일 육면체로 처리해서 엄숙하고 권위적인 인상을 강화한다. 모서리는 직각으로 꺾여 육면체 윤곽을 확고하게 유지하며 그 앞에 역시 육면체의 정형성을 강하게 드러내는 큰 출입구를 붙였다. 출입구 형식화라는 제국 양식의 대표적 특징이 제 힘을 발휘한다. 거창한 출입구는 형식다움을 강하게 드러낸다. 몸통과 합해서 보면 사법 권력의 지엄함을 두드러지게 드러내 보이는 기법이다. 딱딱한 표정의 수문장이 지키고 있는 모습으로 공권력의 권위를 표현함으로써 아무나 함

7-12 경성제국대학 본관 아치 창

부로 드나들 수 없는 곳이라는 생각을 확고하게 박아준다.

경성제국대학 본관은 좀 다르다. 건물 본체를 여러 개의 크고 작은 덩어리를 나눠 겹치는 방식으로 짰다. 덩어리들은 앞뒤 방향으로 들고나며 높이에도 변화를 주어 전체적으로 흥겨운 분위기를 준다. 위압적이고 권위적인 경성재판소와 반대되는 분위기이다. 일부 덩어리에서는 모서리를 직각이 아닌 곡면으로 둥글려서 부드러운 인상을 준다. 출입구 형식은 경성재판소와 같은 돌출 현관이지만 건물 전체가 친근한 분위기를 주기 때문에 수문장이 검문하는 것처럼 느껴지지 않고 발걸음을 인도하는 인사의 느낌으로 다가온다. 출입구의 크기 자체도 경성재판소보다 작아서 이런 느낌을 돕는다.

창에서는 차이가 더 두드러진다. 경성재판소의 창은 표준화의 초기 단계를 보여준다. 아치형 창과 수직 창을 섞어 썼지만 각각은 한 종류로

7-13 경성재판소 출입구 아치 구조 (위)
7-14 경성재판소 2층 아치 구조 (아래)

7-15 경성재판소 평활하게 처리한 아치 창

단순화시켰다. 출입구 아치에 고전 오더를 더해서 육중하게 처리한 것과 달리 몸통의 아치 창은 완전 2차원 평활면으로 처리해서 산업화의 초기 단계를 보여준다.도 7-15 수직 창은 조선총독부와 경성부청사에서 사용한 것과 거의 같은데 이는 제국 양식의 대표 어휘이다. 아치 창도 한 종류로 단순화시켰다. 아직 산업화에 따른 완전 동일성까지 나아가지는 않았지만 표준화는 관공서 양식에서 공권력의 권위를 과시하게 위해 사용하는 가장 기본적인 건축 기법이다.

경성제국대학 본관은 이와 달리 수직 창은 거의 사용하지 않고 아치 창이 주를 이룬다. 나아가 아치 창을 주제-변주 개념에 따라 다양하게 만들어 적재적소에 활용했다. 출입구 현관은 제일 큰 아치로, 출입구 위쪽의 중앙 창은 중간 아치로, 출입구 양옆 몸통은 작은 아치로 각각 처리했으며 기단부에 해당되는 밑동의 창은 아주 작은 아치로 처리했다.도 7-

16, 7-17 네 종류의 아치 창을 장소에 맞게 할당해서 건물 전체에 주제-변주에 의한 리듬감을 줬다. 출입문 옆에서는 크고 작은 차이를 나란히 병렬시켜 기하학적 구성 효과도 냈다. 시선 각도에 따라 여러 종류의 아치가 겹쳐 보이면서 흥겨운 다양성을 준다.

7-16 경성제국대학 본관 출입구 아치(위)
7-17 경성제국대학 1층 아치(아래)

이런 구성은 서양의 팔라초 원본에서는 찾아보기 힘든 특징이다. 선례를 찾자면 오히려 한옥의 창 구성과 유사성을 보인다. 한옥에서는 행랑채 등 일부를 제외하면 동일한 창은 가급적 피하려 했다. 그러나 집 전체를 보면 비슷한 분위기를 유지하면서 주제-변주 기법을 지혜롭게 활용했다. 이 건물에서는 이런 구성 기법을 서양식 아치로 구현한 것으로 추측해볼 수 있다. 이 건물의 설계자가 한국인인 박길룡이었다는 사실은 이런 추측을 뒷받침한다.

3 :: 네오바로크

한국은행 본관의 양면성

세 번째 경향은 네오바로크로 한국은행 본관과 광통관이 대표적 예이다. 네오바로크는 일제강점기 건축의 양면성과 연관이 가장 많은 양식이다. 프랑스 제2제국의 대표 양식인 데서 알 수 있듯이 제국 양식의 속성이 강한 양식이다. 반면 상대적 비정형주의를 기본 특징으로 갖는 점에서 한국인의 국민성과 가장 잘 어울리는 서양 양식이기도 하다. 둘을 가르는 기준은 건물의 규모, 덩어리 구성과 분절의 방식, 수평-수직 여부, 바로크 양식의 순도, 장식의 과도한 정도 등이다.

예를 들어 앞에 나왔던 대한의원 본관은 건물의 규모에서는 제국 양식에 조금 못 미치나 덩어리의 들고남이 심하고 분절 단위 각각을 개별 건물처럼 처리한 점에서 제국 속성을 강하게 표현한다. 중앙에 높은 수직 첨탑을 세우고 출입구를 강조하면서 좌우대칭을 강하게 드러낸 점도 마찬가지이다. 이외에 바로크만의 순도를 유지하지 못하고 신고전주의와 빅토리안 고딕처럼 제국 속성이 강한 다른 양식을 섞은 점과 재료 차이를 이용해서 전체적으로 장식을 강조한 점 등도 역시 같은 특징을 형성한다.

한국은행 본관과 광통관도 제국 양식의 기본 특징을 유지하는 가운데 대한의원 본관과 같은 두드러진 제국 속성은 약한 편이다. 두 건물은 모두 은행 건물로 금융경제를 통해 한반도를 식민 통치하던 건물이었다. 한국은행 본관은 1907년 처음에는 일본 제일은행 건물의 경성 지점으로 설계했다가 한일합병이 되면서 1912년에 조선은행 본점으로 준공했다. 일제강점기 내내 식민 금융정책의 총 본산으로 기능하다가 해방 후에는 한국은행 본점으로 계속 남아 1989년까지 사용했다.

이 건물은 건축적 개성이 강한 외관 때문에 오랜 기간 동안 은행 건물의 얼굴처럼 인식되었다.[도 7-18] 이 일대가 여의도 금융가를 개발하기 전까지 서울의 금융 중심지였던 점도 이런 인식을 형성하는 데 일조했다. 건축 양식의 영향 때문인지 한국 금융계는 가장 늦게까지 선진화되

7-18 한국은행 본관 전경

지 못하고 일제의 보수적 관치 잔재가 남은 분야가 되며 최근까지도 각종 전근대적인 비리와 부패 사고가 터지고 있다. 일제강점기 때 폐해를 그만큼 강하고 오랫동안 남긴 주범 가운데 한 건물이다. 건축 양식에서도 마찬가지여서 여의도 증권가를 개발하면서 포스트모더니즘 계열의 고층 건물이 들어서기 전까지 한국의 은행 건물은 고전 양식을 제일 많이 사용하던 건물 종류 가운데 하나였다. 이는 한국은행 본관을 모델로 삼아 흉내 낸 것으로 일제강점기 때 제국 양식의 영향이 1980년대까지 이어진 것이다.

양식적으로는 19세기 네오바로크를 중심으로 르네상스와 매너리즘 등을 혼합했다. 제국 양식의 가능성이 내재되어 있는 혼합인데 전체적인 인상은 제국 속성이 그다지 강하지 않게 느껴진다, 우선 같이 섞어 쓴 르네상스와 매너리즘이 제국 속성이 약한 양식이다. 또한 앞에 열거한 제국 양식의 기준에 맞춰 봐도 제국 속성을 강조하지 않았다. 여러 면에서 대한의원 본관과 반대되기까지 하다. 건물의 규모는 큰 차이가 없으나 덩어리의 들고남이 심하지 않으며 분절 단위에 개별 건물의 독립성을 주지 않고 전체 건물의 부분으로 처리했다.

수직 첨탑 없이 전체적으로 안정적 수평 비례를 유지하고 있으며 출입구를 돌출시켜 형식화한 것 이외에 건물 본체에서는 중앙을 특별히 강조하지 않았다. 중앙부를 강조하지 않은 정도가 아니라 측면보다도 오히려 더 약하게 처리해서 중앙부를 약화시켰다. 이 때문에 대칭 구도가 두드러지지 않는다. 출입구 포치도 경성재판소나 경성제국대학 본관보다 더 부드럽게 처리했다. 출입구 포치의 크기 자체가 작으며 아치를 사용하지 않아서 로마 개선문의 이미지를 피했다.도 7-19 건물 몸체도 작아서 몸체와 출입구 사이의 비율은 경성재판소나 경성제국대학의 경우와 차이가 없으나 건축 처리에서 위압감을 줄였다.

아치 대신 가구식 구조로 처리해서 배흘림기둥을 노출시켰는데 둥글게 내민 주신 배가 친근한 이미지를 준다. 한국 전통 건축의 돌에 나타난 해학적 분위기를 보는 것 같다.도 7-20 그 주변에 자잘한 디테일을 많이 사용해서 돌을 섬세한 공예미학의 개념으로 접근한 점도 같은 분위기를 준다. 배흘림기둥은 중앙부 지붕에 낸 창이나 원통으로 둥글린 양 모서리 등과 어울려 건물 전체에 부드러운 곡선 이미지를 준다. 장식은 돌출 정도가 적절해서 안정적인 음영을 형성하고 단일 색조를 유지하는 등 전

7-19 한국은행 본관 출입구 – 아치가 없는 가구식 구조(왼쪽)
7-20 한국은행 본관 출입구 – 배흘림기둥의 부드러운 곡선(오른쪽)

7-21 한국은행 본관 장식 디테일

체적으로 순하고 섬세하다.도 7-21 장식을 절제한 바탕면의 면적도 적절한 편이어서 양관과 유사한 추상 분위기가 부분적으로 나타난다.

이런 특징은 물론 바로크 양식의 기본 어휘에서 나온 것이다. 그럼에도 어딘가 모르게 한국다운 분위기도 동시에 느껴진다. 바로크 양식의 어휘는 무척 다양한데 이 가운데 한국 전통미학과 비슷한 것을 골라 사용한 것이 아닐까 조심스럽게 추측해본다. 한반도에 짓는 건물이어서 건물이 들어서는 지역의 분위기와 어울리기 위한 목적이었을 수 있다. 이런 큰 방향은 이 건물에 내재된 제국 속성을 약화시키는 작용을 한다. 일제강점기치고는 일면 친숙하게 느껴지기까지 한데 굳이 따지자면 한국 전통 건축의 분위기와 닮은 점이 관찰되기 때문이다.

육면체 본체, 삼각 박공, 원통형 모서리 측동 등으로 분절한 모습은 크고 작은 여러 채의 건물이 어울리는 한옥의 전체 구성을 연상시킨다.

7-22 한국은행 본관

한국은행 본관의 덩어리 분절은 물론 기하학적 특성이 강해서 한옥의 어울림과 기본 방향은 차이가 나지만 큰 분위기에서는 유사성을 느낄 수 있다. 도 7-22 안정적 수평 비례와 부드러운 곡선 모티브는 한국 특유의 편안한 일상성의 미학과 유사하다. 순한 장식은 서양 석조 장식의 이질성을 줄이면서 한국의 전통 목조 장식과의 유사성을 높여준다.

광통관의 양면성

광통관은 우리나라에서 가장 오래된 은행 점포 중의 하나로 광통교가 있던 자리에 지어서 광통관이라는 이름을 갖게 되었다. 1909년 처음 완공되었다가 1914년 화재 이후 1915년에 복구 완성했다. 이 과정에서 처음 구성이 많이 바뀌었다. 앞뒤로 대한의원 본관, 한국은행 본관과 연관성

7-23 광통관 전경(위)
7-24 광통관 장식(아래)

을 가지며 하나의 계보를 형성한다. 전형적인 네오바로크 양식으로 건립 연도로 보아 대한의원 본관과 같은 계열에 속한다. 구체적 내용에서도 재료의 색 차이를 이용해서 장식을 강조한 공통점을 보인다.

그러나 전체적인 분위기는 네오바로크를 이용한 제국 양식의 특징 및 이것을 피해가려는 양면성을 느낄 수 있다는 점에서 한국은행 본관 쪽에 가깝다. 한국은행 본관보다 3년 먼저 지어진 것을 보면 이 건물에서 한반도에 들어설 은행 건물의 대표 양식을 작은 규모로 실험한 뒤 한국은행 본관에서 본격적으로 완성한 것으로 볼 수 있다. 이상을 종합하면 '대한의원 본관-광통관-한국은행 본관'으로 이어지는 네오바로크 양식의 계보가 형성된다.

작은 규모임에도 바로크의 표준 어휘를 정확하게 구사했으며 돌을 힘 있게 다루어서 전체적으로 강단 있는 모습을 보여주는 점이 제국 양식의 기본적 특징이다. 꼬마대장을 보는 것 같은 느낌이다.도 7-23 역시 작은 규모임에도 '중앙 출입구-양옆 몸통-양 끝 측동'으로 구성되는 5분법 표준 구성을 충실히 지켜서 큰 건물의 분위기를 낸다. 2개 층을 가로지르는 거대 기둥 여섯 개가 건물 전면에 위풍 있게 도열해 있다. 중앙 출입구 위에는 아치형 돔을 얹고 양 끝 측동 위에는 '황소 눈'이라 불리는 프랑스 바로크의 지붕창을 내서 강한 인상을 풍기려 했다.도 7-24

이런 노력에도 불구하고 이 건물 역시 한국은행 본관과 마찬가지로 어딘가 모르게 친숙한 느낌이 든다. 중앙 출입구를 강하게 드러내지 않아서 대칭 구도를 약화시켰는데 이는 대한의원 본관에서 벗어나 한국은행 본관으로 넘어간 특징에 해당된다. 중앙 출입구 위에 아치형 돔을 세우긴 했지만 높은 첨탑을 세웠던 대한의원 본관에 비교하면 수직선은 완전히 지운 것으로 볼 수 있다. 이것 역시 한국은행 본관과 같은 구성이

7-25 광통관 중심부 장식 디테일(위)
7-26 광통관 측면 장식 디테일(아래)

다. 이처럼 붉은 벽돌을 주재료로 사용한 것은 대한의원 본관과 같지만 전체 구성은 한국은행 본관과 같다는 점에서 이 건물은 두 건물 사이의 전이 과정에 속하는 것으로 볼 수 있다.

여기에 더해 앞과 같은 제국 양식의 과시적 분위기를 중화시키는 섬세한 처리를 병렬시키는 기법도 함께 사용했다. 제국 양식의 분위기는 주로 거대 기둥과 까치발 등 구조 부재를 돌출시키고 석재 부재를 힘 있

7-27 광통관 측동 출입구

게 다루어서 표현했다. 반면 창을 중심으로 한 장식 어휘는 2차원 면 느낌이 나게 얇게 처리해서 섬세한 분위기를 살리려 했다. 도 7-25, 7-26 양 끝 측동 전면에 별도의 소형 출입구를 세워 휴먼 스케일을 표현한 점도 같은 효과를 준다. 사람 키를 조금 넘는 아담한 출입구는 한옥의 측문을 보는 것 같다. 도 7-27 주신에 가한 배흘림은 한국은행 본관에 사용한 본격적인 배흘림기둥을 예고하는 것 같다.

4 :: 과시적 네오르네상스

서울역과 철도 산업

네 번째 경향은 과시적 네오르네상스로 서울역과 조선저축은행 본관이 대표적인 예이다. 두 건물 모두 한국의 전통미학이 아주 약하거나 없으면서 제국 속성을 강하게 드러내는 점에서 제국 양식을 대표하는 예라 할 수 있다. 서울역은 설립부터 식민 수탈을 담당하는 물리적 인프라의 심장부로 계획했다. 1900년 첫 번째 노선인 경인선이 개통하면서 남대문역으로 시작했다. 허름한 목조 간이건물이었는데 이후 경부선, 경의선, 경원선 등이 차례로 개통해서 이용객이 늘자 1925년 새 건물을 지어 완공했다. 원래 이름은 경성역이었다.

이처럼 서울역은 여러 노선이 교차하는 중심지에 위치했다. 수도로서의 정치적 중심지에 한반도 중앙이라는 지리적 중심지를 합한 이중의 중심지이기 때문에 당연한 현상이었다. 그러나 일제강점기 때의 상황을 대입해서 보면 한반도를 넘어서서 일본과 대륙을 잇는 군국주의 침략 축의 중심부라는 의미를 갖는다. 일제강점기 때 기차역은 섬나라 일본이 대륙으로 진출하기 위한 침략의 관문으로 항구와 세트로 지었다. 부산항-부산역, 인천항-서울역, 신의주항-신의주역, 원산항-원산역 등이 대표적 예이다.

이들은 거꾸로 한반도에서 수탈한 물자를 일본으로 실어나르는 약탈의 통로이기도 했으며 이런 관점에서 보면 목포항-목포역의 세트를 추가할 수 있다. 이로써 한반도를 'X'자로 연결하는 철도 동맥이 완성된다. 이런 시설들은 만주 침략과 대동아전쟁 때에는 곧바로 군사 기지로 전용되어 병력과 무기가 이동하는 통로가 되었다. 처음부터 군사역으로 세웠던 용산역이 그 핵심에 있었으며 서울역의 기능 가운데 상당 부분도 이를 돕는 것이었다.

이 때문에 철도와 기차역은 식민사관과 식민지 근대화론의 핵심을 이루는 물리적 시설이다. 기술과 자본이 많이 드는 큰 사업이기 때문에 일제는 자신들이 개척하지 않았으면 당시 조선이 독자적으로 수행할 수 없었다고 주장한다. 또한 요즘도 고속도로나 고속철도의 개통 등에서 보듯이 새로운 교통수단에 의한 속도 향상은 국가 현대화를 앞당기는 핵심 요소이기 때문에 한반도에 철도가 놓이면서 비로소 조선이 근대화의 첫발을 내딛었다고도 주장한다. 이 주장은 많은 부분이 사실과 다르며 일부 사실이라 해도 표면적 현상만 본 매우 좁고 얕은 시각의 산물이다. 국가와 국가 사이의 침탈과 식민 지배 혹은 군국주의의 발호 등과 같은 문명사적 거대 현상은 여러 단계에 걸쳐 복합적으로 해석해야 한다. 이 문제는 이 책의 범위를 벗어나는 주제이며 이미 한국사 분야에서 제기했으므로 더 이상 언급은 않기로 하겠다.

시공간적으로 보면 식민 지배를 공고히 굳히는 의미가 컸다. 시기적으로는 조선총독부-경성부청사-경성재판소-용산역 등과 함께 1920년대 중반에 수행된 대규모 공공건물 군에 속한다. 1919년 3.1운동 이후 일제는 조선에 대해 겉으로는 압제를 완화하는 척하면서 속으로 지배 이데올로기를 강화하는 이중 전략을 펴는데 대규모 공공건물의 건립은 후

자를 대표했다.

공간적으로는 경복궁에서 숭례문에 이르는 한양 중심부를 일자 축으로 가르는 공공건물 군을 이어 용산역에서 마침표를 찍게 하는 의미를 가졌다. 이로써 한양의 중심부를 제국 양식으로 완전히 새롭게 단장했으며 이를 군사역인 용산역으로까지 확장하면서 군국주의의 위세를 떨치게 된다. 서울역은 이런 침탈 축에서 중요한 결절점에 위치한다. 조선 시대 한양의 관문이었던 숭례문을 옆으로 밀쳐내고 일제가 구축한 전쟁과 침탈의 관문이 새로운 위용을 드러내며 등장한 것이다.

서울역과 조선저축은행

건축적으로 보았을 때에도 제국 양식의 특징이 두드러진다. 설계자는 도쿄대학 교수이던 츠카모토 야스시塚本靖로 조선을 식민지 이상으로 인식하지 못하던 군국주의자였다. 일본 본토에 제국 양식의 건물을 여럿 설계했으며 조선의 전통미학이나 국민성 등에 대해서 무지한 채 서울역을 군국주의의 융성을 돕고 식민 지배 이데올로기를 공고히 하는 수단으로 정의해서 설계했다.

이런 의도는 조형적으로도 그대로 나타나서 앞에 한국은행 본관 편에서 제시한 제국 양식을 가르는 기준에 의하면 서울역은 한국은행 본관보다 대한의원 본관에 더 가까운 특징을 보인다. 건물의 규모부터 그러해서, 서울에 지어진 일제강점기 때 건물 가운데 조선총독부 다음으로 컸다. 수도 서울의 관문이니 일면 당연했다. 휴먼 스케일을 벗어난 범위로 볼 수 있어서 이 앞에 서면 일단 위압감부터 느껴진다. 대지 총면적 269,095㎡(81,544평)에 건물 연면적 6,631㎡(2,006평)의 초대형 건축물

7-28 서울역 전경(위)
7-29 서울역 돔과 첨탑(아래)

이었으며, "동양 제1역은 도쿄역, 동양 제2역은 경성역"이라는 말이 있었을 정도였다. 도쿄역과 세트로 계획하되 도쿄역보다는 작게 하려는 의도였다. 이 역을 세움으로써 일제는 대륙 진출을 위한 물리적 인프라를 완성했다는 상징성을 확보할 수 있었다.

덩어리 구성은 들고남이 심하고 중앙부와 측동은 별개 건물처럼 분절한 점에서 대한의원 본관과 같다. 수평-수직 구도는 표면적으로는 합심해서 거석 구조를 만들지만 내면적으로는 대립하는 양상을 보인다. 대립은 거석 구조의 분위기를 갈등과 긴장감으로 몰고 간다.도 7-28, 7-29 보는

7-30 서울역 중앙 출입구

사람에게 긴장감을 줘서 복종심을 불러일으키려는 목적이다. 이는 지배 이데올로기를 강화한다.

건물 전체는 강한 수평선을 형성하고 중앙부도 수평 비례를 유지하지만 이런 수평 구도는 편안하게 느껴지기보다는 거대 규모를 자랑하는 대형 공간의 위용을 드러낸다. 중앙부를 중심 아치와 양옆의 첨탑으로 이루어지는 3분법으로 구성했기 때문에 세 요소를 하나씩 떼어보면 강한 수직선을 드러낸다. 도 7-30 좌우 끝의 두 측동도 마찬가지로 이것 자체만 보면 수직 비례를 강조한다. 이처럼 건물 전체의 수평선 속에서 수직선이 대립하면서 긴장감 넘치는 거석 구조를 드러내는 구도이다.

바로크 양식의 정확도에서는 비정형 요소를 많이 사용하고 장식을

7-31 서울역 장식 디테일 – 아치 구획(왼쪽)
7-32 서울역 장식 디테일 – 창틀 벽기둥(오른쪽)

강조한 점 등에서 역시 대한의원 본관에 나타났던 네오바로크를 이용한 제국 양식의 특징을 거의 그대로 반복하고 있다.도 7-31, 7-32 이상을 종합하면 서울역은 대한의원 본관의 제국 양식을 이어받아 더 강화해서 강조한 특징을 보인다. 어느 면에서는 대한의원 본관을 2배 정도 확대해서 돔만 더 얹은 것처럼 보이기까지 한다. 이런 특징을 과시적 기념비주의라 부를 수 있다.

과시적 기념비주의는 조선저축은행 본점에 더 잘 나타난다. 네오르네상스를 기본 양식으로 삼아 신고전주의 기법을 이용해서 과시적 경향으로 부풀린 건물이다.도 7-33 건물 전체를 휴먼 스케일의 육면체로 처리했

7-33 조선저축은행 본관 전경(왼쪽)
7-34 조선저축은행 본관 거대 기둥(오른쪽)

으며 전체적으로 장식 디테일과 표면의 들고남을 절제한 점 등이 네오르네상스의 특징이다. 건물 전면에 거대 기둥을 세워 과시적 경향을 추구한 점이 신고전주의를 이용한 기념비주의이다. 5층 높이의 거대 기둥이 건물 전면을 가로지르며 고전의 권위를 과시한다. 르네상스 건물은 섬세한 안정감을 대표적 특징으로 갖는데 이 건물의 인상은 거대 기둥으로 인해 이런 특징과는 거리가 있다. 그 반대인 거석 구조 같은 과시욕이 느껴진다.도 7-34 삼거리의 모퉁이에 서 있어서 시선의 방향과 각도가 여러 개가 나오기 때문에 과시적 느낌은 더 강하게 나타난다.

5 :: 근대적 제국 양식

극우 독재 정권과 전체주의 양식

지금까지 살펴본 네 경향은 모두 유럽 역사주의를 이용한 제국 양식이었다. 마지막 다섯 번째 경향은 모더니즘을 기본 양식으로 삼은 근대적 제국 양식으로 현재 서울에 남아 있는 건물은 부민회관(1935, 구 국회의사당, 현 서울시의회), 경기고등학교 본관(1938, 현 정독도서관), 경성제국대학 이공학부(1942, 현 서울과학기술대학교) 등이 대표적인 예이다. 양식적으로는 1930년대 유럽에서 유행하던 전체주의 양식을 공통적 특징으로 갖는다. 건축 연도가 모두 1930~1940년대인 점은 이런 배경을 잘 설명해준다.

전체주의 양식은 독일의 히틀러와 나치주의, 이탈리아의 무솔리니와 파시즘, 구소련의 스탈린과 공산주의 등 전체주의 독재 체제에서 국가와 정권의 권위를 과시하기 위해 관 주도로 만들어낸 권위주의 양식이다. 나라에 따라 차이가 조금 있는데 독일은 19세기 자국의 신고전주의나 토속 양식을 부활시켜서 게르만족의 전통과 우수성을 함께 과시하는 경향을 보였다. 부분적으로 르네상스를 모더니즘 건축으로 단순화시킨 추상고전주의를 섞어 썼다. 이탈리아는 추상고전주의의 총 본산으로 자국의 다양한 고전주의 선례를 모더니즘 기법으로 단순화시키되 고전주의에 내재된 권위적 경향을 살리는 방향으로 나타났다. 구소련은 고전주의를 무의미하게 부풀려 인위적 과시 경향을 보였다.

일제강점기 때 서울에 세운 근대적 제국 양식은 이탈리아와 독일에 나타났던 추상고전주의를 이용한 과시적 경향을 공통점으로 갖는다. 구체적 고전 어휘는 모두 사라졌지만 건물 전체의 구성에는 고전주의의 과시적 경향이 남아 있다. 또한 앞의 네 가지 경향의 일부 건물에 나타난 것 같은 한국 전통미학의 혼용은 사라지고 없다. 선례로 삼은 유럽 양식 자체가 극우 독재 정권의 관치 양식인 점과 건립 연도 등을 고려할 때 일제 군국주의가 대동아전쟁을 일으키며 마지막 발악을 하던 시기를 대표하는 양식이라 할 수 있다.

역사주의 제국 양식에 담겨 있던 지배 이데올로기를 모더니즘 건축으로 옮겨놓은 점에서 해방 이후 한국 현대사에 끼친 악영향이 매우 큰 양식이다. 일반적으로 볼 때 모더니즘의 발상지인 유럽에서 모더니즘은 역사주의의 위계 구도나 지배 이데올로기를 타파하기 위해서 태어났다. 전체주의는 모더니즘의 끄트머리에서 이런 모더니즘을 오히려 탄압하며 독재 정권의 전쟁 이데올로기에 봉사한 매우 변질된 양식이었다. 이것이 우리가 처음 접한 모더니즘 양식이었다. 그 결과 모더니즘도 여전히 지배 이데올로기를 담고 있는 양식이라는 인식이 형성되었다.

여기에 모더니즘의 제일 강령인 표준화와 동일성이 더해지면서 모더니즘에 대한 우리의 인식은 매우 안 좋게 형성되었다. 지배 이데올로기와 산업화된 동일성이 합해진 양식으로 인식되면서 폐해가 두 배로 증폭된 것이다. 이는 해방 이후 독재 정권이 압축 근대화를 추구할 때 건축을 중요한 수단으로 사용하게 만드는 배경으로 작용했다. 유럽에서 모더니즘 자체는 예술성 높은 여러 다양한 양식을 합한 거대한 문명운동이었다. 그러나 우리는 이 가운데 가장 안 좋은 한 가지만 극단화해서 받아들인 뒤 그것이 모더니즘의 전부인 줄 알고 20세기를 보내게 된다. 그 결과 독재 정권과 압축 근대화라는 한국 현대사의 불행 두 가지가 하나로 합해져 진행하게 되는 상황을 초래하게 된 것이다.

근대적 제국 양식은 구체적 처리 기법에서 몇 가지 공통점을 보인다. 첫째, 높은 첨탑을 세워서 수직성을 과시한다. 첨탑은 출입구에 두는 것이 보통인데 멀리서도 건물의 존재를 쉽게 알아볼 수 있게 하기 위함이다. 첨탑은 단순한 건물의 일부를 넘어 제국의 위용과 진군나팔을 상징한다. 첨탑을 통해 전쟁 이데올로기를 선전하려는 목적이다. 둘째, 첨탑에 더해 출입구 자체를 크게 만들고 엄격한 형식화를 가한다. 이런 처리는 출입구를 강조함과 동시에 건물 전면에 대칭 구도를 주기 위함이다. 역사주의 건물에 나타났던 출입구 형식화보다 더 형식화된 것인데 이는 사열식을 받는 군대 대오를 상징한다.

셋째, 대칭, 반복, 덩어리 겹침 등과 같은 고전주의 구성을 기하학적으로 단순화시킨 모더니즘 어휘로 표현하는데 이런 경향을 합리주의 혹은 이탈리아 합리주의라고 부르기도 한다. 고전주의에 내재된 위계질서를 기하학적으로 단순화시켜 압축적으로 표현함으로써 집중도와 그 효과를 높이기 위한 목적을 갖는다. 넷째, 합리주의 어휘 가운데 특히 창과 열주 등을 반복시켜 동일화를 지향한다. 이는 산업화된 표준화 어휘인 동시에 제국 양식의 권위를 표현하는 두 가지 목적을 갖는다. 조선총독부나 경성부청사 등에 나타났던 수직 창을 산업화된 표준 어휘로 더 단순화시켜 사용하기도 한다.

부민회관 – 기하학적 고전주의와 제국 속성

부민회관의 원래 공식 명칭은 경성부민회관으로 요즘 말로 하면 서울시민회관이다. 아직 시민이라는 개념이나 계층이 형성되기 이전에 서양의 도시 건축 구조를 본떠 지은 것이다. 서양에는 광장을 중심으로 기독교 세력을 대표하는 성당, 정치권력을 대표하는 시청사, 시민들의 공간인 시민회관, 상인들의 공간인 상가가 각 한 면씩을 차지하면서 도시의 중심부를 형성한다. 이곳도 시청인 경성부청사 옆에 시민회관을 세워서 이 구도를 약식으로 따른 것이다. 우리 스스로 시민계층을 형성하고 그에 따라 자연스럽게 수요가 발생해서 지은 것이 아니라 일제가 정치적 필요에 의해 강압적으로 지은 시민회관이란 점에서 설립 목적부터 제국 속성을 강하게 드러냈다.

부민회관은 건립 이후 현재까지 건물 기능이 여러 번 바뀌면서 한국 현대사의 영욕과 맥을 같이해왔는데 쓰임새의 내용은 양면적이라 할 수 있다. 일제강점기 때에는 일제가 시민을 강제 동원해서 일제와 그 왕을 찬양하고 대동아전쟁에 참여를 독려하는 등 제국 속성의 집회와 공연을 열던 곳이었다. 그 반대의 일도 일어나서 일제 패망을 앞둔 1945년 7월 24일에는 아시아민족분격대회가 열리던 때 폭탄투척사건이 일어나기도 했다. 해방 후에는 1975년까지 국회의사당으로 사용하면서 사사오입 사건이나 각종 날치기 파동 등 20여 년 가까이 파란만장했던 한국 현대사가 벌어진 장소였다. 이후 세종문화회관 별관으로 쓰다가 현재는 서울시의회 건물이 되어 있다.

건축적 내용을 보면 철근 콘크리트 구조에 난방, 환기, 방화, 조명 등 당시로서는 최신식 설비를 갖춘 건물이었다. 경성개발계획에 의해 넓어진 도로 한쪽을 차지하고서 건너편의 경성부청사와 짝을 이루어 가로 경

7-35 부민회관 전경

관을 지배했던 건물이다. 건립 시기가 1935년인 것을 볼 때 덕수궁을 압박하려는 목적은 철지난 것이 되어버렸지만 이런 관점에서 보면 덕수궁 담에 바짝 붙어서 궁내를 훤히 들여다보는 점에서 길 건너 경성부청사보다 더 위압적이라 할 수 있다.

근대적 외관은 이런 목적을 돕는다. 국제주의 양식까지는 못 갔지만 역사주의 외관을 벗어난 근대적 모습을 보이면서 서울 시민들에게 일제가 주도한 경성근대화계획의 구체적 산물로 받아들여졌다.도 7-35 이런 인

7-36 부민회관 수직 탑과 몸통(위)
7-37 부민회관 수직 탑과 출입구(아래 왼쪽)
7-38 부민회관 수직 창(아래 오른쪽)

식은 해방 이후 우리 손으로 근대화의 구체적 열매를 맺기 이전인 1970년대까지도 나이 든 세대에 강하게 남아 있었다. 건립 당시 45미터 높이의 시계탑이 있어서 더 그랬는데, 시계가 귀하던 당시 시민들은 이 건물에 와서 시간을 보고 가곤 했다.

이런 사회적 배경 이면에는 제국 양식이라는 건축적 배경이 있다. 독일의 나치즘 건축과 이탈리아의 파시즘 건축을 혼합한 양식이다. 당시 일제가 영국 · 프랑스 · 미국 동맹에 맞서 독일과 동맹을 맺었던 정치사적 배경과 맥을 같이한다. 오더나 장식 등 고전 어휘가 완전히 사라지고 점 · 선 · 면 입체의 기하학적 요소들이 겹쳐지면서 전체 구성을 이루는 점에서 근대화가 상당히 진행된 것으로 볼 수 있다. 기하학적 순도만 보면 국제주의 양식과 크게 다르지 않은 정도이다. 그러나 국제주의 양식과 결정적인 차이가 있는데 위계와 축 질서 등 고전주의 구도가 남아 있는 점이다. 도 7-36

이런 잔재는 물론 제국 양식의 특징이다. 고전주의를 직접 사용하지는 않았지만 인위적으로 수직선을 강조하고 중앙 집중적 대칭 구도 등을 통해 정치권력을 과시했다. 수직선과 수평선을 강하게 대비시켜 실제 규모에 비해 건물을 크게 보이게 해서 제국의 권위를 과시했다. 건물 본체는 강한 수평선을 이루지만 높이를 높여서 거대 공간처럼 보이게 했으며 수직 탑을 세워서 강하게 대비시켰다. 도 7-37 딱딱한 육면체가 수평-수직 양 방향으로 먼저 강조된 뒤 둘이 다시 대비를 이뤄 전체적으로 건물이 크고 위압적으로 보이게 했다.

출입구 형식화와 수직 창이라는 역사주의 제국 양식의 대표 어휘도 반복했다. 차양을 내지 않았지만 출입구 위에 높은 수직 탑을 세우고 여러 단의 계단을 붙여 출입구를 위로 올린 점에서 또 다른 종류의 출입구 형식화라 할 수 있다. 탑 속을 다시 강한 일직선 수직 창으로 나누었으며, 수평으로 길게 누운 몸통도 긴 수직 창을 급하게 반복시켜 분할했다. 도 7-38 몸통과 탑, 몸통과 창 사이에 수평-수직의 강한 대비가 만들어져 긴장감을 불러일으킨다.

경기고등학교 본관 – 학교 건축에 나타난 억압 구도의 표준형

경기고등학교 본관은 설립 목적과 역사 등을 볼 때 제국 양식으로 귀결된 것이 더욱 아쉬운 건물이다. 부지부터 조선 시대 선비의 역사가 서린 곳으로 사육신이었던 성삼문이 글을 읽고 나랏일을 걱정하던 장소였다. 조선 말에는 김옥균, 서재필, 박제순 등의 집터가 있는 곳이었는데 갑신정변을 모의하다 실패한 후 망명하면서 주인 없는 땅이 되었다. 이런 역사를 이어받아 1900년 고종 황제의 칙령에 따라 이곳에 우리나라 최초의 관립 중등학교를 세움으로써 '중등교육 발상지'가 된다.

이것이 경기고등학교의 전신으로 개교 때부터 이미 조선 최고의 명문학교였다. 안타깝게 한일합병 이후에 나라의 주인이 바뀌면서 결국 일제가 운영하는 관립 학교로 변질된다. 일제강점기 때 관립 교육 기관은 일제가 주도한 점에서 부정적 이미지가 큰데 원래 그 가운데 일부는 이처럼 한일합병 이전에 고종의 근대화 노력으로 먼저 시작된 것도 있었다. 경기고등학교가 대표적 예로 경성고등보통학교 등으로 여러 번 이름을 바꾸며 지속적으로 부지를 확장하던 끝에 1938년에 본관 건물을 준공했다. 해방 후 마지막으로 경기고등학교라는 명칭을 획득했다.

7-39 경기고등학교 1관 전경

본관은 부민회관과 마찬가지로 나치즘과 파시즘 건축을 합한 근대적 제국 양식을 기본 특징으로 갖는데 여기에 이탈리아 합리주의 어휘를 섞어서 좀더 근대화된 모습을 보여준다. 정면은 부민회관과 유사하다. 본체가 강한 수평선을 형성하는 가운데 중앙 출입구를 강조해서 대칭 구도를 유지하고 있다. 도 7-39 출입구에 수직 탑을 세우지는 않았지만 출입구 지붕을 본체 위로 반 층 정도 돌출시켜 최소한의 수직성을 줬다. 출입구 전체로 보면 수직 비례가 드러나면서 수평 본체와 대비를 이룬다. 본체를 수직 창으로 분할했으며 기둥을 부벽처럼 돌출시켜서 수직성을 강조했다.

이탈리아 합리주의의 특징은 창을 중심으로 한 장식 문양에 나타난다. 사각형을 기본 모티브로 삼아 주로 격자로 변형시켜 활용했다. 도 7-40 수평 격자, 수직 격자, 정사각형 격자 등으로 다양하게 응용한 기하학적 어휘를 모서리, 정면 벽체, 창 등에 적절히 섞어 사용했다. 주로 건물의 측면과 후면에 사용했는데, 사각형이 주도하는 이런 기하학적 분위기는 정면의 제국 양식을 부드럽게 완화시켜 주는 역할을 한다. 그러나 이탈리아에서도 합리주의가 파시즘과 일정 부분 연대했던 데서 알 수 있듯이 정사각형 격자는 동일성의 논리를 공통 매개로 제국 양식

7-40 경기고등학교 1관과 2관

과 연계된다. 도 7-41

실내도 제국 양식의 전형을 보여준다. 출입구를 들어오면 정면에 바로 위압적 계단이 나타난다. 도 7-42 계단은 제국 양식에서 제일 많이 사용하던 대칭 유턴 형식이다. 출입구와 계단이 합해서 중심을 이루면서 건물 전체가 강한 좌우대칭을 이룬다. 출입구 홀에서 좌우로 일직선 복도가 뻗어나가고 교실에 일렬로 달라붙는다. 출처는 제국 양식의 한 갈래인 보자르 양식과 모더니즘의 일직선 기능주의 두 갈래이다. 둘을 합하면 군대가 도열한 것 같은 억압 구도를 학생 통제에 활용한 것으로 교육에 지배 이데올로기를 적용한 것이 된다.

이런 내용은 배재학당 동관과 비교하면 더 명확해진다. 동관도 출입

7-41 경기고등학교 2관 현관 열주에서 바라본 1관 뒷면(왼쪽)
7-42 경기고등학교 1관 실내 계단(오른쪽)

구 형식화가 나타나고 대칭 유턴 계단을 사용하는 등 일부 제국 양식의 특징이 나타나기는 하지만 아직 본격화되지는 않고 있다. 계단의 위치가 중앙 출입구에서 옆으로 비켜나 있으며 계단 난간을 부드러운 목재로 처리했다. 도 7-43 이런 특징은 경기고등학교와 다른 중요한 차이이다. 역사주의 양식을 사용했지만 교육의 기본 이념에 제국 목적이 들어 있지 않기 때문에 건물도 제국 속성이 약하게 나타난 것이다. 계단을 봐도 두 건물 모두 제국 양식의 기본 어휘인 대칭 유턴 형식으로 처리했지만 길이, 재료, 디테일 등 전체적인 분위기에서 차이가 크다. 경기고등학교는 위압적 특징을 풍기면서 제국 양식의 기본 분위기를 보인 반면 배재학당은 다소 흥겨운 리듬감으로 느껴진다.

7-43 배재학당 동관 실내 계단

경기고등학교에 나타난 위와 같은 건축적 구성과 특징은 1930년대 이후 일제가 지은 대부분의 학교 건물에서 교복처럼 반복되었으며 이런 현상은 해방 이후 우리가 주인이 되어서도 버리지 못하고 현재까지도 한국의 학교 건축의 표준 구성으로 사용되고 있다. 물론 연대기 기록을 기준으로도 이 건물이 이런 구성을 내보인 첫 번째 건물은 아닐 것이다. 그러나 경기고등학교가 한국 현대사에서 차지했던 위치를 볼 때 이 건물의 이런 구성이 이후 한국의 현대 학교 건축에 본보기로 작용했음을 부정할 수 없을 것이다.

경성제국대학 이공학부 – 출입구 형식화와 대칭형 유턴 계단

경기고등학교에 나타난 학교 건축에서의 제국 양식은 경성제국대학 이공학부에서 극에 달한다. 건립 시기도 진주만 공습에 의해 태평양전쟁이 발발한 다음 해인 1942년으로 일제 군국주의가 마지막 발악을 하던 때였다. 이 때문에 관립 교육 기관의 대표격인 국립 대학을 어떤 양식으로 지었을지는 자명한 일이었다. 거꾸로 보면 이 건물은 일제 때 관립 학교의 부정적 측면을 가장 압축적이고 노골적으로 보여주는 건물이라 할 수 있다. 설계자부터 조선총독부 회계과 영선계라는 낯선 이름인데 관립 학교이기 때문에 개인이 아닌 정부 기관에서 설계한 것이다. 현재 남아 있는 두 채가 여기에 해당되는데, 본관이었던 현 다산관(생산정보공학관)과 전기전자관이었던 현 창학관(전기정보공학관)이다.

건축적으로 보면 부민회관의 외관 구성에 경기고등학교의 실내 구성을 더해 섞은 뒤 동일화를 훨씬 많이 진행시킨 특징을 보인다. 제국 양식의 특징을 극단적으로 강조했으며 여기에 표준화를 국제주의 양식에 거의 근접한 수준까지 진행시켰다. 본관은 출입구를 본체 밖으로 크게 돌출시켜 형식화를 가했는데 본체에 비해 상당히 커서 강한 대칭 구도를 형성한다. 출입구 위쪽 본체 부분에서 좁은 띠 모양의 수직 창이 급하게 반복되고 다시 그 위로 7층 높이 탑을 세워서 출입구에 수직성을 강조했다. 나아가 강한 수평선을 보이는 본체와 수평-수직의 대비를 이룬다. 도 7-44, 7-45

전기전자관은 본관 구성을 약식으로 단순화시킨 것으로 볼 수 있지만 여전히 제국 양식의 특징을 드러낸다. 출입구를 본체 밖으로 돌출시키지 않고 본체 속을 파내서 만든 점과 수직 탑을 세우지 않은 점 등이 본관 구성을 약식으로 처리한 내용이다. 출입구에 3층 높이의 거대 사각기둥 네 개를 세워서 위용을 드러낸 점은 제국 양식의 특징이다. 도 7-46 유

7-44 경성제국대학 이공학부 본관 전경(위)
7-45 경성제국대학 이공학부 본관 출입구(아래)

7-46 경성제국대학 이공학부 전기전자관 전경

럽을 기준으로 보면 히틀러가 좋아하던 전체주의 양식으로 1940년대 나치 건축에서 유사한 선례를 찾을 수 있다.

실내 역시 두 건물 모두 제국 양식의 전형을 보여준다. 형식화로 강조한 거대 출입구를 지나면 로비가 나오고 그 안쪽에 대칭형 유턴 계단이 위용을 드러내며 서 있다. 로비에서 좌우로 일직선 복도가 뻗고 양옆으로 교실들이 일렬로 늘어서 있다. 모두 경기고등학교에서 먼저 나타났던 학교 건축의 억압 구도의 전형이다. 두 건물이 차이도 있어서 본관은 출입구가 옥외 공간에 있고 이를 거쳐 현관-로비-계단이 한 공간 안에 연속으로 이어진다. 반면 전기전자관은 출입구를 실내에 별도의 영역으로 처리했다. 도 7-47, 7-48

이는 외관에 나타난 차이를 뒤집어 반영한 것으로 특이한 경우에 해당된다. 본관에서는 출입구가 본체에 덧붙인 외부의 별도 영역이기 때문

7-47 경성제국대학 이공학부 본관 실내 계단(위)
7-48 경성제국대학 이공학부 전기전자관 출입구와 실내 계단(아래)

7-49 경성제국대학 이공학부 본관 중정에서 바라본 중앙탑(위)
7-50 경성제국대학 이공학부 전기전자관 중정(아래)

에 위와 같은 순서로 진입하게 처리했다. 반면 전기전자관은 본체를 파낸 자리에 출입구를 내면서 이것을 기둥으로 구획하고 바닥에 높이 차이를 두는 등 실내의 별도 영역으로 처리했다. 결과적으로 실내는 전기전자관이 더 형식적이 되면서 외관에서 약식 처리 때문에 약해진 제국 양식의 위용을 만회하고 있다.

계단을 지나 더 들어가면 중정이 나오면서 전체적으로 'ㅁ'자형 구성을 한다. 당시 대동아전쟁 수행 과정에서 경성제국대학 이공학부도 기술 개발 등 일정한 역할을 했기 때문에 보안을 위해 외부에서 중정으로 들어가는 진입은 앞뒤 두 곳에서만 허용했다. 중정은 사면이 꽉 막혀서 에워싸의 느낌이 강하다. 본관의 경우 중앙탑은 중정에서 봐도 여전히 쭉 뻗은 수직성과 높은 높이로 권위를 자랑한다. 도 7-49 두 건물 모두 중정의 공간감은 아늑한 분위기를 주는 비례를 잘 지킨 편이나 공간을 만드는 벽이 위압적이어서 편안하게만 느껴지지는 않는다. 1940년대 급박했던 동북아 정세를 보여주는 장면으로 이해할 수 있다. 도 7-50

8장

미국 선교사와 근대 학교 건축

1 :: 일제강점기와 미국 선교사의 건축 활동

미국 선교사의 건축 활동의 역사적 의미

개화기 때 조선에 미국의 장로교와 감리교를 전파했던 선교사 그룹은 일제강점기 동안에도 그 세력을 일정 부분 유지하면서 자신들의 활동을 계속한다. 일제강점기 동안 일제는 서양 열강과 동맹과 견제의 양면적 관계를 유지했기 때문에 자신들이 한반도를 식민 통치하는 데 방해가 되지 않는 선에서는 조선에 들어와 있던 영미 기독교 세력의 활동을 심하게 통제하지 않았다. 일제 패망 직전인 1943~1944년에 탄압이 있긴 했지만 이는 일제가 마지막 발악을 하며 한반도 전체에 대해 감행한 수탈의 일환으로 볼 수 있다. 조선의 기독교계 가운데 일부가 친일 부역을 했으며 상대적으로 항일독립운동에 참여한 정도가 약했던 점도 일제가 기독교를 상대적으로 덜 탄압한 중요한 요인이었다. 일제 쪽에서는 조선의 기독교 전체를 적대시할 필요가 없었기 때문에 일부 활동은 허용했다.

일제강점기 때 영미 기독교 세력의 조선 내 활동은 크게 종교, 의료, 교육으로 나눌 수 있는데 이 가운데 건축적으로 주목할 만한 기록을 남긴 것은 주로 교육이었다. 이미 개화기 때 감리교를 전파했던 아펜젤러가 배재학당을 세운 데서 알 수 있듯이 이들은 기독교와 함께 여러 근대적 제도도 함께 전파해서 조선의 사회 체제 전반을 서양식으로 근대화하려는 목적을 가지고 활동했다. 의료와 교육이 핵심 분야였다. 하필 의료와 교육이었던 이유는 여럿이다.

이미 본국에서부터 명확한 목적의식 아래 두 분야에 대해 훈련을 받고 파견되었을 뿐 아니라 이들 눈에도 당시 조선이 근대화에서 가장 뒤떨어진 분야가 의료와 교육이라고 판단되었기 때문에 이 두 분야에 자신들의 활동을 집중했다. 봉사와 수혜를 받는 쪽에서는 의료와 교육이 그만큼 혜택의 효과를 즉각적이면서도 가장 크게 느끼는 분야이기 때문에 기독교를 전도하는 데도 유용했을 것이다. 상대적으로 정치색이 옅어서 일제와 충돌할 소지가 적은 것도 또 다른 중요한 배경이었다.

미국 선교사의 이런 활동에 대해서는 여러 가지 해석이 가능하다. 가장 일반론적인 차원으로 확장해서 생각하면 이런 목적이 특별한 것은 아니어서 물질적 풍요가 뒷받침하는 체계화된 근대적 제도를 통해 개개인의 일상생활을 향상시키겠다는 근대 이상의 일환으로 볼 수 있다. 실제로 영미 선교사들 가운데 일부는 순수한 종교적 차원에서 조선의 근대화가 하나님의 사랑을 실천하는 길이라 믿고 정치적 의도 없이 헌신적으로 봉사한 경우도 많이 있었다.

반면 이러한 활동이 우리 자신이 아닌 외세에 의해, 그것도 기독교라는 종교 세력에 의해서 진행된 것이 분명 특수 상황이라는 점은 절대 간과해서는 안 된다. 미국 선교사의 활동이 절대선인 것만은 아니었다. 개화기에서 일제강점기를 거치며 진행된 영미 기독교 세력, 특히 미국 선교사의 활동이 해방 이후 미 제국주의가 일제의 뒤를 이어 한국을 통치하게 되는 데 초석이 되었다는 해석은 식민주의에서는 진부한 이론이 된 지 오래이다. 해방 이후 현재에 이르는 한국 현대사의 진행 과정에서 이런 해석이 사람에 따라 정도의 차이는 있을지언정 일정 부분 사실인 것 또한 부정할 수 없다. 일부 선교사들의 순수한 뜻을 아무리 그대로 받아들인다 해도 우리가 주인이 되지 못하고 남의 손에 이끌려 근대화를 이룬 데 따른 후유증과 폐해마저 덮어버릴 수는 없기 때문이다. 종교적 순수성과 사회적·역사적 상황이 모든 면에서 일치할 수는 없기 때문이다.

근대 학교 건축의 건축적 의미

미국 선교사가 세운 학교 건물은 이런 여러 가지 해석의 내용을 잘 보여준다. 같은 서양 양식이지만 일제가 세운 제국 양식과는 목적과 담긴 의미 등이 모두 달랐다. '조선에 기독교 정신에 입각한 서양식 근대 교육을 시행한다'는 이들의 활동 목적이 키워드였다. 이들이 세운 건물에 제국 양식 같은 지배 이데올로기는 없었으며 그 대신 영미 기독교를 전파하기 위해 영미권의 전통 문화를 이식하려던 목적은 뚜렷했다. 조선이라는 배경도 중요했다. 조선에 서양식 근대 교육을 전수해서 조선을 서양식으로 근대화하려는 목적을 추가로 갖기 때문에 우리의 전통미학이 부분적으로 나타났다. 이상의 배경 아래 미국 선교사가 지은 근대 학교 건축의 건축적 특징 및 그 역사적 의미는 다음의 네 가지로 요약할 수 있다.

첫째, 서양 양식 내에서 유럽의 역사주의와 영미권의 건축을 구별하게 되었다. 일제 제국 양식의 뿌리인 유럽 역사주의와 다른 또 한 갈래의 서양 양식이 조선에 등장하게 된 것이다. 제국 양식은 유럽의 19세기 역사주의 전체를 양식 모델로 삼았기 때문에 서양 내에서 나라별 차이를 반영하지 못한 대신 이것들 사이에 공통적으로 내재되어 있던 지배 이데올로기를 끄집어내서 식민 통치에 활용했다. 반면 근대 학교 건축은 선례 양식을 영미의 컨트리하우스로 한정시킴으로써 국가 단위의 문화적 배경을 명확히 했다.

둘째, 이에 따라 서양 양식을 들여온 사회적 목적도 한 번 더 세분할 수 있다. 제국 양식의 지배 이데올로기와 달리 기독교를 전파하고 이를 바탕으로 서양식 근대 교육을 이식하려던 것이었다. 이상을 정리하면 정치, 종교, 교육의 세 가지 목적이 한반도에 서양 건축이 들어오게 된 주요 동인이 된다. 근대 학교 건축은 이 가운데 정치를 제외한 종교와 교육을 하나로 묶는 접착제 역할을 했다. 한국 사회에서 기독교가 교육과 연합해서 사회의 주류 세력으로 떠오르게 되는 출발점이었다.

셋째, 한국의 전통미학이 함께 섞여 나타났다. 일제의 제국 양식에도 선별적으로 나타났던 현상인데 이것이 근대 학교 건축에 나타난 것은 당연한 측면이 있었다. 일제가 지은 제국 양식에 나타났던 '양자 동화'가 영미 기독교 건축에도 동일하게 나타난 것으로 볼 수 있다. '양자 동화'가 심지어 제국 양식에도 나타났는데 이보다 지배 이데올로기가 현저히 약한 기독교 학교 건축에 이것이 나타난 것 역시 당연한 측면이 있었다.

마지막으로 넷째, 산업화된 건축 방식의 가장 대표적인 특징인 동일성이 나타나기 시작했다. 근대 학교 건축은 1920년부터 등장하는데 여기에 이미 동일성의 논리가 나타난 것이니 이른 시기라 할 수 있다. 더욱이 동일성은 국제주의 양식의 대표적 특징인데 이것이 전통 양식에 나타난 것은 매우 이르다 할 수 있다. 동일성은 일제의 제국 양식에도 어느 정도 나타났지만 차이가 있었다. 1920년대까지 역사주의 양식으로 지은 제국 양식에는 동일성이 아직 본격적으로 나타나지 않았다. 이것과 비교하면 근대 학교 건축에 나타난 동일성은 분명 빠른 것이었다. 1930년대 이후의 근대화된 제국 양식에서 비로소 동일성이 본격적으로 나타나는

데 이때는 유럽에도 국제주의 양식이 자리를 잡게 되기 때문에 시기적으로 보아 당연한 것이었다.

연세대학교와 이화여자대학교

이처럼 미국 선교사가 지은 근대 학교 건축은 역사주의의 지배 이데올로기는 피해간 대신 영미가 이끈 산업화된 동일성의 논리가 한국에 들어오는 최초의 통로 역할을 했다. 일제와 영미 기독교 세력은 당시 시대 상황을 형성하던 서양 건축의 두 갈래 경향을 각각 하나씩 나누어 조선에 전파한 것이다. 이 가운데 동일성의 논리는 한국전쟁 이후 한국 현대 사회가 압축적 근대화에 천착하게 하는 데 중요한 선례 역할을 하게 된다. 일제의 제국 양식에 담긴 지배 이데올로기가 청산되지 못하고 현대사에서 독재 정권의 지배 이데올로기로 이어진 것처럼 미국 선교사의 근대 학교 건축에서 제시한 동일성의 논리는 현대사의 압축 근대화로 이어진 것이다. 독재 정권에 의한 압축 근대화가 한국 현대사의 부정적 측면의 핵심임을 볼 때 각각 그 한 축씩을 담당한 것이다.

지배 이데올로기를 기준으로 보면 미국 선교사의 근대 학교 건축은 일제의 제국 양식이 서양 건축에 대해 남긴 나쁜 인상과 선례를 중화시키는 역할을 일정 부분 한 것으로 볼 수 있다. 일제도 표면적으로는 같은 이상을 내걸었지만 영미 기독교 세력과 같을 수는 없었다. 대륙 진출, 전쟁, 침탈 등 정치적 탐욕을 위해 식민 통치라는 가장 비인도적인 방식으로 조선을 근대화한 일제의 지배와 기독교의 전도를 통해 근대화를 함께 달성하려는 영미 기독교 세력이 같을 수는 없는 것이다. 이런 점에서 외세에 의한 근대화라는 현상은 같지만 영미 기독교 세력이 했던 것과 일제의 식민지 근대화론은 완전히 다른 것이다.

영미 기독교 세력이 주도한 건축은 두 방향으로 한 번 더 나눌 수 있다. 하나는 미국 선교사가 세운 근대 학교 건축이고 다른 하나는 영국 기독교가 세운 교회 건축이다. 연세대학교와 이화여자대학교는 이 가운데 첫 번째 경향을 대표한다. 두 학교는 교육사나 건축사 모두에서 이를 대표한다 할 수 있다. 교육사의 측면에서는 두 학교가 많이 다를 수 있으나 일제강점기 때 두 학교에 지은 건물을 기준으로 보면 앞서 언급한 미국 선교사의 건축사적 의미를 공통적으로 보여준다.

두 학교의 건물들은 적어도 표면적 기록으로는 일제의 간섭을 받지 않은 것으로 볼 수 있다. 건립 주체는 미국 선교사 세력이었으며 조선 땅에 조선 학생을 위해 지은 것으로 장소와 대상 모두 조선이었다. 일제강점기를 구성하던 3대 주체인 일제, 영미 기독교 세력, 조선 가운데 일제를 뺀 나머지 둘의 협동작으로 볼 수 있는 것이다. 해방 이후 이화여자대학교에 한국 건축가의 설계로 지은 서양 양식의 두 건물이 원본 양식과 거의 같게 나타난 점은 이런 내용을 뒷받침해주는 예이다. 일제와 상관없는 또 한 갈래의 서양 건축이 한국에 형성되어 있었음을 보여준다.

2 :: 연세대학교의 근대 학교 건축

언더우드와 연세대학교

연세대학교는 1885년에 앨런이 세운 제중원(세브란스병원 전신)과 1915년에 언더우드가 세운 조선기독교대학(연희전문학교 전신)의 두 갈래를 뿌리로 삼아 시작되었다. 본격적인 캠퍼스 조성은 사립연희전문학교 인가를 받은 1917년부터로 이때 연희궁 터인 지금의 부지를 매입해서 교사를 짓기 시작했다.

영미 기독교의 배경이 담긴 건물은 스팀슨관(1920, 구 본관), 아펜젤러관(1924, 구 이학관, 현 대학본부 사무동), 언더우드관(1924 혹은 1925, 구 학관, 현 본관) 등 세 채이다. 세 건물은 모두 서양 선교사들이 마련한 자금으로 미국 건축가 헨리 머피Henry Murphy가 설계해서 지은 것이며 공사 감독도 이 학교 화학과 교수인 밀러E. H. Miller가 담당했다.

스팀슨관은 이 학교 최초의 석조 건물로 로스앤젤레스에 살던 찰스 스팀슨이 기부한 25,000달러로 지은 것이다. 아펜젤러관은 언더우드와 아펜젤러 사이의 우정을 보여주는 건물이다. 아펜젤러는 감리교이고 언더우드는 장로교로 종파가 서로 달랐지만 두 사람은 조선에 입국하기 전 미국에서부터 절친한 친구였으며 하루의 시차로 조선에 나란히 입국해서 사역 활동을 벌였다.

조선에서의 활동도 비슷해서 동역자로 도움을 주고받았다. 언더우드가 세운 학교에 아펜젤러관이 있는 것도 같은 맥락이다. 아펜젤러는 연희전문학교가 교세를 확장해가는데도 자금 부족으로 교사 건립에 어려움을 겪자 미국의 제일감리교회에서 기부금을 모아 이 건물을 지을 수 있게 해주었다. 학교는 고마움의 표시로 건물 이름을 아펜젤러관이라 지었다. 언더우드관은 설립자의 형이 기부한 돈으로 지었으며 언더우드의 장남인 원한경이 초석을 놓았다.

스팀슨관 – 컨트리하우스 양식

건축 구성에도 이런 내용이 잘 반영되어 있다. 같은 서양 전통 양식이면서도 앞서 소개한 제국 양식과 여러 면에서 달랐다. 제국 양식에 강하게 나타난 지배 이데올로기는 찾아볼 수 없다. 양식적으로는 영미권의 컨트리하우스가 주요 양식이다. 좀더 세분하면 영국 중세 말기에서 르네상스에 이르는 튜더 왕조 때 대저택 양식을 주요 모티브로 삼았다. 이 양식은 유럽에서도 19세기 제국 양식에는 사용하지 않던 것이다.

같은 르네상스라도 이탈리아 표준 르네상스는 신고전주의 기법으로 각색하면 과시적 기념비주의 같은 제국 양식으로 확대 변형될 가능성이 컸으며 실제 그렇게 사용한 예들이 많았다. 오더나 대칭 같은 엄격한 고전 질서를 바탕에 깔고 있을 뿐 아니라 반복의 미학도 강해서 19세기 산업제국주의에서 사용하기에 적합한 측면이 많았기 때문이다. 반면 영국의 튜더르네상스는 이런 가능성이 매우 약해서 제국 양식에 사용하지 않았다. 스케일이 작고 변형이 심한 영국 중세 건축의 전통이 아직 많이 남아 있던 양식이라 산업화된 건축 방식을 바탕으로 거석 구조나 과시적 기념비주의로 흐르던 19세기 제국 양식에는 맞지 않기 때문이었다.

이렇듯 근대 학교 건물들을 구성하는 서양 양식은 제국 양식의 바탕을 이루던 부정적 의미의 역사주의에 속하지 않는 것으로 볼 수 있다. 같은 서양 양식이라도 서로 뿌리가 다른 것이다. 구체적인 특징을 봐도 불투명과 대칭 등 서양미학의 전형적 특징을 보이기는 하지만 출입구 형식화, 수직 창, 대칭형 유턴 계단, 수직선의 강조, 수평-수직의 대비, 허장성세와 과시 등 제국 양식의 전형적 기법은 나타나지 않거나 있어도 매우 약하다.

스팀슨관을 보면, 출입구에 약식 첨탑 모티브를 사용한 점, 대칭 구도와 수직 창을 사용한 점, 복도를 중심으로 교실을 가지런히 배열한 점, 이런 실내 구성이 입면의 대칭을 반영한 점 등은 제국 양식의 기법이지만 정작 실제 봤을 때에 제국다움은 느껴지지 않는다. 도 8-1, 8-2 출입구 첨

8-1 연세대 스팀슨관 정면 전경

8-2 연세대 스팀슨관 측면 전경

탑이 지붕 높이를 넘지 않았으며 튜더 아치의 친근한 형태 덕에 중세의 낭만성을 느끼게 된다. 출입구 아치는 반원형보다 더 완만하게 옆으로 누워서 편안한 느낌을 주지만 중앙을 약간 뾰족하게 해서 지루함을 없애는 것을 잊지 않았다.도 8-3

실내의 복도 구성도 제국다움을 결정하는 주요 요소인 로비와 계단 등에서 위압의 느낌을 많이 줄였다. 로비를 크게 줄여서 거의 면적이 없게 만들었다. 계단도 대칭형 유턴 계단이긴 하지만 크기와 높이를 줄여서 단순한 수직 이동의 기능 이외에 제국다움의 목적을 추가로 갖지 않는다. 계단은 정원에서 시작되는 옥외 계단과 함께 봐야 한다. 중앙 정원에서 건물 앞 영역으로 올라오는 다섯 단의 계단이 있고 아치 출입구에 부속된 여섯 단의 계단을 한 번 더 오르면 현관을 지나 로비로 들어오게 된다. 마지막으로 실내 계단을 오른다. 세 곳의 계단이 폭도 좁고 단수도 작아서 동선에 변화와 재미를 주는 요소로 작용한다.

대칭과 수직 창도 마찬가지이다. 대칭은 서양 건축의 가장 기본적인 질서 구도이기 때문에 이것만으로 제국 양식과 같은 것으로 볼 수는 없다. 중앙 출입구 양쪽에 각각 아홉 개씩의 수직 창을 냈지만 구체적 처리에서 제국 양식과 거리가 멀다. 둘은 같이 봐야 하는데, 둘 모두 과시적 기념비주의를 피하는 기법으로 처리해서 제국다움으로 흐르지 않았다. 수직 창을 세 개씩 한 묶음으로 묶어 정사각형의 큰 창 하나로 만든 점,도 8-4 화강석으로 창틀을 둘러 장식 효과를 낸 점, 이런 창 처리가 어울려 기하학적 리듬감을 주는 점, 출입구 아치 위 2층에 내민창을 둬서 이런 리듬감을 돕는 점 등이 구체적 내용이다. 출입구 아치와 내민창의 세트로

8-3 연세대 스팀슨관 출입구와 계단(왼쪽)
8-4 연세대 스팀슨관 수직 창(오른쪽)

구성되는 중앙부는 옆으로 긴 건물의 중심을 잡으면서 지루함을 줄이는 방향으로 작용한다. 수평-수직의 대비를 피해 홍겨움을 주는 요소로 작용했다.

언더우드관 – 제국 양식의 양면성

언더우드관과 아펜젤러관도 크게 보면 스팀슨관과 비슷한 특징을 보이지만 차이도 있다. 언더우드관은 과시적이 되면서 제국 양식의 분위기를 드러낸다. 건물 규모가 커져서 휴먼 스케일을 벗어나고 있으며 중앙 첨탑도 지붕 높이를 훌쩍 넘어 하늘로 솟으면서 제국 양식과 흡사한 위용을 과시한다.도 8-5 중앙 첨탑은 높이만 높은 것이 아니라 조형 모티브도 중세 성채의 총안을 사용했다. 군사 시설 모티브를 사용해서 위압적 분

8-5 연세대 언더우드관 전경

위기를 강조한 것인데, 이는 일제 군국주의가 지배하던 당시 정치 · 사회 분위기에서 영향을 받은 것으로 볼 수 있다.

계단도 마찬가지여서 정원에서 건물 출입구에 이르는 옥외 계단을 3층이나 두어서 건물을 우러러보게 만들었다. 도 8-6 아치 출입구를 들어와서 한 층을 더 뒀는데 스팀슨관에는 없던 것이다. 그만큼 건물을 지면에서 높이 띄워 위치시킨 것인데 크게 증가한 건물 크기와 중앙 첨탑의 높이를 더욱 과시적으로 보이게 한다. 이런 시선 각도는 건물 본체와 중앙 첨탑 사이에 수평-수직의 대립 구도를 만들어낸다. 둘은 건물 전체를 거석 구조로 몰고 가는데 서로 화합하지 못하고 대립하면서 거석 구조의 분위기를 갈등과 긴장으로 나타나게 한다. 제국 양식에서 국민들을 위압하기 위해 사용하던 기법이다. 옥외 계단은 실내로 이어진다. 출입문이 앞뒤로 뚫려 있어서 출입문을 지나면 바로 계단이 나오지 않는 대신 양옆에 두 개나 대칭으로 둬서 결과적으로 평면 전체의 대칭 구도를 강화시키는 쪽으로 처리했다.

이것이 전부는 아니어서 제국다움을 완화시켜주는 장치도 잊지 않았다. 지붕의 띠 장식, 태극 문양, 비대칭의 부분적 혼용 등 세 가지이다. 먼저 장식을 보

8-6 연세대 언더우드관 출입구

8-7 연세대 언더우드관 지붕(위)
8-8 연세대 언더우드관 문양(아래)

면, 박공지붕의 경사를 심하게 해서 지붕면이 잘 보이게 했으며 그 위에 사선 방향으로 색체 띠 문양을 넣었는데 이런 처리는 건물 인상을 부드럽게 만들어준다. 도 8-7 오스트리아 빈의 성 스테파노 성당과 프랑스 디종 지방의 후기 고딕 양식 등에서 사용하던 장식 기법이다.

중앙 출입구를 이루는 내민창의 맨 위에는 태극 마크를 새긴 화강석 문양판을 댔다. 도 8-8 작은 요소이긴 하지만 일제가 지은 건물이라면 만들 수 없었을 장식 요소이다. 출처도 독립문이라 의미가 크다. 독립문 지붕에 붙인 태극 문양 모티브를 빌려 사용한 것이다. 스팀슨관에서 먼저 사용했고 크기도 같지만 언더우드관의 것이 눈에 더 잘 띈다. 우선 석판이 놓이는 위치와 바탕면의 크기가 스팀슨관이 내민창의 위쪽 끄트머리라서 눈길을 못 끄는 데 반해 언더우드관은 중세 성채의 넓은 벽면이라 상대적으로 눈길을 확 끈다. 사람으로 치면 이마 한가운데에 해당되는 위치이다. 이 때문에 태극 문양을 바라보는 언더우드관의 시선 각도가 스팀슨관보다 더 급하고 극적이 된다. 향도 중요한데, 스팀슨관의 정면이 동향이어서 점심이 지나면 어두워지는 반면 언더우드관은 남향이라 하루 종일 밝게 빛난다.

스팀슨관에서 처음 시도했던 태극 문양을 언더우드관에 와서 크게 강조한 것이 된다. 비록 서양인이 세운 건물이긴 하나 조선에 대한 최소한의 예의는 지킨 것으로 볼 수 있다. 이 작은 태극 마크 석판 한 장이 갖는 의미는 제법 큰 것이어서 일제강점기 때 조선에 들어온 서양 문명에 대한 한 가지 해석을 가능하게 해준다. 서양 문명의 유입이 반드시 침탈의 목적만을 위한 것은 아니었고 어쩔 수 없는 문화 전파나 문명 흐름의 하나였음을 보여주는 것으로 해석할 수 있다.

비대칭은 건물 뒷면에 나타난다. 중앙 출입구가 들어가는 첨탑이 앞에서 보면 대칭이라서 건물 전체를 권위적이고 딱딱하게 보이게 하는데 이 부분을 뒷면에서는 비대칭으로 처리했다. 아치형 출입문은 앞뒷면이 동일 축 위에 놓이기 때문에 뒷면도 앞면과 같은 대칭 구도로 나타나야 정상인데 출입문 왼쪽에 큰 덩어리를 인위적으로 붙이는 방식으로 일부러 비대칭을 만들었다. 도 8-9 이렇게 더한 덩어리에 창을 내서 결과적으로 뒷면은 아치형 출입구가 오른쪽으로 쏠린 비대칭이 된다. 아치와 크고 작은 창이 비대칭 구도를 이루는 모습은 영미 컨트리하우스에서도 관찰되는 모습인데, 여기에서는 한옥 특유의 비대칭 구성을 닮은 것으로 느껴지기도 한다. 이는 앞면에 나타난 제국 양식의 특징을 크게 완화시킴과 동시에 한국 전통미학을 반영한 장면에 해당된다.

8-9 연세대 언더우드관 후면

아펜젤러관 – 수직 창과 동일성

아펜젤러관에서는 수직 창의 사용이 두드러진다. 크기는 스팀슨관과 거의 같으며 전체 구성도 언뜻 보면 스팀슨관과 쌍둥이 같지만 수직 창을 사용해서 동일성을 훨씬 강화한 점이 중요한 차이이다. 도 8-10 스팀슨관도 수직 창을 썼지만 동일화까지 나아가지 않은 반면 아펜젤러관은 동일화로 볼 수 있는 단계까지 나아갔다. 스팀슨관은 수직 창이 모두 18개였는데 세 개씩 합해서 6개의 묶음으로 만든 다음 중앙 출입구 양옆에 각각 세 개씩 배치했다. 이것이 수직 창의 제국다움을 완화시킨 내용에 대해서는 앞에서 설명했는데 같은 논리로 동일성의 느낌도 크게 완화시켰다.

아펜젤러관은 수직 창의 개수는 15개로 줄어들었지만 이것을 일렬로 늘어세움으로써 동일성을 크게 강조했다. 도 8-11 중앙 출입구 아치 위에 내민창을 두지 않았기 때문에 2층의 수직 창 15개가 중간에 끊기지 않고 일렬로 늘어선 것이다. 측면도 마찬가지이다. 스팀슨관은 측면에 큰 내민창을 내서 조형적 관심은 수직 창이 아닌 내민창의 덩어리 변화에 쏠린다. 반면 아펜젤러관의 측면에서는 일곱 개의 수직 창을 나란히 배열해서 단연 수직 창이 모든 면에서 중심이다. 일곱 개를 '2개-3개-2개'로 묶어 나누긴 했지만 묶음 사이 간격이 거의 없어서 리듬감 같은 변화는 줄지언정 수직성은 약화되지 않고 그대로 드러난다. 도 8-12 아펜젤러관의 외관 전체에 걸쳐 나타난 이런 처리는 동일성뿐 아니라 수직 창에 내재된 제국다움도 드러낸다. 그러나 다른 처리들에서 제국 양식 느낌이 거의 나지 않기 때문에 전체적 인상은 제국 양식보다는 동일성 한 방향

8-10 연세대 아펜젤러관 전경

으로 나타난다.

언더우드관과 아펜젤러관에 나타난 이런 변화의 배경으로 4년이란 시차와 1920년대 사회 분위기를 들 수 있다. 스팀슨관 이후 4년의 세월이 흘러 학교가 새 터에 자리 잡으면서 학교의 위상을 세상에 과시적으로 알릴 필요성이 생겼을 것이고 이 과정에서 제국 양식의 기념비적 분위기가 영향을 끼쳤을 것이다. 1920년대의 전체적인 분위기도 한몫했을 것으로 추정할 수 있다. 1920년대는 일제 제국 양식의 주요 건물들이 지어진 시대였다. 바꿔 얘기하면 제국 양식이 1920년대를 대표하는 양식이었다는 뜻으로 언더우드도 그 영향을 비켜 가지 못한 것으로 볼 수 있다. 아펜젤러관에 나타난 강화된 동일성은 4년이란 시간 동안 근대화와 서양화가 더 진행된 결과를 반영하는 것으로 볼 수 있다.

8-11 연세대 아펜젤러관 정면 수직 창(위)
8-12 연세대 아펜젤러관 측면 수직 창(아래)

스팀슨관, 언더우드관, 아펜젤러관의 세 건물에는 다양한 문양을 벽

8-13 연세대 아펜젤러관 문양(왼쪽)
8-14 연세대 스팀슨관 창틀 문양(오른쪽)

과 문에 새겨 장식 요소로 활용했다. 스팀슨관과 언더우드관에 새긴 태극 문양은 아펜젤러관에서도 똑같이 반복된다.[도 8-3, 8-13] 스팀슨관에만 사용한 독특한 문양이 있는데 출입문 문살을 학교 마크로 짠 것이다. 연세대학교의 트레이드마크가 된 곡선으로 둥글린 역삼각형 모티브로 문살을 짠 것이다.[도 8-14] 언더우드관에서는 태극 문양 위 성채 총안 바로 아래에 석판으로 학교 마크를 새겼다.[도 8-8] 언더우드관 후면에는 같은 자리에 미국 장로교의 문양을 역시 석판으로 새겼다. 아펜젤러관에는 태극 문양만 새겼다.

3 :: 이화여자대학교의 근대 학교 건축

파이퍼홀 – 여성다운 리듬감

이화여자대학교는 스크랜튼이 1886년 정동에 한 명의 학생으로 문을 연 뒤 이듬해 고종이 이화학당이라는 이름을 하사했다. 1910년에 4년제 대학과정을 신설했으며 1925년에 이화여자전문학교로 개칭했다. 이후 현재의 부지를 매입해서 캠퍼스 조성을 시작했다. 서양식 건물의 등장은 연세대학교보다 늦어서 파이퍼홀(현 본관)과 음악관(현 중강당)이 같은 해인 1934년에 완공되었다. 모두 미국 건축가 보리스 사무소의 작품이다. 과학관(현 약학관)과 대강당도 비슷한 양식이지만 모두 해방 후에 한국 건축가가 설계한 것이다. 과학관은 유상하의 작품으로 1950년에, 대강당은 강윤의 작품으로 1956년에 각각 완공되었다.

이화여자대학교 파이퍼홀에서도 연세대학교 세 건물과 거의 비슷한 주제가 반복된다. 학교의 설립자는 달랐지만 건축적으로 비슷한 고민을 했다는 뜻이 된다. 파이퍼홀도 전체 양식은 영국 컨트리하우스를 기본 모델로 삼은 점에서 크게 보아 연세대학교 건물들과 유사하나 중세 요소를 더 많이 사용했다. 급한 박공 경사, 튜더 아치보다 더 뾰족한 아치, 지붕 경사에 낸 다락층, 버트레스 등이 중세 요소이다. 도 8-15, 8-16 중세적 특징이 크게 두드러지지 않기 때문에 조형적 목적 이외에 다른 목적이 있

8-15 이화여대 파이퍼홀 전경(왼쪽)
8-16 이화여대 파이퍼홀 측동 버트레스(오른쪽)

어 보이지 않는다.

완공 시기가 연세대학교 건물들보다 10여 년 늦기 때문에 제국 양식의 특징과 동일성이 더 진척된 측면이 있긴 하지만 이것을 중화시키는 조형 처리도 강해서 제국 양식과는 분명한 차이를 보인다. 중앙 출입구 강조, 대칭 구도, 수직 창 등이 이 건물에 사용한 제국 양식 어휘이다. 그러나 제국다움은 분명히 피하고 있다. 중앙 출입구를 3층 높이의 별도 덩어리로 묶은 다음 옆의 벽면보다 앞으로 돌출시키긴 했지만 크기가 작

8-17 이화여대 파이퍼홀 중앙 출입구

고 돌출한 정도도 약하다. 도8-17 첨탑은 물론이고 심지어 내민창조차 사용하지 않고 건물의 일부인 평범한 창을 수직으로 중첩시켰다.

건물 양 끝의 측동을 상대적으로 훨씬 더 크게 만들어서 건물 전체를 'ㄷ'자형으로 처리했기 때문에 중앙 출입구는 상대적으로 더욱 작아 보인다. 정문에 필요한 최소한의 형식만 가한 것으로 볼 수 있다. 도8-18 실내

8-18 이화여대 파이퍼홀 측면 전경

구성에서는 대칭조차 지켜지지 않는다. 계단이 중심에서 비껴서 옆으로 옮겨가 있기 때문에 중앙 출입구를 지나면 로비와 계단이 나타나지 않고 바로 양옆으로 복도가 시작된다. 양 끝에 측동을 크게 뒀기 때문에 복도 길이가 짧을 뿐더러 교실 배치도 그나마 대칭이나 가지런한 일렬을 피하고 있다.

수직 창도 마찬가지이다. 본체에서는 중앙 출입구를 중심으로 양옆에 각각 12개씩, 총 24개의 수직 창을 사용하고 있다. 출입구 위층에도 세 개를 냈기 때문에 결과적으로 27개가 되며 숫자로만 보면 많다고 볼 수 있다. 그러나 세 개씩 묶은 다음 화강석으로 창틀을 둘렀기 때문에 전체 모습은 큰 정사각형 창 9개로 읽힌다.도 8-19 스팀슨관에서 사용한 것과 같은 창으로 이런 처리는 수직 창에 내재된 제국다움과 동일성을 약화시키는 대신 조형적 홍겨움을 만들어낸다. 측동도 5개의 수직 창을 일렬로 배열했지만 이것을 한 묶음으로 묶어서 결과적으로 옆으로 넓적한 큰 창 하나로 읽힌다. 수직 창은 이 속을 한 번 더 구획한 창틀에 가깝게 느껴진다. 측동 박공에 낸 창은 높이마저 낮아져서 수직 창의 범위를 벗어났다. 아래쪽에 5개를 한 묶음으로 묶은 창과 어울려 기하학적 조형미를 만들어낸다.

파이퍼홀에 나타난 이런 특징들은 여성다운 리듬감으로 읽힌다. 중앙 출입구에 성채 양식을 사용하지 않았기 때문에 상대적으로 측동이 더 크게 드러난다. 이런 처리는 중앙으로의 집중을 크게 약화시키면서 건물을 더 여성적으로 느끼게 만든다. 성채 모티브는 보통 중앙 출입구에 들어가면서 중심을 강조하게 되고 이는 가부장적 쇼비니즘으로 나타나기

8-19 이화여대 파이퍼홀 다락창과 수직 창

쉬운데 파이퍼홀에서는 이를 피해갔다. 여자대학교 건물이라 의도적으로 그랬는지는 알 수 없으나 어쨌든 결과는 그렇게 나타나고 있다. 가부장적 중앙 집중 대신 전체적으로 기하학적 리듬감이 강하게 느껴진다.

8-20 이화여대 파이퍼홀 아치 장식

다락층을 이루는 삼각형 모티브도 이런 느낌을 돕는다. 휴먼 스케일의 작은 덩어리가 중앙 박공을 중심으로 양옆에 세 개씩 늘어선 모습은 귀엽고 앙증맞다. 중앙과 측동의 두 박공과 함께 보면 삼각 박공을 이용한 '주제-변주' 기법이다. 삼각형을 기본 모티브로 삼아 크기를 기준으로 세 종류로 다양하게 변화시킨 것이다. 세 종류의 삼각형은 잘 어울려 기하학적 흥겨움을 만들어낸다. 다락층은 스타카토 같은 악센트 효과를 낸다. 출입구 위쪽 2층과 3층에 새긴 아치 장식도 섬세한 공예미를 보여주면서 이런 효과를 돕는다.도 8-20

돌쌓기를 통한 한국 전통미학의 표현

이상이 미국 선교사가 조선에 기독교 정신을 바탕으로 세운 근대 학교 건축에 나타난 건축적 특징 및 그 의미였다. 자신들 문화권의 전통 건축을 기본 양식으로 당시 유행하던 제국 양식 모티브를 섞었으며 부분적으로 당시 첨단 경향이던 동일성도 드러냈다. 그럼에도 이것이 식민 지배

8-21 연세대 언더우드관 돌쌓기(위 왼쪽)
8-22 연세대 스팀슨관 돌쌓기(위 오른쪽)
8-23 연세대 스팀슨관 벽체 돌쌓기와 창틀(아래 왼쪽)
8-24 연세대 아펜젤러관 벽체 돌쌓기와 창틀(아래 오른쪽)

나 제국 권력 같은 정치적 · 군사적 목적으로 흐르지 않게 하기 위한 노력을 기울였음도 알 수 있었다.

마지막으로 독특한 특징 한 가지가 더 있는데 한국 전통 건축의 미학도 나타난다는 점이다. 주로 돌쌓기를 통해서 표현했다. 연세대학교의 세 건물의 경우 앞과 같은 차이점에도 불구하고 외벽 돌쌓기는 모두 동일하다. 운모편암석으로 마감했는데 막 쌓기로 처리해서 마치 한국의 전통적인 돌쌓기를 보는 것 같다. 조적 부재가 아직 사각형으로 정리되지 않은 채 자연석의 비정형 형태를 그대로 유지하고 있다. 앞에서 소개한 전통미학 가운데 돌쌓기를 통해서 표현하는 혼성 패턴을 보는 것 같다.도 8-21, 8-22

차이도 있어서 한국 전통 건축의 돌쌓기보다는 좀더 다듬어진 모습이긴 하다. 한국의 돌쌓기는 자연석을 거의 손대지 않고 본래 형상에 맞춰 쌓다 보니 조적 부재의 윤곽이 삐쭉빼쭉하고 크기 차이도 심한 데 반해 이 건물들에서는 이런 비정형을 다듬어서 최소한의 규칙성은 확보했다. 그럼에도 아직 사각형으로 다듬지는 않았으며 줄눈도 일직선이 되지 않고 불규칙하다.

물론 이런 장면이 반드시 한국적인 것만은 아니다. 서양에도 이와 비슷한 돌쌓기가 있다. 하지만 사각형을 유지하면서 동일성을 피하는 경향이 가장 많다. 이 건물들에 사용한 것 같은 돌쌓기는 서양에서도 흔치 않다. 비정형의 정도나 크고 작은 동그란 돌들이 어울려 만들어내는 리듬감 등에서 한국적 정서를 읽을 수 있다. 설계자가 한국의 전통 돌쌓기를 어느 정도 반영한 것으로 추측해볼 수 있다. 창틀까지 함께 보면 더 그렇다. 창틀을 화강석으로 짰는데 벽체의 조적 부재가 비정형이기 때문에 두 부재가 마주치는 지점에서는 잘 다듬은 일직선 부재와 비정형 부재의 대비 효과가 두드러진다.도 8-23, 8-24 그 장면은 갈등으로 흐르지 않고 오히려 한국의 공예미학을 돌로 옮겨놓은 것 같은 아기자기한 짜임새를 보여준다.

파이퍼홀에서도 전통 돌쌓기의 미학을 볼 수 있다. 개성산 화강석으로 외장을 마감했는데 연세대학교 건물들보다는 조적 부재를 많이 다듬어서 사각형으로 만들었다. 그러나 완자무늬 쌓기로 처리해서 동일성으로 가지 않으려는 의지는 여전히 강하다. 사각형 부재를 사용하기는 했지만 크기와 형상 차이가 심해서 완전한 완자무늬 쌓기라기보다는 막 쌓기와 완자무늬 쌓기의 중간 단계에 더 가깝다.

형상을 보면 정사각형과 '1:4' 정도의 넓적한 비례를 양극으로 삼아 그 중간에 드는 다양한 비례로 잘라 썼다. 크기도 다양해서 정사각형 부

8-25 이화여대 파이퍼홀 벽체 돌쌓기(왼쪽)
8-26 이화여대 파이퍼홀 측동 모서리 돌쌓기(오른쪽)

재 하나에서만 4~5종류의 크기가 나온다. 이처럼 크고 작은 다양한 사각형 조적 부재의 크기와 형상을 큐브 맞추듯 상하좌우로 높이와 길이를 맞춰 쌓았다. 가지런한 정도까지는 아니더라도 부분적으로 일직선 줄눈이 나타나며 최소한의 정형성을 확보했다.

전체 모습은 동일성 전 단계인 기하학적 구성미와 축조적 공예미로 나타난다. 도 8-25 돌쌓기를 산업화로 가는 공학적 특징으로 파악하지 않고 공예미학으로 활용하겠다는 의지를 드러낸 것인데, 이것 역시 여성다운 특징으로 볼 수 있다. 크고 작은 사각형 조적 부재가 상하좌우로 어울려서 만들어내는 기하학적 구성미와 축조적 공예미는 마치 보자기 수백 장으로 건물 전면을 덮은 것 같은 여성적 느낌을 준다. 창틀도 들쑥날쑥한 돌쌓기로 처리해서 산업화의 개입을 최소화했다.

이런 창틀이 벽체와 만나는 경계부는 돌쌓기에 의한 구성미와 공예미가 더욱 풍부하게 드러나는 지점이다. 측동 모서리와 중앙 출입구 위 3층 창틀이 특히 특이하다. 측동 모서리를 버트레스로 처리한 부분에서는 규칙적으로 들고나는 큰 사각형 돌과 자유롭게 구성된 작은 돌이 어우러져 대비와 리듬감을 동시에 만들어낸다. 도 8-26

중앙 출입구 위 3층 창틀은 트레이서리를 사용한 중세 아치로 짰다. 도 8-20 아치 윤곽을 따라 섬세한 곡선미가 드러난다. 아치를 이용한 공예미는 중앙 출입문을 아치 윤곽으로 짜고 뾰족탑을 소품화해서 붙인 데서 명확히 드러난다. 같은 중세 모티브라도 언더우드관에서는 폭력적 군사 시설인 성채를 사용한 데 반해 파이퍼홀에서는 섬세한 공예미를 사용한 것으로 여성다움을 보여주는 장면이다.

9장

영국 기독교와 개신교회 건축 유형의 문제

1 :: 구세군 중앙회관

구세군 중앙회관과 자선 이미지

영국 기독교는 미국 선교사와 달리 학교 건축으로 진출하지 않고 일제강점기 동안에도 종교에 한정된 활동을 펼쳤다. 구세군 중앙회관(1920)과 서울성공회성당(1926)이 현재 서울에 남아 있는 대표적인 예이다. 구세군 중앙회관은 구세군 서울본영의 본부 건물이다. 구세군은 1865년 영국 런던에서 감리교 목사이던 윌리엄 부스William Booth가 '그리스도교 전도회'를 창설하면서 시작되었다. 직접적 전도 이외에 선도, 교육, 가난 구제 등 자선사회사업을 통해 그리스도의 인류 구원 메시지를 구현하려는 목적으로 창설되었다.

사업의 효율을 위해 군대 조직을 도입해서 1878년 구세군으로 개칭했다. 조선에는 1908년 로버트 호가드Robert Hoggard, 한국명 허가두를 초대 사령관으로 삼아 구세군 중앙본영이 창설되었다. 창설과 함께 〈구세신문〉을 발간하는 등 준비 기간을 거쳐 1916년부터 본격적인 사회사업을 벌이기 시작했다. 1920년에는 사관지를 발행하고 구세군 중앙회관을 건립하는 등 도약이 있었으며 1925년이 되면서 사관 218명과 평신도 9,000명으로 확장되었다. 1928년에는 '자선냄비'를 시작했다.

구세군 중앙회관은 한국에서 빈민 구제를 통한 선교에 주력해온 구

9-1 구세군 중앙회관 측면 전경(위)
9-2 구세군 중앙회관 중앙 신전 모티브(아래)

세군의 역사를 상징적으로 보여주는 건물이다. 구세군이 한국 사회에서 갖는 이미지는 좋은 편이다. 영미 기독교 및 이것이 뿌리내려 발전한 한국 개신교에 대해서는 양면적 이미지가 형성되어 있는 반면 구세군은 나쁜 이미지는 상대적으로 적고 좋은 이미지가 강하다. 연말에 '자선냄비'를 통해 모금하는 자선기금이 갖는 강력한 상징성 때문이다. 12월의 차가운 밤바람을 맞으며 길거리에서 '자선냄비'를 걸어놓고 종을 울리며 모금하는 이들의 이미지는 인간을 위해 육신을 바친 역사적 예수를 연상시킨다. 온갖 세속 범죄를 저지르며 사회에 물의를 일으키는 일부 탐욕스러운 개신교 지도자들과는 분명 다른 이미지이다.

구세군 중앙회관의 건축 양식도 일단 구세군 자체의 이런 긍정적 이미지에 부합된다. 영국 르네상스 때 나타난 청교도 양식을 따랐다. 영국 청교도 교회 건축의 대표 건물인 이니고 존스의 성 바오로 교회를 닮았다. 이 건물을 선례로 삼았다는 기록은 남아 있지 않지만 양식적으로 강한 유사점을 찾아낼 수 있다. 중세 가톨릭 양식을 피하고 그 대안으로 고전주의를 차용했다. 기독교에서는 고전주의를 통째로 이교로 몰기 때문에 이는 불일치일 수 있다. 개신교가 독립적 건축 양식을 창출할 시간적 · 물리적 여유가 없는 상황에서 가톨릭 양식을 대신할 대안은 고전주의밖에 없었기 때문에 나타난 현상이다. 도 9-1, 9-2

청교도 양식답게 장식을 억제하고 꼭 필요한 부재만 갖춘 간결하고 검소한 모습이다. 창은 같은 크기와 모양의 사각형 한 종류만 사용했고 창틀은 상인방과 하인방만 화강석 띠 하나만으로 처리했고 옆 틀은 따로 만들지 않았다. 도 9-3 기둥은 고전 오더 양식 가운데 가장 원시적인 투스칸식을 사용해서 가능한 한 단순하고 간결하게 처리했다. 중앙 정면의 신전 정면을 직선 부재 세 개만 사용해서 삼각형 박공으로 만들었다.

9-3 구세군 중앙회관 창 구성(위)
9-4 구세군 중앙회관 측동 신전 모티브(아래)

전체적으로 큰 육면체에 가장 단순한 창을 뚫고 역시 가장 기본 형태의 삼각 박공을 붙인 구성이다. 박공 안은 보통 돋을새김으로 채우는데 여기에서는 벽돌로 막은 뒤 '구세군사관학교, 1928'이라는 편액을 석판으로 만들어 넣었다. 박공을 받치는 엔타블레이추어도 보통은 삼단으로 쌓고 장식도 많이 가하는데 여기에서는 극도로 간결한 화강석 블록 세 단으로 대체했다. 측동에도 신전 정면을 소품화해서 사용했다. 휴먼 스케일의 아담한 크기에 간결하고 검소한 디테일 처리로 친숙한 모습을 보여준다.도 9-4

한국 현대 사회와 개신교회 건축 유형의 문제

이처럼 구세군 중앙회관은 세상에 천명한 이상과 종교적 이미지에 걸맞은 검소하고 깨끗한 건축 양식을 특징으로 갖는다. 제국 양식과는 일말의 연관성도 없어서 비교 자체가 모욕일 수 있을 정도이다. 이런 이미지는 확장해서 해석하면 한국 개신교가 갖는 양면적 이미지 가운데 긍정적인 부분에 대응시킬 수 있다. 대형 교회의 온갖 이권 개입과 현실적 타락 등 부정적 이미지에도 불구하고 다른 한편에서 세상에 드러내지 않고 힘든 가운데서도 묵묵히 하나님의 사랑을 실천하는 그런 이미지이다.

이것만이 전부는 아니어서 이 건물의 속뜻에 대해서는 한 단계 더 세심히 살펴볼 필요가 있다. 이 건물의 건축적 속뜻은 동일성과 교회 유형의 두 가지로 생각할 수 있다. 동일성에 대해서는 뒤에서 살펴볼 것이다. 교회 유형의 주제는 한국 개신교회에 맞는 대표적 건축 형식을 찾는 문제이다. 이 문제는 한국에 영미 청교도가 들어올 당시 상황뿐 아니라 현재에 이르는 한국 현대사까지 시간의 끈을 늘려 함께 봐야 한다. 한국 현대사에서 개신교가 차지하는 비중이나 끼친 영향 등을 고려할 때 가벼운 문제가 아니기 때문이다.

한국 개신교의 사회적·종교적·정치적·경제적 행보와 영향력은 이 책의 논제를 벗어나므로 여기에서는 건축에 대해서만 얘기하고자 한다. 해방 이후 한국 현대 건축에서 개신교회는 가장 많은 수의 건물을 지은 주체 가운데 하나이다. 아파트는 전 국민의 집이기 때문에 아파트가 제일 많은 것은 논의의 대상에서 제외할 수 있다. 그다음으로 많은 것은 오피스빌딩과 교회일 것이다. 가톨릭 성당은 인구 규모에 따른 건축 기준이 있기 때문에 건물 수가 일정 범위를 넘기 힘들다. 개신교회는 이런 것이 없기 때문에 한 상가 건물 안에도 복수 개의 교회가 들어서는 경우가 허다할 정도로 건축 빈도가 폭발적으로 증가해왔다. 전국으로 환산하면 그 수를 정확히 통계내기 힘들 정도로 많다.

"밤만 되면 전 국토가 붉은 십자가의 나라가 된다"라는 말은 한국 현대사에서 매우 큰 무게를 갖는 종교적 · 사회적 논제인데 이 말은 그대로 교회 건물의 수가 많다는 것과 동의어가 된다. 그렇기 때문에 사람들에게 미치는 조형적 영향도 그만큼 크며 이는 그대로 종교적 · 사회적 영향으로 이어진다. 교회 건물은 사람들이 개신교의 기본 속성과 종교적 의미를 정의하고 인식하는 내용과 방향에 중요한 영향을 끼치는 요소이다. 이것은 신자나 불신자나 마찬가지이다. 종교적 입장이 다르긴 하겠지만 신자는 자신이 믿는 종교에 대해서, 불신자는 한국 현대사에 가장 큰 세력을 형성하고 영향을 끼쳐온 개신교에 대해서 각각의 입장에 따라 이런 저런 인상을 형성하고 인식을 갖게 되는데 교회 건축이 여기에 중요한 영향을 끼친다는 뜻이다.

이렇게 보았을 때 영미 기독교 세력이 한반도에 처음 제시한 교회 건축 유형이 갖는 의미는 크다 하겠다. 해방 이후 60여 년이 흐르면서 개신교회 건축은 많이 변화하긴 했지만 이것은 외관만 그러할 뿐 그 속에 담긴 기본 의미를 추적하면 개화기와 일제강점기 때 지은 교회 건축의 연장선상에 있는 것으로 볼 수 있는 내용들이 많이 관찰된다. 이런 배경 아래 구세군 중앙회관의 건축적 의미를 종교 건축의 관점에서 평가할 수 있는데 그 내용은 양면적이다. 한국 개신교회 건축에 긍정적 모델이 될 수 있는 내용을 많이 담고 있지만 실제 현실에 적용되는 과정에서 섬세한 해석과 신중한 응용이 결여되면서 실제로는 부정적 영향을 끼친 결과를 낳게 되었다.

2 :: 한국 교회 건축의 이중성 문제

종교 건축의 중요성

조선이 처음 접한 서양 교회 건축은 앞서 2장에서 살펴본 바와 같이 프랑스 가톨릭이 지은 명동성당 계열의 고딕 양식과 미국 선교사 아펜젤러가 지은 정동제일교회 두 갈래였다. 정동제일교회는 가톨릭 양식과 청교도 양식이 섞여 있는데 표면적으로는 빅토리안 고딕을 사용해서 가톨릭 양식과 크게 다르지 않기 때문에 당시 조선 사회가 이를 구별해서 받아들이는 것은 불가능했다. 이런 배경 아래 이후 한국 현대 건축에서 교회 건물은 가톨릭과 개신교 구별 없이 '붉은 벽돌에 뾰족 탑'이라는 유럽 중세 양식을 표준형으로 삼아 분화, 발전했다.

이런 현상은 여러 면에서 문제가 많다. 서양 종교를 받아들이면서 그에 수반되는 대표 건축 양식을 함께 받아들이는 것도 일면 일리가 있긴 하지만 한국 기독교가 한국의 전통 문화와 합해지면서 토착화가 많이 진행된 점을 보면 서양 양식의 직설적 모방이 반드시 바람직한 것만은 아닐 수 있다. 상대적으로 토착화가 훨씬 더 많이 진행된 가톨릭은 그렇기 때문에 교회 건축도 그에 합당한 한국적 양식을 창출해야 했는데 그렇지 못했다. 개신교는 가톨릭보다 근본주의 성격이 더 강해서 한국의 전통 문화에 대해 상대적으로 더 배타적이긴 하지만 미국 제국주의의 한국 침탈에 앞장섰다는 이데올로기 논쟁에 시달리고 있기 때문에 여기에서 조금이라도 벗어나기 위해서 역시 한국적 기독교 양식을 창출했어야 했는데 그렇지 못했다.

한국 기독교가 복사해서 사용했던 그 서양 양식이라는 것도 우리나라에 지어지면서 원본이 많이 변질된 부정확한 국제 미아인 경우가 거의 대부분인 점도 또 다른 큰 문제이다. 순수하게 건축에 국한해 양식발전론의 관점에서 보더라도 한 나라의 양식이 다른 나라에 전파되면 그 나라의 전통미학과 결합해 제3의 양식으로 발전하는 것이 이상적이다. 교회 건축도 여기에서 예외일 수 없다. 한마디로 한국적 기독교 건축이 필요했다는 뜻이다.

유럽 중세 양식을 단순 복사, 반복해서 사용하는 것은 이런 이상적 방향으로의 발전을 가로막는 행태이다. 종교에서 건축이 갖는 중요성을 간과한 데서 나타난 현상이다. 건물은 그것이 수행하는 목적에 따라 건축적 특징을 갖게 마련이며 이를 통해 그 목적을 최대한 만족시키려 한다. 예를 들어 상업 건물은 구매와 판매 등의 상행위를 촉진하기 위해 온갖 건축적 장치들을 총동원해서 다양한 상업 양식을 구사한다.

하물며 인간의 영적 · 정신적 책임을 담당하는 종교 건물은 더 말할 필요도 없다. 이 때문에 동서양을 막론하고 교세가 크고 영향력이 큰 중요한 종교들은 모두 자신들의 종교 교리와 이상에 맞는 건축 양식을 창출하기 위해 심혈을 기울였으며 실제로 그에 걸맞은 양식을 갖고 있다. 한국 기독교계는 이런 노력을 전혀 기울이지 않았으며 그 결과 한국적 기독교 양식을 창출하지 못했다. 교세 확장의 속도, 사회적 영향력, 신도 수와 소유자산 같은 물리적 덩치 등 모든 면에서 한국 기독교 정도면 반드시 자신들의 종교 철학과 세계관 등에 따라 자생적으로 창출한 양식을 가져야 한다. 하지만 그렇지 못했다.

이 문제는 개신교에서 더 심각하다. 개신교회를 유럽 중세 양식으로 짓는 것은 더 큰 문제이다. 교리적으로 불일치이기 때문이다. 개신교는 교리적·종교적으로는 가톨릭을 심하게 비판하고 적대시하면서도 정작 교회 건축은 가톨릭 양식을 무단으로 사용하는 이중성을 보이고 있다. 자신들이 우월하다고 주장하는 자신들의 교리를 보여주는 직접적 증거인 건축 양식은 창출하지 못한 채 자신들이 미신 이단이라고 비판하는 종교의 미신 이단 양식을 빌려 쓰고 있다.

한국에 지어지는 교회 건축을 기준으로 보면 가톨릭과 개신교는 별 차이 없는 같은 종교일 뿐이다. 한국 기독교 건축은 가톨릭과 개신교 차이 없이 '붉은 벽돌에 뾰족 탑'을 표준 양식으로 삼은 위에 시대 변화에 따라 유행하는 세속 건축을 그대로 가져다 쓰는 두 방향을 공유한다. 적어도 건축을 기준으로 보면 개신교가 스스로 주장하는 차별화가 허구일 수 있음을 보여주는 현상이다.

한국 개신교회 건축의 이중성

개신교회 건축의 이중성은 사회에서 일반적으로 바라보는 개신교 자체의 나쁜 이미지와 연관성이 크다. 한국 사회가 3대 종교에 대해서 갖는 인상을 조사한 여러 연구에 의하면 개신교가 가장 안 좋은 것으로 나타난다. 그 내용은 대략 셋으로 정리할 수 있다. 첫째 우월의식이나 선민의식이 강하고, 둘째 폐쇄적이고 배타적이며, 셋째 물질적으로나 정신적으로 부패하고 비도덕적이다.

이런 결과는 단순한 행태에만 해당되는 것이 아니라 건축적으로도 동일하게 해석할 수 있다. 자신들이 그렇게 우월한 선민이고 자신들의 교리만이 그렇게 진리라면 그에 합당한 건축 양식을 창출했어야 한다. 왜냐하면 종교 건물은 교리를 보여주는 직접적이고 물리적인 증거이기 때문이다. 세계의 많은 크고 중요한 종교들이 힘들여 자신들만의 건축 양식을 창출한 이유이기도 하다. 건축 양식을 창출하려는 노력을 하다가 실패한 것이라면 괜찮을 수 있다. 왜냐하면 하나의 종교 건축 양식을 창출하는 일이 말처럼 그렇게 쉽지만은 않기 때문이다. 세계적 종교 건축 양식도 대부분 수백 년 이상 걸려서 탄생한 것들이다.

문제는 한국 개신교가 종교 건축 양식이란 것이 있다는 사실조차 모른 채 유럽 가톨릭 양식을 무단 복사해서 쓰다가 다시 시대 조류에 따라 일반 부동산 건축이나 최신 유행 양식을 단순 반복해왔다는 데 있다. 종교 권력을 독점하고 막대한 경제적 자산까지 거머쥔 중앙 종단은 하나님의 영광을 이 세상에 구현한다는 명분으로 정치권력과 결탁하는 일에만 열중이었지 정작 예수가 "내가 곧 교회니라" 했던 그 교회를 영적 공간으로 꾸미는 일에는 관심조차 기울이지 않았다.

신앙심을 명분으로 신도 수를 늘리는 데 급급했는데 이것이 처음에는 하나님의 명령을 실천하는 것인 줄 알았지만 시간이 흘러 결과만 놓고 보면 결국 헬스클럽이 회원 수 늘려 수익을 더 올리려는 것과 다르지 않은 것이 되어버렸다. 개신교계는 단 한 번도 자신들이 주장하는 하나님의 영광을 공간적으로 증명해 보이는 건축 양식을 창출하려는 노력을 시도조차 하지 않았다. 그런 일은 아예 이들의 프로그램에 들어 있지조차 않았다.

이런 여러 겹의 불일치와 이중성이 오늘날 한국 개신교가 급격히 쇠퇴하는 주요 원인으로 작용하고 있다. 건축도 그 한가운데에 있다. 교회 건물이란 것이 사람들에게 영적·정신적 감동은 전혀 주지 못하고 부동산 투기 따라 쉽게 나타났다 허무하게 사라지는 일반 건물과 똑같으니 불신자가 개신교를 믿으려는 마음이 생길 리 만무하다. 신자들에게도 마찬가지이다. 사람은 영적으로 불완전하고 항상 외부의 유혹에 쉽게 흔들리는 존재이기 때문에 누구나 신앙생활 과정에서 어려움에 직면하게 된다. 영적 울림을 자아내는 교회 공간은 이런 흔들림을 잡아주는 역할을 할 수 있다. 그런데 한국 개신교회에는 이런 영적 공간이 없다. 이런 상황에서 공격적·강압적 전도는 오히려 역효과를 내며 개신교의 부정적 이미지를 증폭시킬 뿐이다.

한국 개신교회의 이런 처지는 21세기 종교의 변화, 발전 방향과도 안 맞는다. 21세기 종교는 크게 두 방향으로 변화, 발전하고 있다. 하나는 정치 참여 같은 권력 탐욕이나 자산 증식 같은 물질 탐욕 등 과거의 잘못을 반성하면서 방황하는 현대인에게 정신적 안식을 주는 영성 강화 흐름이다. 영적 신비감을 불러일으키는 교회 공간은 이런 흐름에 매우 중요한데 한국 개신교는 내놓을 만한 것이 하나도 없다. 다른 하나는 발생 지역의 근본주의가 쇠퇴하고 지역별 사회와 연계하면서 일상성 안으로 녹아들어가는 추세이다. 토착화된 건축 양식은 이런 흐름에 매우 중요한데 한국 개신교는 이 방향에서도 역시 기댈 것이 하나도 없다.

3 :: 구세군 중앙회관이 한국 교회 건축에 끼친 영향

가톨릭 양식을 나눠 쓰게 된 한국 개신교회 건축

구세군 중앙회관은 한국 현대 기독교 건축의 이런 문제점에 대해 양면적 관계를 갖는다. 문제점에 빠지지 않고 문제점을 극복할 가능성이 내재되어 있는 점은 긍정적 측면이다. 반면 겉으로는 문제점의 출발점이 될 내용들이 강하게 드러나서 결국 안 좋은 방향으로 영향을 끼치게 된 점은 부정적 측면이다. 긍정적 가능성이 너무 은유적이고 섬세하며 겉으로 드러나지 않고 내재된 것이어서 그것을 알아채지 못하고 흘려보내고 만 것이다.

긍정적 가능성을 보면, 이 건물은 유럽 중세 양식과 분명한 차이를 보이며 청교도를 대표할 만한 특징을 보인다. 수직 앙천성, 도상 장식, 고딕 양식 등 가톨릭을 대표하는 특징적 기법을 모두 피했다. 그 대안으로 고전주의를 택한 것은 독립적 양식을 창출하지 못한 것이긴 하나 루터교, 칼뱅교, 영국 청교도 등 종교개혁 당시 청교도의 주요 교파들이 고딕을 배격하며 고전주의를 자신들 양식으로 택했던 것만은 분명하다. 구세군 중앙회관은 그 연장선상에 있으며 구체적 처리에 있어서도 검소하고 절제된 간결미와 추상미를 보이면서 이러한 내용을 잘 반영하고 있다.

이렇게 보았을 때 종교적 측면을 기준으로 하면 개신교회 건축은 유럽 중세 양식보다는 이 건물이 제시한 양식이 더 맞는 것으로 볼 수 있다. 이때 중요한 문제가 한 가지 발생한다. 이 건물과 유럽 중세 양식의 차이가 언뜻 보기에 충분치 않다는 점이다. 서양에서는 두 양식이 완전히 반대되는 양식이고 기독교도는 물론 일반인도 그 차이를 구별할 수 있지만 한국에서는 이것이 쉽지 않다. 모두 낯선 서양 양식일 뿐이며 둘 다 붉은 벽돌을 사용한 점에서 더 그렇게 보인다.

조선에 전래된 개신교회의 초창기 건물이 이처럼 가톨릭 양식과 완전히 다르지 않고 비슷한 측면이 있었기 때문에 이후 한국의 교회 건축이 가톨릭과 개신교 구별 없이 중세 양식을 같이 나눠 쓰는 방향으로 전개된 것이다. 이런 현상은 가톨릭보다는 개신교에 더 악영향을 끼쳤다. 빌려 쓸 양식조차 없었으면 독자적 양식을 창출해야 할 필요성을 깨달았을 것이고 그런 창출 노력을 시도라도 해보았을 것이기 때문이다.

이런 현상은 구세군 중앙회관보다 23년 먼저 지어진 정동제일교회에서부터 이미 나타났다. 정동제일교회는 조선에 전래된 최초의 개신교회 건물이라 할 수 있는데 이때부터 이미 조선 사람들의 눈에는 가톨릭 양식과 뚜렷한 차이가 없이 같은 양식을 나눠 쓰는 것으로 비쳤다. 이런 판단은 이 건물이 중세 고딕을 리바이벌시켜 사용한 빅토리안 고딕이라는 점에서 타당성이 있다. 그러나 정동제일교회도 가톨릭 양식과 분명히 구별되는 자신들만의 건축적 특징이 있었다. 다만 그것이 구세군 중앙회관과 마찬가지로 확연히 드러나지 않은 점이 문제였다.

이런 상황 아래 정동제일교회에서 구세군 중앙회관으로 이어지는 흐름은 한국에 개신교회 건축에 대해 몇 가지 편견을 심어놓게 된다. 첫째, 교리는 가톨릭과 다를지라도 교회 건물은 '붉은 벽돌에 뾰족 아치'의 가톨릭 양식을 나눠 쓸 수 있다. 둘째, 여기에서 아치 등과 같은 고딕 어휘를 떼어내고 동일화된 창을 넣으면 좀더 현대식이 된다. 셋째, 이런 동일성의 미학은 교세를 빨리 확장해야 하는 요구에 큰 도움이 되기 때문에 종교적으로도 좋은 현상에 해당된다.

정동제일교회와 구세군 중앙회관은 현대 개신교회에 긍정적 모델이 될 만한 내용을 많이 담고 있었다. 물론 서양 양식을 직접 사용한 것은 아쉬움이 남는 대목이며 영미 기독교가 자국의 문화와 정치 이데올로기를 침투시키는 첨병 역할을 했다는 오해를 살 만하다. 그러나 영미 기독교 세력이 주체가 되어 종교를 전도하고 교회를 지었기 때문에 서양 양식이 직접적으로 드러난 것은 당시로서는 어쩔 수 없는 현상이었을 수 있다. 일부는 한옥을 구입해서 교회로 사용했을 정도로 조선 문화와 융합하려는 의지도 있었다.

동일성의 지배를 받게 된 한국 개신교회 건축

더욱 중요한 것은 이 두 건물이 당시 영미에서 진행되던 기독교 건축의 양상을 가감 없이 비교적 그대로 전달했다는 점이다. 앞에서 언급한 것처럼 개신교회 건축은 본고장 영미에서도 대표 양식을 갖지 못할 정도로 통일된 흐름을 형성하지 못했다. 두 건물의 건축 양식은 당시 영미를 기준으로 보더라도 청교도와 신교의 교리를 비교적 잘 반영한 수작에 속한다. 그만큼 이후에 섬세한 해석과 신중한 응용을 거치면 현대 교회 건축에 모범적 선례로 작용할 내용이 많았다는 뜻이다.

문제는 해방 이후 한국 현대 개신교의 확장 과정에서 이 일을 하지 못했다는 데 있다. 한국 개신교는 신도 수와 교회 규모 등 양적 · 물질적 확장을 곧 신앙적 승리와 동일시하는 왜곡된 종교적 탐욕에 심하게 오염된 채 진행되어왔는데 그 현상이 교회 건축에도 고스란히 반영된 것이다. 이렇게 탐욕에 눈이 먼 상태에서 교회 건축이 갖는 의미와 중요성을 섬세하게 해석하고 이상적 교회 건물 유형을 차분히 창출할 종교적 · 신앙적 여유는 없었다. 세속인의 탐욕을 능가하는 거대 탐욕이 개신교회를 온통 뒤덮었고 그 결과 교회 건축은 부동산 투기나 아파트 개발과 아주 흡사한 물량 위주로 전개되었다.

개신교회 건물이 독자적 양식을 창출하지 않는 쪽으로 방향을 잡으면서 구세군 중앙회관에 담긴 건축적 특징은 부정적 영향을 끼치게 된다. 일반 상가 건물이나 오피스빌딩의 동일성을 허락하는 모델이 된 점이다. 간결한 육면체 윤곽 속에 가지런하게 배열된 동일한 창이 요점이다. 자본의 운용과 축적 등 자본주의의 효율 논리에 적합한 구성이기 때문이다. 이 건물의 동일화 구성을 유리로 바꿔서 수직으로 올리면 상가나 오피스빌딩이 된다.

동일성의 특징은 한국의 개신교회 건축이 중세 양식을 답습하는 데서 벗어나 다음 단계의 교회 건물을 지을 때 가장 강력한 방향타 역할을 하게 된다. 중세 양식 다음 단계는 싼값에 빨리 짓는 부동산 건축, 동시대 오피스빌딩, 첨단 유행 양식 등 세 갈래로 전개되는데 모두 동일성을 공통 배경으로 갖는 경향인 것이다. 세 경향은 모두 종교 건축에 필요한 영성이 결핍된 단순한 체육관 건물이라는 문제를 공유한다. 교회가 신도 수만 많이 채우면 되는 대형 체육관이 되어버린 것이다. 개신교회 건축에 나타난 이런 치명적 결핍 현상은 한국 현대사를 관통하며 개신교회가 보여준 부정적 행태를 고스란히 반영하고 있는 것이다.

구세군 중앙회관의 동일성 특징은 안타깝게도 청교도 이상을 반영한다는 원래 취지와 정반대로 한국 개신교회 건축의 부정적 전개에 선례 역할을 하게 된다. 한국 개신교가 부동산 건물이나 오피스빌딩과 동일한 건축미학을 교회에 적용하는 데 뛰어들어 경쟁을 벌이게 된 상황에서 선례 모델이 이 미학을 강하게 간직하고 있었으니 더없이 고마운 기댈 언덕을 획득한 것이었다.

선례 모델과 닮게 지으면서 동일성을 강화해가는 방향이 교회 건축의 올바른 전개 방향인 것으로 인식, 인정되었다. 누구 하나 교회 건축이 부동산 건물이나 오피스빌딩과 똑같이 나타나는 현상에 대해 의아해하거나 비판을 제기하지 않았다. 선례 모델과 닮았기 때문에 오히려 선생님 말 잘 듣는 모범생처럼, 즉 종교적 순종자로 인식되었다. 이렇게 조금씩 동일성이 강화되어 가다가 어느 시기 압축 근대화와 부동산 투기 등 사회 현상과 맞물리면서 개신교회 건축은 급기야 종교 건축의 최소 기준에 훨씬 못 미치는 지경에 이르렀다. 개신교회 공간에서 영적 울림을 기대하는 것은 완전히 불가능한 일이 되었다.

동일성의 역사적 고찰

개신교회 건축이 이처럼 부정적 방향으로 전개되는 현상은 종교개혁 때부터 개연성이 내재되어 있었다. 이런 해석은 다음의 몇 단계의 논리적 추적을 거치면 확실해진다. 첫째, 순수한 교리 측면으로 청교도가 부패한 중세 가톨릭에 반대해서 일어나면서 교회 건축도 간결함을 추구했다. 성화나 도상 등 교회 미술 장식을 모두 금지했다. 종교개혁이 일어났을 때 청교도가 제일 먼저 한 일 가운데 하나가 중세 성당에 들어가서 화려한 장식미술을 떼어내 태워버린 것이었다.

둘째, 그럼에도 불구하고 불행히도 청교도는 대표 건축 양식을 창출하지 못했다. 서양에서조차 중세 성당을 빼앗아 사용하거나 고딕 양식을 그대로 답습하는 경우가 제일 많았다. 물론 청교도도 독립적 교회 건축물을 짓긴 했지만 건축가, 나라, 도시, 교파, 시대 등에 따라서 각개약진 식으로 개별적 양식을 만드는 수준에 그쳤다. '가톨릭 교회 건물 = 중세 고딕 성당'과 같은 등식을 만들어내지 못한 것이다. 이것은 개신교의 종교 조직이 가톨릭과 달리 중앙정부가 없기 때문에 일면 당연한 현상이긴 했지만 종교에서 건축 형식이 갖는 비중이 큰 것을 볼 때 이런 각개약진 현상은 일종의 불일치로 불리한 측면이 많았다.

셋째, 서양의 개신교 교회 건축 상황이 이러했기 때문에 이것을 받아들인 한국의 상황은 더 심했다. 가톨릭 양식과 개신교 양식을 구별하는 것이 거의 불가능한 상황에서 두 양식의 혼재가 만연했다.

넷째, 개신교회가 대표 건축 양식을 창출하지 못한 상황에서 19세기 산업자본주의를 거치면서 개신교회 건축 양식에 중요한 변질이 일어난다. 종교개혁 때 청교도가 내걸었던 '검소한 건축'이 자본의 논리와 잘 맞아 떨어지는 현상이 발생한 것이다. 교회 건축이 '싼값에 빨리 큰 건물을 지어야 하는' 자본주의의 논리와 결합하면서 종교 건축에 합당한 정신적·종교적 가치를 실어내지 못하고 부동산 건축과 동일하게 전개되는 양상이 나타난 것이다. 19세기 서양의 기독교는 가톨릭과 신교 구별 없이 자본과의 밀착이 매우 심각했는데 굳이 구별을 하자면 신교가 더 심했다. 이런 기본 속성이 한국에 그대로 전해졌으며 교회 건축도 이에 보조를 맞추는 현상이 나타나게 된 것이다.

4 :: 서울성공회성당

한국적 기독교 건축의 가능성

동일성의 논리와 좀 다른 관점에서 한국 개신교회 건축에 결여된 점이 하나 더 있는데 한국적 교회 건축 양식을 창출하지 못한 것이다. 이 점은 가톨릭도 크게 다르지 않은 가운데 영국성공회라는 의외의 종파에서 의미 있는 시도가 있었다. 가톨릭은 제사를 허용하고 불교와 우호적 교류를 하는 등 문화 관습에서는 일정한 토착화를 이루었지만 교회 건축에서는 이렇다 할 토착화가 거의 없었다. 개신교는 토착화와 가장 거리가 멀었다. 유교와 불교를 모두 미신과 우상숭배로 비판하며 극복과 타도의 대상으로 삼았다. 가톨릭마저 이단과 미신으로 죄악시했다.

기본 교리가 이렇기 때문에 개신교회 건축에 토착화가 나타나지 않은 것은 당연했다. 반면 개인의 기복 신앙이라는 한국의 무속 전통에 가장 철저히 봉사하는 이중성을 보였다. 독재 정권과 야합해서 기독교의 기본 정신을 훼손시키고 하나님의 영광에 먹칠을 한 것도 개신교였는데 이런 행태 역시 넓은 의미의 '무당 기독교'에 해당될 수 있다. 한국 가톨릭이나 불교가 보여준 사회의 정신적 지주 역할 같은 것을 개신교는 하지 못했다. 한국의 전통 문화를 재래 미신으로 치부하여 타파하려 하면서 다른 한편으로는 한국의 부정적 관습을 철저히 좇는 이중성을 보인 것이다.

교리와 생활 문화에서 토착화를 어느 정도 이룬 가톨릭도 교회 건축에서는 토착화가 전혀 없었는데 하물며 가톨릭의 이런 토착화 시도를 이단으로 비판하는 개신교회 건축에서 토착화가 없는 것은 일면 너무 당연한 현상이었다. 이런 배경 아래 우리에게는 낯선 종파인 영국성공회의 교회 건축에서 일정 부분 토착화를 이룬 것은 의외라 할 수 있다. 초창기 대한성공회에서 지은 강화도성공회성당과 서울성공회성당이 대표적 예이다.

강화도성공회성당에서는 한옥과 가톨릭 바실리카 교회 유형을 혼합한 독특한 양식을 창출했다. 기존의 한옥을 구입해서 교회로 사용한 예는 가톨릭과 개신교 모두 있었지만 새로 짓는 건물을 한옥으로 지은 경우는 아주 드물거나 이 건물이 유일한 예였다. 양식적으로 봐서 한옥을 직접 사용하는 것과 한옥 모티브를 사용해서 성당을 짓는 것은 차이가 크다. 한옥을 직접 사용하는 것은 서양 양식을 직접 모방하는 것과 현상만 반대일 뿐 그 뜻은 불일치를 유발하는 점에서 같다. 기독교에 요구되는 최소한의 기능과 맞지 않으며 발생지의 원본 양식이 갖는 최소한의 종교적 상징성과도 편차가 클 수 있다. 더욱이 모든 교회가 한옥을 구입해서 사용할 수는 없기 때문에 향후 파급력이나 연속성 등의 관점에서 봐도 비현실적이다.

반면 한옥 모티브를 서양의 교회 유형과 혼합해서 새 양식을 창출하는 일은 바람직한 현상이며 의미도 크다. 강화도성공회성당의 경우 실내 공간은 로마 기독교의 바실리카 유형을 사용해서 기능적 요구를 잘 만족시켰다. 이 위에 구조 골격과 외관을 한옥으로 짜서 이질감을 줄이고 한국 전통미학과 접목시켰다. 토착화의 좋은 예라 할 수 있다. 더욱이 이것이 디자인의 한 흐름으로 발전하면서 이후 짓는 다른 교회 건물에 계승될 수 있다는 점에서 한국적 교회 건축의 모범적 예라 할 수 있다. 물론 이 건물도 외관만 봐서는 한국 전통 건물을 그대로 복사했기 때문에 또 하나의 무기력한 표절로 볼 수 있으나 실내 구조 골격과 바실리카 공간 유형을 함께 보면 평가는 달라질 수 있다.

외관의 직설적 복사 역시 지금 보면 직설적으로 보일지 모르나 이 건물이 지어지던 19세기 말의 상황에서 보면 일정 부분 타당성을 갖는다. 이후 짓는 교회도 이 건물처럼 한옥을 똑같이 직접 복사할 필요는 없다. 이것을 '서양식 교회 건축과 한국 전통미학의 접목'이라는 디자인 경향이나 기법으로 일반화시켜야 한다. 이에 따라 각 시대에 해당되는 현대화된 전통미학을 반영하면 되는 것이다. 이런 여러 가능성이 있기 때문에 강화도성공회성당은 기존의 한옥을 구입해서 사용하는 것보다 더 바람직한, 가장 이상적인 토착화라 할 수 있다.

서울성공회성당 - 로마네스크 절충주의

영국성공회는 한국에 짓는 성당 건물의 토착화에 관심이 많아서 서울성공회성당에서도 같은 시도를 했다. 외관만 보면 전형적인 서양 전통 양식이나 자세히 보면 부분적으로 한국 전통미학을 섞으려 노력한 흔적을 볼 수 있다. 정식 명칭은 대한성공회 서울교구 주교좌성당이다. 성공회는 영국의 국교로, 종교개혁 이후 1534년에 설립되었으며 영국의 정치 상황과 맞물려 가톨릭과 청교도 사이에 대립이 심해지자 둘을 통합한 교리를 제정하면서 16세기 중반경에 자리 잡았다. 표면적으로 가톨릭을 표방하면서 가톨릭 직제를 유지하지만 로마 교회에서 독립했고 교리적으로는 온건한 칼뱅주의인 양면성을 보인다. 성공회 역시 19세기에 전 세계로 전도를 하게 되는데 싱가포르와 홍콩을 경유하여 1890년 9월 인천을 통해 조선에 들어왔다. 이후 서울을 비롯하여 강화와 인천 등 주로 기호지방에 정착했다.

서울성공회성당도 처음에는 한옥으로 시작했다. 한국의 초대 주교 코프Charies John Corfe가 당시 수학원(왕족과 명문가 자제들을 교육하던 기관) 터에 있던 한옥을 구입해서 '장림성당'을 세웠다. 현 건물은 3대 주교 마크 트롤로프Mark Trollope가 10년간의 구상과 모금으로 1922년에 착공하여, 1926년에 완공시켰다. 설계자는 영국 왕립건축학회 회원이었던 아서 딕슨Arthur Dixon이었다.

외관은 전형적인 절충주의 양식이다. 프랑스, 독일, 이탈리아 3국의 로마네스크 양식을 섞었다.도 9-5, 9-6 라틴 크로스 구성, 화강석 재료, 트랜셉트와 동쪽 외진 성직자 영역에 반원형 채플을 붙인 점 등이 프랑스 로마네스크의 특징이다. 크고 작은 육면체 덩어리를 덧붙여 기하학적 구성을 한 점과 붉은 벽돌을 섞어서 장식 효과를 낸 점은 독일 로마네스크의 특징이다. 캄파닐레로 볼 수 있는 첨탑을 붙인 점은 이탈리아 로마네스크의 특징이다.

실내는 독일 로마네스크의 특징이 두드러지며 비잔틴 성화를 더했다. 다발 기둥 없이 단일 기둥 열을 세운 점, 석조 볼트가 아닌 목조 트러스로 천장 구조를 짠 점, 네이브 월의 창 구성을 삼분법이 아닌 이분법으로 한 점 등이 독일 로마네스크 교회 실내의 대표적인 특징이다.도 9-7 동쪽 성소의 반원형 애프스에는 비잔틴풍의 모자이크 성화를 그렸다. 이상을 종합하면 이 건물의 양식사적 의미는 일단 종합절충형 로마네스크 리바이벌로 볼 수 있다.

9-5 서울성공회성당 동쪽 외진 전경 (위)
9-6 서울성공회성당 서쪽 내진 (아래)

서울성공회성당과 전통미학의 혼용

이것이 전부는 아니어서 부분적으로 한국의 전통미학을 함께 사용했다. 크게 두 방향인데, 하나는 본당의 서양 양식 사이에 부분 요소로 사용한 것이다. 처마 장식, 창살 문양, 스테인드글라스의 오방색, 기와지붕 등은 한국 전통 건축에서 가져온 특징들이다.도 9-8 처마의 길이는 로마네스크 양식을 좇았지만 처마와 만나는 몸통 부분에 처마를 받치는 지지 부재를 장식 요소로 활용해서 붙인 것은 유럽에서는 보기 힘든 처리이다. 한국의 공포 구조에서 빌려온 모티브일 것으로 추측할 수 있다. 천측창은 한옥의 창살로 분할했으며 스테인드글라스에는 오방색에서 가져온 색 무늬를 넣었다. 기와는 로마네스크와 비잔틴 양식에서도 사용하던 지붕 재료이긴 하나 여기에서는 한국의 전통 기와를 사용했다.

9-7 서울성공회성당 실내(위)
9-8 서울성공회성당 한옥 창살(아래)

9-9 서울성공회성당 수녀원

다른 하나는 본당 이외의 주교관과 수녀원을 아예 한옥으로 지은 것이다. 두 건물 모두 한옥과 서양 양식을 혼용했다. 수녀원은 본채는 원본을 거의 그대로 지킨 정통 한옥인 데 반해 문간채를 당시 경성에 새롭게 등장하던 근대 한옥 방식으로 지었다. 도 9-9 본채 평면은 한옥 안채와 같은 'ㅁ'자형으로 짰으며 수녀원의 기능에 적합한 행랑채 구성을 섞어 사용했다. 문도 솟을삼문 형식을 잘 지켰지만 벽돌로 지은 성당 사이에 끼는 바람에 한옥다움을 많이 상실하고 서양 양식과 혼용한 것처럼 보인다. 한국 전통미학을 서양 양식과 섞어 쓰는 기법 가운데 원형 요소를 부분적으로 그대로 가져와 현대 건물 사이에 끼워 넣거나 병렬시키는 방식을 택했다. 일종의 물리적 결합이다.

9-10 서울성공회성당 주교관

주교관은 이와 반대로 한옥 모티브를 서양 현대식과 화학적으로 결합시켰다. 도 9-10 본당의 서쪽으로 좀 떨어져서 두 팔을 벌려 본당을 껴안는 것처럼 길게 늘어진 구성을 했다. 긴 한옥 세 채를 완만한 둔각으로 꺾으면서 이어붙여 마치 병풍을 펼쳐놓은 것 같다. 기와지붕을 얹어서 한옥의 느낌이 강하게 들지만 전통 한옥의 표준 구성은 깨지고 없다. 각 채의 입면과 디테일 등에 한옥 기법과 서양식 건축을 적절히 섞어서 독특한 개성을 표출한다. 자유로운 비대칭 창 구성, 목조 기둥을 거칠게 다듬은 석재 주초가 받치는 구조, 다듬다 만 것 같은 소박한 기단과 댓돌, 기둥과 보가 벽면을 구성 분할하는 처리 등이 한옥의 기법이다. 창틀과 창 나누기 등 창 자체의 구체적 디테일은 서양식이다. 흰색으로 칠해서 더 그렇다. 벽돌 벽체는 기본적으로 서양식이지만 20세기 이후 도심형 한옥에서도 볼 수 있는 장면이다. 가장 한옥다운 특징은 창, 기둥, 보, 벽돌, 주초, 댓돌 등이 어우러져 만들어내는 구성미이다. 끊어보기에 의한 기하학적 미학도 잘 드러난다. 한옥과 서양식 건축이 잘 어울려서 새로운 모습을 만들어낸다. 기둥과 보와 기와를 검은색으로, 서까래 끄트머리와 막새와 창틀을 흰색으로 처리한 모습은 한국의 수묵화나 흑백 저고리를 연상시키기도 하고 신부복이나 수녀복을 연상시키기도 한다. 동서양을 대립 관계가 아닌 어울림의 관계로 표현해내는 여러 형식을 잘 보여준다.

10장

일제강점기 건축에
나타난 동일성

1 :: 동일성의 등장

학교 건축과 교회 건축에 나타난 동일성의 의미

이상이 영미 기독교 건축이 갖는 다양한 건축적 · 역사적 의미였다. 미국 선교사와 영국 기독교는 각각 근대 학교 건축과 교회 건축을 통해 이후 전개되는 한국 현대 건축, 나아가 한국 현대 사회에 영향을 끼쳤다. 지금 우리가 당연한 것으로 사용하고 있는 학교 건물과 교회 건물의 기본 유형이 상당 부분 여기에서 파생된 것이다. 확장하면 두 유형뿐 아니라 아파트와 오피스빌딩을 이루는 기본 미학인 동일성도 일정 부분 여기에서 파생된 것이다.

영미 기독교 건축의 의미는 공과의 양면성이 있다. 서양 양식을 일제의 제국 양식보다 상대적으로 더 인간적인 인문주의 분위기로 받아들인 점은 공이라 할 수 있다. 토착화 시도가 있었던 점도 중요한 공이라 할 수 있다. 물론 일제의 제국 양식에서조차도 최소한의 전통미학 혼용 현상이 발견되기 때문에 영미 기독교 건축에 이것이 나타난 것은 당연하다 할 수 있다. 그러나 영미 기독교 건축에서는 그 정도와 의도성이 상대적으로 더 강한 점에서 중요한 의미를 갖는다.

반면 동일성을 최초로 정착시켰으며 이것을 통해 해방 이후 미국에의 종속과 압축 근대화라는 또 다른 지배 이데올로기를 유발한 출발점이라는 점은 과라 할 수 있다. 그 양상은 학교 건축과 교회 건축이 좀 달랐다. 학교 건축은 일제의 근대적 제국 양식과 일정한 공통점을 공유하면서 함께 영향을 끼친 점에서 물리적 강도가 셌다. 교회 건축은 일제와 상관없이 이들이 전래한 양식에 전적으로 의존하긴 했지만 인간의 영성을 다루는 종교에서 끼친 영향이기 때문에 정신적 강도가 셌다.

표면적으로 아무 상관이 없는 것으로 보이는 학교 건축과 교회 건축이 동일성을 공통 특징으로 내보이면서 둘은 상호 상승작용을 일으키며 이후 한국 현대 건축의 전개 방향에 중요한 영향을 끼치게 된다. 동일성은 당시에는 파급효과가 크지 않았으나 시간의 끈을 현대사까지 늘려 보면 그 폐해는 제국 양식에 못지않은 것이었다. 독재 정권이 압축 근대화의 수단으로 동일성을 기본 논리와 기본 미학으로 갖는 부동산 건축을 선택했을 때 국민들이 이런 낯설고 열악한 건축 환경에 대해 갖던 저항감을 완화시키는 역할을 한 것이 영미 기독교 세력이 일제강점기 때 선보였던 학교 건축과 교회 건축이었을 수 있다.

동일성 한 가지에 극단적으로 의존하는 부동산 건축은 서양에서도 한때 국가적 사업으로 유행한 적이 있었다. 1920년대 독일과 네덜란드가 이런 유행이 집중적으로 나타난 대표적 예이다. 프랑스, 영국, 미국 등도 특정 시기에 집중되지는 않았지만 근대화로 넘어오는 길목에서 부동산 건축을 일정 부분 경험할 수밖에 없었던 것은 당연한 현상이었다. 이런 서구 선진국에서는 부동산 건축이 강요하는 동일성의 삭막함과 저질 환경에 대한 저항이 초창기부터 상당히 심하게 일어나서 부동산 건축은 오래가지 못하고 국가경제에서 차지하는 비중이 크게 축소되었다.

우리에게는 이런 자정 작용이 없이 지금 이 시점까지 국가경제가 부동산 투기에 전적으로 의존하는 부정적 현상이 지속되고 있다. 부동산 문제는 대통령의 당락에까지 결정적 영향을 끼치는 요소가 되었다. 사회, 경제, 정치, 문화, 건축 등 여러 측면에서 이 정도의 극단적 현상이 일어난다면 거기에는 반드시 뿌리가 되는 배경이 있게 마련이다. 단순히 '근대화에 늦어서 이를 만회하기 위해 근대화에 매진하기 위해서'라거나 '오천 년의 가난에서 벗어나기 위해서'라는 이유만으로는 부족하다.

이것은 표면적 진단일 뿐이다. 근대화에 매진하고 가난에서 벗어나는 수단과 방향을 하필 부동산 건축으로 잡은 데는 역사적 배경이 있게 마련이다. 지구상의 다른 많은 선진국들도 처음에 부동산 건축을 근대화의 수단으로 잡았다가 곧 국민적 거부와 저항에 부딪혀 포기한 것을 보면 더 그렇다. 인간의 본능과 본성으로 볼 때 극단화된 동일화가 강요하는 이렇게 삭막하고 불편한 조형 환경에 대해서는 저항과 반발을 하는 것이 지구 보편적 현상이다. 유독 우리만 전 국민이 수십 년을 부동산 투기에 중독된 채 그 폐해에 시달리는 데는 뭔가 근원적인 이유가 있게 마련이다. 지구 보편적 당연함마저 무력하게 만드는 강력한 이유가 있다는 뜻이다. 영미 기독교 세력이 일제강점기 때 한반도에 이식한 서양식 학교 건축과 종교 건축이 그것일 수 있다.

학교 건축과 교회 건축의 파급력

물론 동일성이 영미 기독교 건축에만 나타난 것은 아니었고 근대적 제국 양식에도 함께 나타났지만 해방 이후 현대사에 끼친 영향은 영미 기독교 건축이 더 크다 할 수 있다. 동일성이 근대적 제국 양식에 나타난 것과 영미 기독교 건축(근대 학교 건축을 포함한)에 나타난 것은 의미와 그 무게가 다르기 때문이다. 제국 양식은 지배 이데올로기를 강하게 드러내야 했기 때문에 동일한 창을 일렬로 배열한 것은 일면 당연했다. 사람들도 당연한 것으로 받아들인다. 제국 양식의 창이 중구난방 자유로우면 오히려 이상할 수 있다. 일제가 패망하고 제국 양식이 물러가면서 제국 양식에 담겨 있던 동일성의 기억은 빠르게 지워지게 된다.

교회 건축이나 학교 건축은 다르다. 내거는 이상과 목적이 다르기 때문이다. 종교와 교육도 실제 내막은 정치나 군사 못지않게, 어떤 면에서는 더 심하게 이데올로기를 수반하지만 적어도 표면적으로는 사랑과 봉사와 헌신을 내걸며 인간 개개인의 인격을 존중한다. 전파 방식도 마찬가지이다. 종교와 교육은 자신들의 이상과 목적을 정치와 군사처럼 물리적 강요가 아닌 인문주의로 전파하기 때문에 그 영향과 파급효과는 역설적으로 더 클 수 있다. 한마디로 성직자와 선생님의 말씀이기 때문에 영향이 더 클 수 있다. 성직자와 선생님의 말이 정치인이나 군인보다 더 무겁고 영향력이 큰 것은 당연하다.

학교 건축은 학생을 통제해야 하는 기능적 목적이 있기 때문에 동일성을 허용할 수 있는 폭이 상대적으로 더 크다. 교회 건축은 좀더 엄격한 잣대로 평가해야 한다. 종교적 영향은 그대로 사회적 영향으로 직결되기 때문에 교회 건축에 순수한 종교적 의미 이외에 사회적으로 확대 해석될 수 있는 연계 주제들이 들어 있다면 그 파급력은 일반 건물에 비해 훨씬 클 수밖에 없다.

종교 건물이기 때문이다. 종교 건물에 나타난 건축적 특징은 단순한 조형적 영향으로 머물지 않는다. 종교 건물이기 때문에 그 영향은 가치관 같은 정신적 · 사회적 차원에까지 미친다. 사람들은 종교에 대해서 영적 · 정신적 지도자 역할을 의탁하기 때문에 종교가 전달하는 메시지는 의심 없이 받아들이게 된다. 따라서 교회 건축에 사회적으로 전용될 수 있는 특정 특징이 나타난다면 사람들은 그 특징을 개신교가 허락한 것으로 받아들인다. 그 특징은 하나의 가치로 굳어지면서 사회에 뿌리내리고 퍼져나간다.

구세군 중앙회관에 나타난 동일성이 대표적 내용이다. 동일성은 건축미학일 뿐 아니라 압축 근대화, 물질문명, 물질화 등과 연계된 사회적 주제이기도 하다. 비대칭을 기본 특징으로 갖는 전통미학에서 동일성의 미학으로 변화하는 과정에서 사람들은 거부감과 이질감을 느끼게 되는데 교회 건축에서 봤던 동일성의 미학은 이것을 누그러뜨리는 데 큰 역할을 한다. 근대 학교 건축에 나타난 동일성마저 합해지면 이제 동일성은 이질적으로 느껴야 할 낯선 서양미학이 아니라 하루라도 빨리 받아들여야 할 근대적 선진화의 상징으로 둔갑하게 된다.

2 :: 동일성의 의미 및 폐해

영미 기독교 세력의 영향력

여기에 두 가지 사회 · 정치적 상황이 가세하면 동일성은 절대 선으로까지 상승한다. 하나는 일제에 대한 대안적 외세로서 영미 기독교 세력에 대해 가졌던 기대와 희망이며, 다른 하나는 뒤늦은 근대화를 만회하기 위해서는 수단과 방법을 가리지 말아야 한다는 초조함이다. 이 두 상황이 더해지면서 우리의 비대칭 전통미학은 전근대적인 것으로 비판받으며 동일성의 미학으로 대체되어야 할 후진적 재래 요소로 전락한다.

이 두 상황은 한국 현대사를 관통하면서 같은 것이 되어버린다. 식민 지배를 받던 힘든 시기에 한국 국민은 일제를 대체하는 개념으로 영미 기독교에 대해서 호감과 고마움을 가졌다. 이들은 교육, 의료, 자선 등의 구호 사업을 겸했기 때문에 식민 지배에 지쳐 있던 한국 사회에 긍정적 영향력이 컸다. 이런 종교적 구세주는 해방 후 정치적 구세주 개념으로 확장된다. 미군정을 거치고 한국전쟁 때 미국과 연합국의 도움으로 적화통일 직전에 구사일생으로 나라를 건져낸 역사의 진행과 맞물리면서 더욱 공고해진다. '영미가 중심이 된 서양이 우리의 구세주'라는 인식은 우리 사회에 하나의 신앙으로 자리 잡게 된다.

정치적 구세주는 압축 근대화 때에는 경제적 구세주로 다시 한 번 확장된다. 지각 근대화를 만회하기 위해 시작한 압축 근대화 때 모델로 삼은 것은 미국의 산업자본주의였다. 이후 현재까지 가속화된 미국 의존 현상은 더 설명이 필요 없을 정도인데 미국에 대한 의존도가 이렇게 심해진 데는 앞과 같은 종교적·정치적 구세주의 근과거가 있었기 때문이다. 이처럼 세 겹의 구세주가 우리를 도와주며 지었던 건물이 동일성의 가치를 권유하고 가르치고 있었기에 압축 근대화 때 아무 거부감 없이 부동산 건축을 핵심 분야로 선택하게 된 것이다.

물론 이런 부정적 현상이 전부는 아니다. 앞에서 살펴본 것처럼 미국 선교사의 근대 학교 건축과 영국 기독교의 교회 건축이 종교와 교육의 기본 이념과 사명에 충실했던 것은 사실이다. 지배 이데올로기를 피하려 애썼으며 한국 전통미학도 부분적으로 섞어서 한국인을 위한 건축으로 토착화, 동화시키려 노력한 흔적을 찾을 수 있다. 정동제일교회와 구세군 중앙회관 등 교회 건축에 국한시켜 보면 섬세하게 받아들여 발전시켰으면 좋았을 모범적 선례의 내용도 있다. '검소함의 미학'이다.

두 건물 모두 가톨릭 건축의 과도한 장식 사용에 반대하는 편에 서기 때문에 검소함의 미학을 중요한 목표로 표방했다. 구세군 중앙회관의 단순한 구성은 종교적으로 중요한 의미를 갖는데, '헛간'을 선례 모델로 삼은 데서 기인한다는 점이다. '헛간'은 종교개혁 이후 청교도 쪽에서 독립적 교회 건축 양식을 하루아침에 창출하지는 못하는 대신 자신들 교회 건축의 큰 방향을 제시하기 위해 사용한 건물 개념이다. 중세 말 가톨릭의 타락과 화려한 교회 건축을 같은 것으로 보며 그 대안의 방향을 제시한 것이다.

정동제일교회에서는 실내에 사용한 각목 구조가 좋은 예이다. 실내의 전체 구성은 가톨릭의 바실리카 유형을 좇아 3랑식으로 구획하고 있지만 신도석과 양옆 회랑을 구획하는 구조를 가장 간단한 각목만을 이용해서 짜고 있다. 구세군 중앙회관에서 사용했던 '헛간'의 이미지와 같은 맥락이다. 아치도 마찬가지이다. 19세기 영국 빅토리안 고딕으로 지었기 때문에 가톨릭 양식 어휘인 아치를 사용하고 있긴 하지만 단순화시켜 공예미학으로 풀어내려는 시도를 엿볼 수 있다.

영미 기독교 건축과 동일성

두 건물에 나타난 이런 '검소함의 미학'은 눈에 크게 드러나지 않고 뒤에 숨은 특징이기 때문에 섬세하게 관찰하지 않으면 찾아내기 힘든 특징들이다. 그럼에도 향후 한국 현대 건축이 서양 양식을 받아들여 발전시켜 나가는 방향의 핵심에 섰어야 할 가치들이었다. 한국의 자연관, 재료미학, 공예미학 등 전통미학과 공존할 가능성이 높은 특징들이며 이는 곧 전통미학과 어울려 토착화된 제3의 양식으로 탄생할 씨앗이 될 요소였다는 뜻이다. 하지만 우리가 취한 방향은 그 반대였다. '검소함의 미학'을 동일성의 하부 요소로 받아들여 동일성만을 절대선으로 좇는 잘못된 방향에 타당성을 주는 근거로 사용하게 된다.

이들 건축의 특징을 이렇게 받아들이면서 영미 기독교 건축은 근대적 제국 양식과 함께 1920~1930년대 동일화를 이끈 대표 주자가 되었다. 이 시기 서울의 서양 건축은 역사주의 제국 양식, 근대적 제국 양식, 영미 기독교 건축의 세 흐름으로 나뉘지는데 뒤의 둘이 동일성을 이끈 것이다. 근대적 제국 양식과 영미 기독교 건축의 동일성에는 차이도 있는데 후자에서 더 강하게 나타났다. 근대적 제국 양식에서는 창의 동일 반복이 덩어리의 겹침과 변화, 수직 첨탑, 정사각형 격자 문양, 거대 기둥, 출입구 형식화 등 자극이 강한 다른 조형 요소나 건축 기법과 함께 사용되며 나타났기 때문에 동일성의 효과가 상대적으로 작았다. 앞에서 얘기한 제국 양식의 당연성과 함께 생각하면 더 그렇다.

반면 영미 기독교 건축의 동일성은 이보다 더 명확하게, 그리고 더 발전한 모습으로 나타났다. 미국 선교사의 근대 학교 건축이 더 심했다. 순수 조형적 차원에서 보면 스팀슨관과 파이퍼홀은 상대적으로 동일성을 약화시키는 처리를 더하긴 했지만 이것은 이 건물 자체에 국한된 것이고 역사주의 제국 양식이나 근대적 제국 양식과 상대적 비교를 해보면 동일성을 더 강하게 드러낸다. 언더우드관과 아펜젤러관에서는 동일성을 훨씬 강조했다. 언더우드관은 건물의 규모, 인상, 기법 등에 제국 양식의 특징이 나타났기 때문에 수직 창을 네 개씩 묶은 처리는 동일성을 약화시키지 못하고 오히려 '네 개의 반복'을 드러내는 쪽으로 읽힌다.

아펜젤러관은 동일성이 제일 발달한 건물이다. 묶음 단위로 끊어지지 않고 정면과 측면에 각각 15개와 7개의 수직 창이 나란히 늘어선 모습은 철근 콘크리트 구조를 전면에 드러낸 국제주의 양식이나 산업화된 부동산 건축에 거의 근접한 동일성을 보여준다. 철근 콘크리트 구조는 표준화 여부에 따라 공사비 차이가 크기 때문에 격자 구도와 동일한 창의 반복 같은 동일성을 강하게 수반할 수밖에 없다. 아펜젤러관은 외장을 석재로 마감했지만 이미 건물의 기본 구도에서 철근 콘크리트의 표준화 논리를 반영하기 시작하면서 동일성을 발전시켰다.

구세군 중앙회관은 이보다 덜하지만 청교도 양식의 검소한 특징 속에 동일성이 함께 나타난다. 벽돌을 장식 쌓기 없이 구조 조적으로만 사용했는데, 완전 동일성에는 이르지 못하고 측면을 쌓은 단 셋에 마구리를 쌓은 단 하나를 섞었다. 마구리단이 장식 효과를 내는 정도이다. 연세대학교와 이화여자대학교의 근대 학교 건축에 사용한 돌쌓기와 비교하면 동일성이 많이 진척된 것이다. 강당의 목조 트러스도 마찬가지이다. 앞에서 살펴본 바와 같이 이 건물의 목조 트러스는 나무나 목구조와 관련해서 동일성을 드러낸 경우이다. 섬세한 공예미학으로 접근하던 전통미학을 밀어내고 구조 효율을 위해 동일성으로 그 자리를 채운 것이다.

창에서도 동일성이 나타났다. 창을 통해 동일성을 결정하는 기준은 반복과 형태의 단순성 두 가지인데 미국 선교사의 근대 학교 건축에서는 반복이 발전한 반면 형태의 단순성은 상대적으로 약했다. 그럼에도 반복의 특징이 강해서 동일성을 느끼기에 충분하다. 특히 여러 개의 창이 중간 사이에 벽체를 갖지 않고 일렬로 늘어선 모습은 오피스빌딩의 동일성을 예견한 장면이다. 이런 창이 이 건물들에서 최초로 나타났다고 할 수는 없으나 당시 사회적 파급력이 컸던 신교육 기관인 연세대학교와 이화여자대학교라는 큰 조직의 여러 채의 건물에서 비슷한 창 구성이 집단적, 반복적으로 나타난 점은 의미가 컸다.

구세군 중앙회관은 이와 반대 방향으로 동일성을 드러낸다. 창 사이의 벽체 면적이 넓어서 반복은 나타나지 않고 있으나 창을 가장 단순 간결한 형태로 처리해서 동일성을 표현했다. 창을 묶음 단위로 구획하거나 창 구성에 기하학적 조형미를 주는 등의 형태 처리를 극도로 자제한 것이다. 창을 통해 실내 생활의 리얼리즘과 현실사의 임의성을 반영하기 위해 정밀하게 비대칭을 구사하던 전통미학을 하루아침에 밀어내고 같은 크기와 같은 모습으로 무기력하게 반복하고 있는 큰 창은 향후 온 국토를 뒤덮는 아파트 건축을 미리 보는 것 같다.

한국 현대사에 끼친 동일성의 폐해

물론 동일성이 반드시 나쁜 것은 아니다. 그러나 한국의 전통적 국민 정서와 건축미학이 비대칭임을 볼 때 동일성은 이와 반대되는 대칭이 극단화된 것이기 때문에 '좋다 나쁘다'를 떠나서 한국인의 감성과 맞지 않는 측면이 강하다. 해방 이후 한국 현대사에 나타난 실제 현상도 동일성의 폐해를 보여주는 귀납적 증거일 수 있다. 현재 한국 사회가 정신적 불안을 나타내는 각종 지표에서 세계 1위권에 있다는 현상이 좋은 증거이다. 이에 대한 이유는 여러 가지일 수 있는데 조형 환경이나 건축 환경이 우리의 본성이나 국민성과 너무 갑작스럽게 달라진 점도 결코 간과할 수 없는 중요한 원인이다.

건축을 기준으로 했을 때 동일성이 가장 심하게 나타난 건물 유형은 오피스빌딩, 아파트, 학교의 셋이다. 동일한 창의 반복 및 이에 해당되는 실내 구성인 일직선 복도와 가지런한 방이 공통점이다. 세 유형은 모두 한국 현대사의 어두운 사회적 현상에 대응된다. 오피스빌딩은 산업화된 현대 사회에 당연하게 나타나는 유형이기 때문에 그 자체로는 당연히 필요한 건물 유형이다. 그러나 정도의 문제는 여전히 남는다. 미국식 자본주의나 미국 경제에 대한 종속을 심화시키는 통로 역할을 하고 있기 때문이다. IMF 사태나 국제 금융위기 이후 종속 현상은 더욱 심해져서 건축 활동을 대단위 개발사업 한 방향으로 편중시키는 주범이다. 심지어 주상복합이라는 기괴한 편법을 통해 주거 건축까지 오피스빌딩이 장악하는 상황이 벌어졌다.

아파트는 더 설명이 필요 없을 정도로 독재 정권에 의한 압축 근대화를 이끈 부동산 건축의 총아이자 대표 선수이다. 이제 사회는 독재 시대가 끝나고 민주화가 많이 진척되었지만 온 국민은 독재 시대의 잔재인 아파트 투기의 악성 전염병에 걸려 신음하고 있다. 아파트 투기는 물질 만능주의의 폐해를 남긴 주범인데 이것이 사람이 사는 집을 통해 자행된 데 문제의 심각성이 있다. 물론 아파트는 대도시 밀집 지역에 필요한 주거 형식으로 그 자체는 문제가 되지 않는다. 이것 역시 '정도의 문제'이다. 세계 어디를 봐도 새로 짓는 집의 99%, 국가 전체의 주거 양식 가운데 70%를 아파트가 차지하는 나라는 없다.

학교는 의외로 영원히 변하지 않는 권력의 추악한 모습을 적나라하게 보여주는 건물 유형이다. 조선 시대 유교 문명에서부터 권력의 핵심축을 이루던 교육이 근대 사회로 진입했음에도 권력적 · 지배적 속성을 조금도 버리지 못하고 자본주의와 결합해 더욱 추악해진 모습으로 공고해지고 있다. 사교육 열풍이 단적인 예이다. 권력을 대물림해서 지배 구조를 공고히 하겠다는 것이며 이것을 자본주의의 돈의 논리와 결부시키면서 최악의 상황을 맞고 있다. 유교의 공과 가운데 공을 놓치고 과만 이어받아 극단화시킨 경우이다.

모더니티 프로젝트에는 교육을 둘러싼 부정적 관습인 권력 속성을 타파하고 교육을 평등 실현을 위한 공공 분야로 바꾸는 작업이 핵심을 차지하고 있다. 우리는 우리 스스로에 대해 압축 근대화를 통해 세계에서 유래를 찾기 힘든 근대화의 모범적 예를 이룬 것으로 자평하고 있지만 이것은 하드웨어에서만 그럴 뿐 교육의 기본 개념 같은 소프트웨어에서는 오히려 조선 시대보다 더 후퇴한 원시적 상태로 후진하고 있다. 현재 우리 주변에 수없이 서 있는 학교 건물에 나타난 극단적 동일성은 교육을 둘러싸고 우리 사회에 만연해 있는 각종 부정적 현상을 가감 없이 그대로 반영하는 장면이다.

오피스빌딩과 아파트의 동일성은 외세에 의해 강요된 건축 형식인 반면 학교의 동일성은 우리 스스로 우리의 부정적 전통을 개선, 청산하지 못하고 자본주의와 결합시켜 더 일그러진 모습으로 악화시킨 경우이다. 어쨌든 셋을 합하면 한국의 압축 근대화에 드리운 어두운 그늘인 미국식 물질문명의 폐해를 보여주는 건축적 증거가 되는 것이다.

11 장

일제강점기 민족 건축과 장소 건축의 가능성

1 :: 조계사와 현대 도시에서 종교 공간의 역할

민족 건축의 의미

민족 건축은 일제강점기의 탄압 아래에서 민족 세력이 주체가 되어 최소한의 한국적 정체성을 지킨 건축 경향을 이른다. 그 방향은 건축 주체와 건축 양식의 두 방향으로 생각할 수 있다. 두 경우 모두 일제의 식민 통치와 반대편에 서며 이 과정에서 일정 부분 항거의 의미도 찾을 수 있기 때문에 민족 건축이라는 명칭을 붙일 수 있다. 일제는 내선일체의 식민 정책을 강요하기 위해 문화예술의 여러 분야를 활용했다. 건축은 문학, 종교, 미술처럼 직접적으로 친일 부역을 강요당한 분야는 아니었지만 제국 양식으로 지은 여러 건물들을 통해 알 수 있듯이 건축은 식민 지배 이데올로기를 과시하는 핵심 분야였다.

건축은 스케일이 크고 가로를 점령하며 서 있어서 공공 성격이 강한 것을 볼 때 더 그렇다. 대형 공공건물은 일제 자신들이 직접 지을 수 있었기 때문에 건축에 친일 부역을 강요한 정도가 약했을 수도 있다. 이런 상황에서 조선인이 건축 주체가 되어 일제에 맞설 만한 대형 조직을 설립하고 그것을 위한 건물을 지은 경우는 비록 그곳에서 직접 독립운동이 벌어지지 않았다 하더라도 조선 사회 전체에 끼친 영향은 적지 않았을 것이다. 여기에 더해 그런 건물을 한국 전통 양식으로 지었거나 부분적으로나마 전통미학이 드러났다면 금상첨화일 것이다.

특히 대형 공공건물의 경우 그 의미는 적지 않은 것이었다. 거의 모든 주요 공공건물이 제국 양식으로 지어지고 이것이 아래로 흘러 일반 시민들의 일상생활까지 조금씩 일본식으로 바뀌어가던 상황에서 역으로 대형 공공건물에 민족 건축이라 부를 수 있는 현상이 나타난 것은 큰 의미를 갖는 일이었다. 3.1운동 이후 일제의 식민 통치는 강온 양면으로 조선 사회를 더욱 옥죄어 오고 이 과정에서 조선인들이 믿고 의지했던 많은 문화예술인들이 일제를 찬양하는 쪽으로 변절하고 있을 때 나타난 현상이라 더욱 그랬다.

건축 주체와 건축 양식의 두 기준은 서로 일정한 연관성을 갖는데 둘을 함께 묶어서 생각하면 민족 건축은 다음의 세 가지로 분류할 수 있다. 첫째, 조선인이 주체가 되어 지은 건물이면서 건축 양식도 전통미학인 경우로 가장 이상적인 민족 건축이다. 조계사가 대표적인 예이다. 둘째, 가장 많은 경우는 조선인이 주체이면서 서양 건축이나 일제의 제국 양식의 영향을 받은 건물이다. 이 경우는 건축 주체의 종류에 따라 민족 종교와 민족 사학으로 한 번 더 나눌 수 있다. 민족 종교가 지은 건물은 천도교 중앙대교당이, 민족 사학이 지은 건물은 고려대학교와 중앙고등학교가 각각 대표적 예이다. 셋째, 조금 특수한 경우로 근대 한옥이다. 이 경우는 한옥이라는 전통 주거 형식을 통째로 사용한 점에서 일제강점기 때 전통 건축의 맥을 잇는 중요한 예에 해당되긴 하나 구체적 내용을 보면 일본식 주택의 특징이 일부 흘러들어가는 등 논란의 소지가 남아 있다.

조계사와 명동성당

조계사는 종교적으로나 건축적으로나 일제강점기 아래에서 조선인들에게 한 줄기 희망의 빛이었다. 설립 주체부터 그렇다. 대표적인 항일 인사이자 조선인의 정신적 지주였던 만해 한용운이 건축을 주도했으며 박한영 등 한국 현대사의 주요 인물들이 함께했다. 1937년에 지어서 오래된 건물은 아니나 전통 양식을 그대로 사용했다. 조계종의 본산이지만 정읍의 신흥 종교였던 보천교普天教의 법당인 십일전十一殿을 옮겨 세운 것이다. 일제강점기 동안 거의 끊기다시피 한 전통 건축의 맥을 이은 점에서 중요성이 크며 특히 민족 신흥 종교의 건물을 그대로 옮겨 사용한 점에서 일제에 대한 항거로서의 의미도 함께 갖는다.

일제강점기 때 민족 건축의 대표적 예로 형성된 조계사의 이런 의미는 한국 현대사로 이어진다. 불교도 기독교와 마찬가지로 일제강점기 동안 적지 않은 친일 부역을 했는데 조계사에서는 해방 후 이것을 청산하는 작업이 진행되었다. 1945년 9월 이곳에서 전국승려대회를 개최하여 일제강점기에 만들어진 〈사찰령寺刹令〉을 폐지하고 새로운 교헌教憲을 제정했으며, 1954년 〈사찰정화담화문〉의 발표를 계기로 불교정화운동을 벌이기도 한 중심지이다.

근대화 시기 동안에는 사회·정치적으로 전면에 나서지 않고 종교 본연의 의무에 머물며 도심 속 안식처로서 역할을 해왔다. 불교는 한국 현대사에서 상대적으로 사회 참여를 자제하는 행보를 보여왔다. 기독교가 민주화운동에 참여한 가톨릭과 독재 정권에 부역한 개신교로 나뉘어 갈등하며 분열된 것과 달리 불교는 상대적으로 사회에 간여를 자제해온 편이었다. 조계사는 그 대신 복잡한 서울 한복판에 최소한의 정신적 안식처로서의 위치를 지켜오고 있다.도 11-1 명동성당도 같은 역할을 하고 있

11-1 조계사 지붕과 현대식 건물

는데 두 장소는 물질적으로 급속하게 팽창해가는 서울 도심 한복판에서 물욕에 찌들고 세파에 지친 서울 시민들에게 정신적 위안을 주는 종교적 공간으로서의 본연의 의무를 충실히 지켜오고 있다.

건축 공간에 나타난 이런 현상은 한국 현대 사회에서 3대 종교가 보여준 행태 및 이를 통해 형성된 이미지와 그대로 직결된다. 모든 종교는 내부적으로 자세히 들여다보면 부패와 부조리가 있을 수밖에 없지만 그럼에도 긍정적 순기능을 얼마나 갖느냐에 따라 사회적 존경과 신뢰를 받게 된다. 이는 종교의 기본 의무이자 존재 이유이기도 하다. 불교는 수많은 부패 스캔들에도 불구하고 독재 정권과 일정한 거리를 유지하며 성철 스님이나 법정 스님 등 정신적 지도자를 배출하면서 긍정적 순기능을 유지해왔다.

가톨릭은 종교 조직의 특성상 3대 종교 가운데 내부 부패가 제일 적어서 국민들에게 가장 깨끗한 이미지를 보여준다. 여기에 더해 김수환 추기경과 정의구현사제단이 실천한 사회적 약자 돌보기와 민주화운동은 한국 사회에 밝은 빛을 비추는 등불의 역할을 해왔다. 조계사와 명동성당이 갖는 건축적 상징성은 두 종교의 이런 사회적·종교적 이미지와 바로 직결된다.

조계사와 종교 건축의 의무

개신교는 이런 것이 없다. 개신교도 사회 기부나 민주화 참여 등에서 뒤지지 않는 활동을 펼쳐왔지만 부정적 이미지가 더 강하다. 개신교의 종교 지도자들은 모두 대형 교회 목사로 독재 정권에 아첨하고 부역해왔으며 수많은 고소 고발 사건에 연루되고 심지어 감옥소를 드나드는 등 부패와 비리의 온상으로 비치고 있다. 그 내용도 다양해서 예산 전용, 금전 문제, 성폭행, 성 스캔들, 교회 세습 등 일반 사회에서 벌어지는 최악의 범죄와 동일하다. 개신교에는 불교의 성철 스님이나 가톨릭의 김수환 추기경 같은 정신적 지도자가 없다. 이들이 존경받는 범위는 철저하게 대형 교회 내부에 한정되어 있다. 대형 교회에서 한 발만 밖으로 나오면 일반 국민들에게 이들은 부패한 지도층의 한 종류일 뿐이다.

개신교회 건축은 개신교 자체의 이런 부정적 현상을 고스란히 반영한다. 개신교에는 조계사나 명동성당처럼 아무 때나 가서 공원처럼 편히 쉬면서 마음을 추스를 수 있는 곳이 없다. 순전히 물리적 특성으로만 보면 정동제일교회는 이런 가능성이 매우 높은 공간이다. 정동이라는 장소도 이런 가능성을 높여주는 유리한 조건이다. '덕수궁 돌담길'을 위시해서 서울에서 개화기 때 가로 풍경을 비교적 잘 간직한 이국적 장소이며 문화, 교육 시설들이 밀집해 있는 곳이라 늘 사람들의 발걸음이 잦다. 하지만 정동제일교회는 늘 텅 비어 있다. 개신교 자체의 이미지가 나쁘기 때문에 건축 공간까지 같은 취급을 받아 사람들이 발걸음을 피하는 것이다. 교회 쪽에서도 자신들의 교회가 일반인을 위해 편한 휴식의 장소가 되는 것에 관심이 없어 보인다. 직접 만나서 얘기해보면 예의바르고 친절하지만 적어도 표면적으로 이들의 관심은 '하나님과의 직접적 신앙'에만 쏠려 있지 사회를 향한 어울림에는 관심이 없어 보인다.

제일 가능성이 높은 곳이 이럴진대 다른 교회들은 이런 이미지가 더 강하다. 개신교회는 전반적으로 담벽이 매우 높은 그들만의 폐쇄적 공간으로 비친다. 이는 개신교회 내부의 의견을 들어봐도 마찬가지이다. 교회를 개방해봤자 화장실만 더럽혀질 뿐이라며 교회 건물의 문을 걸어 잠근다. 길을 가다가 기도라도 하려고 개신교회에 발을 들이면 당장 뭐하는 사람이냐, 뭣 때문에 왔냐며 눈을 부라리며 범죄자 취급하듯 따지고 든다.

건축을 둘러싼 이런 이미지는 개신교의 교세 쇠퇴와 그대로 직결된다. 개신교는 압축 근대화 때 기복 신앙을 내걸며 사람들의 물욕을 자극하는 방식을 통해 교세를 폭발적으로 확장해왔다. 이는 물론 기독교의 참뜻에 어긋나는 큰 죄악인데, 개신교회 건물이 사회에 대해서 갖는 차별적 태도와 반대로 사회가 개신교회에 대해서 갖는 부정적 이미지는 모두 이것의 산물이다. 이제 사람들은 한국 개신교가 내건 구호의 위험성과 개신교 지도자의 부도덕성을 꿰뚫어보고 개신교를 떠나고 있다.

건축은 이런 현상의 한가운데에 있다. 건물을 사회에 개방하고 사회와 나눌 마음의 준비가 안 되어 있는 종교는 개인 욕심을 탐하는 일반 사회와 다를 것이 없다. 종교 공간은 내 편 네 편 구별 없이 온 사회를 향해 정신적 안식처로서의 역할을 해야 한다. 조계사가 갖는 건축적 의미는 개신교회 건축에 철저하게 결여된 이런 종교적 순기능을 뒤집어 생각하면 된다. 이런 상황에서 '하나님을 향한 나의 믿음만이 유일한 관건이며 오직 하나님만이 모든 판단을 하신다'라거나 '우리는 하나님과 직거래만 한다'는 등 개신교의 문구는 깊은 신앙심을 나타낸다기보다는 세속 욕심을 좇으며 기독교의 참뜻을 거스른 자신들의 부패한 행태에 대한 자기합리화에 가깝게 들린다. 개신교는 다른 어떤 종교보다 사회적 욕심에 집착해왔으며 '하나님과 가장 멀리 떨어져 사회와 직거래'를 해온 종교였다. 이제 그 방향이 크게 잘못되어 사회가 등을 돌리자 이를 합리화하기 위해 말 바꾸기를 하고 있다.

이처럼 조계사의 건축적 의미는 일제강점기 때 민족 건축에서 시작해서 현대 도시에서 종교 공간의 역할 문제까지 확장될 수 있다. 조계사 경내는 넓은 면적은 아니나 이런 역할을 잘 수행하고 있다. 조계사 대웅전은 우리나라 사찰의 대웅전 가운데 제일 규모가 큰데 이런 규모의 미학은 넓지 않은 경내 면적을 갖는 도심 종교 공간에 오히려 잘 어울리는 측면이 있다. 그만큼 중심성이 강하다는 뜻인데 이는 번잡한 현대 도시 속에서 마음 붙일 곳을 찾는 사람들에게 도움이 될 수 있다.도 11-2

조계사 대웅전은 친절한 거인처럼 중심을 잡고 서서 경내를 정신적 안식처로 만들어준다. 주변 마당이 아담하면서도 건물 크기에 위압당하지 않는 적절한 규모를 유지하는 점도 중요하다. 대웅전 앞에 서 있는 450년 된 아름다운 회화나무가 중화작용을 한다. 나무는 여기서 그치지

11-2 조계사 일주문

11-3 조계사 대웅전(위)
11-4 조계사 대웅전 꽃살(아래)

않고, 대웅전 문살에 꽃과 나무를 새겨 이어진다.[도 11-3, 11-4] 이런 특징들이 어우러지면서 조계사는 대웅전을 중심으로 도심 속 종교 공간으로서 역할을 잘해내고 있다. 반드시 불자가 아니더라도 오가며 편히 쉬어갈 수 있는 공원 역할까지 한다. 친절하게도 마당 여기저기 앉아 쉴 만한 곳을 많이 만들어놓았다. 자판기에서 차 한 잔 뽑아 독경 소리 듣고 향 냄새 맡으며 회화나무를 감상하는 것만으로도 지친 도시 생활에서 소중한 휴식이 될 수 있다.

2 :: 민족 건축과 장소 건축의 가능성

장소 건축으로 발전할 가능성이 높은 민족 건축

물론 조계사가 절대 선은 아니다. 우리는 조계종 수장 자리를 놓고 조계사 경내에서 폭력배까지 동원하며 승려들끼리 난투극을 벌였던 것을 기억하고 있다. 건축에 국한시켜 봐도 일제강점기 때 경성 시내에 전통 건축의 맥을 이은 점에서는 중요성이 크지만 이것이 하나의 흐름이나 건축 양식을 형성하는 데까지 확장, 발전하지 못한 것을 볼 때 지나치게 미화하는 것은 경계해야 한다. 일제강점기 때 서양식 건설회사가 등장하면서 도편수나 목수 등 전통 장인은 직업을 유지하지 못하고 대부분 자연 소멸되는데 조계사는 여기에 대항하는 상징적 의미 이상은 갖지 못한다.

조계사의 의미는 앞에서 살펴본 것처럼 현대까지 시간의 끈을 늘려 도심 속 종교 공간의 역할과 연계할 때 제일 커진다. 이것을 건축적으로 해석하면 장소 건축이 된다. 앞에서 개화기 자주 양식 편에 나왔던 주제가 연속되는 것으로 볼 수 있다. 포스트모더니즘 이후 등장한 도시 건축의 새로운 경향이다. 대형 공공건물은 전통적으로 주변의 도시 공간과 어울리면서 장소로 존재해왔다. 건물이 주인이 되어 자신만의 영역을 거느리기도 하고 다른 건물과 협력해서 큰 영역을 형성하기도 한다. 이렇게 형성된 영역에서 도시민들이 오랜 기간 다양한 도시 생활을 영위하고 사건과 기억이 쌓이면서 도시의 역사를 상징하는 장소로 발전한다.

모더니즘 동안 건물이 단독 오브제로 정의되면서 건축의 장소 형성 기능이 사라지고 단독 고층 건물 중심의 현대 도시로 재편된다. 포스트 모더니즘 이후에는 이런 도시 구조가 갖는 삭막함을 치유하려는 새로운 도시 건축이 등장했다. 대형 공공건물 주변에 새로운 광장을 만드는 등 장소 건축을 되살리는 방향이 큰 흐름을 이룬다. 서울도 구도심을 중심으로 이런 흐름에 동참하고 있지만 과밀, 부동산 중심의 도시 정책, 부지 부족 등으로 어려움도 적지 않다.

최근에 서울시청 광장, 청계천 복원, 광화문 광장 등이 새로 탄생했는데 이곳들은 그 자체로는 더없이 소중한 도심 시민 공간임에 틀림없으나 엄밀한 의미의 장소 건축과는 거리가 있다. 이곳들은 '장소'는 될지언정 아직 '장소 건축'이 될 수는 없다. 장소 건축에서는 시간의 기억과 역사의 상징이 없어서는 안 되는 핵심 요소이기 때문이다. 앞으로 많은 시간이 흐르고 사건과 역사가 쌓이면 먼 훗날 좋은 장소 건축으로 발전할 가능성을 갖는 곳이다.

이런 상황에서 전통 건축은 장소 건축이 될 가능성이 많은 곳이다. 전통 건축 가운데서도 문화재보다는 일제강점기 때 등장한 민족 건축이 특히 그렇다. 현재 서울 시내에는 다행히 4대 궁궐, 종묘, 사직단, 왕릉 등 대표적인 전통 건축 사이트들이 많이 보존되어 있다. 이것들 자체는 더없이 소중한 문화유산이긴 하지만 관리 문제 때문에 장소 건축이 되는 데 걸림돌이 없지 않다. 담으로 영역이 구획되어 있고 24시간 개방할 수 없으며 산책이나 관람 이외의 도시 생활을 영위할 수 없기 때문이다. 이 때문에 평생 서울에 살면서도 이곳에 한 번도 가본 적이 없는 사람도 많다.

장소 건축은 이래서는 안 된다. 따로 시간 내서 입장료 내고 들어가는 곳이 아니라 일상적 도시 생활이 벌어지는 현실 속 공간이어야 한다. 조계사는 좋은 예이다. 비슷한 이유로 탑골공원도 좋은 후보지 가운데 하나이다. 탑골공원은 일단 3.1운동의 발상지이기 때문에 그 자체로 일제강점기 민족 건축의 대표적 예에 해당된다. 건물이 아닌 공원이기 때문에 장소 건축이 될 가능성이 자연스럽게 높다.

앞에서 살펴본 바와 같이 조선 건축 이전부터 사찰이 있던 장소로 유구한 역사를 자랑한다. 서울 자체의 역사보다 더 오래된 장소가 서울 시내에 있다는 뜻이다. 궁궐과는 또 다른 의미에서 조선의 역사와 흥망성쇠를 같이한 시간의 기억도 가지고 있다. 개화기 때에는 고종의 외교 노력이 깃든 장소이며 무엇보다 3.1운동의 발상지로서 서울 시민의 기억에 강한 상징성을 가지며 자리 잡고 있다. 공원 내에 남아 있는 문화재나 고종이 지은 팔각정 등은 장소 건축의 가능성을 돕는다. 고종이 시행했던 자주적 건축운동의 맥을 일제강점기의 민족 건축으로 이어주는 드문 예이다. 그만큼 한국 현대사 초기의 역사적 상징성을 많이 담고 있는 장소이다. 이상을 합하면 의외로 긴 시간의 기록과 다양한 역사적 상징성을 갖는 장소이다. 입지도 서울의 심장부라 할 수 있는 종로 한복판이다. 서울 시내에서 장소 건축의 가능성을 이만큼 갖고 있는 곳을 찾기 쉽지 않다.

탑골공원은 천도교 중앙대교당(1921)으로 이어진다. 도 11-5 이 건물은 언뜻 보면 전형적인 서양 역사주의 양식이라 민족 건축과는 거리가 멀게 느껴지지만 민족 건축이 될 가능성이 높다. 우선 건축 주체가 동학에 뿌리를 둔 민족 종교인 천도교이다. 동학은 최제우에 의해 1860년에 창시된 후 최시영을 거치면서 두 갈래로 분화한다. 한 갈래는 전봉준을 중심

11-5 천도교 중앙대교당 정면 전경

으로 한 민족 봉기운동이었고, 다른 한 갈래는 3대 교주 손병희가 개칭, 발전시킨 천도교라는 민족 종교였다.

동학은 말 그대로 '동양의 종교 학문'으로 서학이라 불리던 가톨릭에 대항하기 위해 민족진영에서 새롭게 창시한 종교이자 생활 학문이었다. 손병희가 천도교를 설립하면서 종교로서의 본당 건립을 추진한다. 당연히 일제의 집요한 방해공작이 있었고 3.1운동 때에는 공사가 중단

되는 등 여러 어려움이 있었으나 신도들이 돈을 모으고 윤치오 가에서 땅을 내놓는 등 민족진영의 노력을 모아 힘들게 완공할 수 있었다. 더 중요한 점은 3.1운동이나 6.10만세운동, 독립촉성중앙협의회(1945년 개최) 등 일세에 항거한 중요한 사건이 이곳에서 기획되었다는 것으로 이런 점에서 장소 건축이 될 가능성이 많은 건물이다. 종교로서의 천도교는 민중이나 현실과 밀착하는 교리를 가졌기 때문에 이곳 중앙대교당은 일제강점기 때 여러 현실 행사를 주최하던 공연 집회 시설이기도 했다. 이렇다 할 집회 시설이 없던 시절 이 건물은 여러 민간단체들에게 정치 집회, 강연회, 공연 등의 장소로 사용되던 곳이었다.

이처럼 일단 건설 목적, 건축 주체, 일제강점기 때 사용 현황 등을 보면 이 건물은 민족 건축의 전형적 예에 해당된다. 양식사적으로 보면 양면성을 갖는다. 일단 설계자와 감독관이 각각 나카무라 요시헤이中村與資平와 후루타니 토라이치古谷虎市로 일본인이었으며 시공자는 중국인 장시영張時英으로 조선인이 한 명도 없었다는 점이 아쉬움으로 남는다. 또한 민족 종교의 본당인데 서양 양식으로 지은 점도 불일치로 보일 수 있다.

이런 문제들은 분명 이 건물이 갖는 한계일 수 있으나 여러 의미로 해석될 소지도 있다. 우선 서양 양식으로 지은 점은 충분히 해명의 소지가 있다. 최제우가 이미 서학을 접했고 개인적으로 하느님을 친견하는 등 그의 동학사상에는 서양 천주교의 내용이 어느 정도 섞여 있다는 점을 보면(이 내용은 종교적으로나 학술적으로 논란의 여지는 있다) 서양 양식으로 지은 점은 이해될 수 있다. 시대적으로 보아도 당시는 이미 서양 문명의 흐름을 좇아가지 않을 수 없는 시기로 넘어왔기 때문에 조계사처럼 과감하게 종교적 정체성과 건축 양식을 일치시키는 일이 쉽지는 않았을 것이다.

3 :: 항일독립 성역으로 발전할 민족 건축 단지

천도교 중앙대교당과 빅토리안 고딕

명동성당과 비교하면 이런 사실이 더 명확해진다. 당시 이 건물은 명동성당과 종교적으로나 건축적으로 모두 경쟁 관계에 있었다. 명동성당이 서학의 근거지로서 프랑스의 완성된 건축 양식인 고딕을 수입해서 한 가지로 통일감 있게 지은 반면, 천도교는 자생 민족 종교로서 통일된 건축 양식을 갖출 여유가 없었다. 그렇다고 조계사 같은 전통 사찰 양식을 사용할 수도 없었다. 왜냐하면 동학은 단순히 서학에 맞서기 위해서뿐 아니라 유불도의 전통 종교가 한계에 이르자 이를 대체하려던 목적도 가졌기 때문이다. 불교 건축을 좇을 수 없는 상황에서 서학의 본산인 명동성당과 일정한 보조를 맞추며 동시에 경쟁을 해야 하는 복합적 상황에 처해 있었다는 뜻이다.

이처럼 여러 목적을 갖는 복합적 상황을 해결하는 길은 서양 건축 가운데 천도교의 교리와 합치될 수 있는 상징성을 갖는 양식을 선택하는 것이었다. 이 건물의 후기 빅토리안 고딕은 이런 목적에 일치하기 때문에 일단 적절한 선택으로 보인다. 다만 이것을 일본 건축가의 작품으로 지은 것은 여전히 아쉬움으로 남긴 하지만 당시 이 양식을 구사할 수 있는 조선 건축가가 없었다는 점이 이유가 될 것 같다. 건축가까지 조선인이었으면 민족 건축으로서 더없이 완벽한 세트를 갖추게 되겠지만 현실적으로 이것이 불가능한 상황에서 건축적 완성도를 더 중요하게 생각했을 수 있다. 서양 양식을 원본과 똑같은 완성도로 짓는 것을 건축가의 국적 여부보다 더 중요하게 여겼다는 뜻이다.

중앙대교당의 건축적 특징을 세세히 따져보면 이런 해석이 타당성을 갖는다. 우선 빅토리안 고딕이 천도교의 교리와 일정한 합치를 보인다. 이 양식은 19세기 영국에서 있었던 기독교 부활운동을 담당하던 건축 양식이었다. 당시 영국은 산업 문명과 자본주의가 등장하면서 사회 전체가 물욕에 물들어 타락하고 기독교조차도 자본에 눈이 멀어 물질문명과 개발 사업을 찬양하는 쪽으로 변질되어가고 있었다. 이에 대항해서 기독교 내부적으로 기독교 본연의 정신으로 돌아가려는 운동이 일어났다. 건축가들도 참여해서 이 운동을 대표할 건축 양식을 창출하는데 이것이 빅토리안 고딕이다. 돌과 벽돌을 이용해서 땅의 정신을 장식적으로 표현하자는 것이 조형적 특징의 핵심 내용이었다. 도 11-6

11-6 천도교 중앙대교당 아치 장식

중앙대교당에도 이런 특징이 잘 나타나 있다. 하늘과 땅을 하나로 이어주는 매개로 중세 기독교의 벽돌 장식을 부활시킨 것인데, 이는 동학과 천도교의 기본 정신과 일맥상통하는 점이 있고, 따라서 서양 양식인

이 건물이 동학과 천도교의 본산에 맞을 수도 있는 것이다. 실제로 이 건물은 구조도 벽돌로 쌓은 완전 벽돌 건물이다. 당시 일제의 제국 양식이 골조는 철근 콘크리트로 짓고 마감만 돌이나 벽돌로 하던 것과 대비되는 대목이다. 적벽돌과 화강암을 섞은 마감으로 장식 효과를 노렸다.

11-7 천도교 중앙대교당 문양

이외에도 부분적으로 한국의 전통미학을 가미했다. 우선 태극을 응용해서 만든 천도교 상징 문양을 실내장식 모티브로 활용한 점이 특이하다. 도 11-7 실내 곳곳에 사용했는데, 창 위쪽에는 천도교 마크를 활용한 장식 문양을 새긴 스테인드글라스로 처리했고 출입문 위에도 목재 패널로 이 문양을 새겼다. 천장도 이 문양을 꽃으로 바꾸어서 꼬아 만든 것 같은 띠 장식으로 구획했다. 창 윤곽을 반원형 아치로 짰고 그 속을 세 개의 작은 원으로 분할했는데 이는 빅토리아 고딕에서 많이 사용하던 어휘이기도 하거니와 천도교 문양을 활용하기에 적합한 기하 형태이기도 하다.

천도교 중앙대교당과 명동성당

장식 문양 이외에 건축 처리에서도 전통미학을 찾을 수 있다. 기단은 화강암을 사용해서 3단으로 쌓았는데 창을 분할하던 '3'이라는 숫자를 반복 사용한 것은 '천지인' 개념을 상징하는 것으로 해석할 수 있다. 기단은 전체적으로 둥글게 배를 내밀고 끄트머리도 둥글렸는데 이는 땅의 기운을 편안한 곡선 볼륨으로 표현한 것이다. 혹은 돌을 해학의 미학으로 처리하던 한국 전통 건축의 특징을 옮긴 것으로 볼 수도 있다.도 11-8 도로 쪽 측면은 똑같은 창이 5번 반복되다가 마지막 것이 밑으로 푹 꺼지면서 낮아지는 등 반복과 비대칭의 미학을 적절히 섞어서 안정된 질서와 파격의 재미를 함께 준다.

이 건물은 지금은 사람들의 기억에 남아 있지 않으나 여러 모로 명동성당과 좋은 비교 대상이다. 완공 당시부터 명동성당과 경쟁하던 관계였다. 종교적으로 각각 동학과 서학을 대표하는 총본산인 이유가 제일 컸다. 이런 경쟁관계는 건물에도 그대로 반영되어서 이 건물은 조선총독부, 한국은행 본관, 명동성당 등과 함께 1920년대 경성을 대표하는 건축물이었다. 앞의 두 건물이 관공서임을 볼 때 이 건물과 명동성당은 종교 건물로 각각의 대표성을 가지며 경쟁하고 있었다.

11-8 천도교 중앙대교당 기단

건축 양식도 마찬가지여서 명동성당이 프랑스 고딕이고 천도교 중앙대교당이 영국의 빅토리안 고딕이니 유럽에서 두 나라의 경쟁관계가 경성으로 옮겨온 양상이었다. 위치로 봐도 둘 사이를 가로막는 고층 건물이 없던 당시에 두 건물은 서로를 먼발치서 바라

11-9 도심 속 천도교 중앙대교당

보며 서 있었다. 이런 위치 관계는 높이 경쟁으로 이어졌다. 명동성당 부지가 낮은 언덕 위이고 건물 높이도 명동성당이 더 높아서 전체적으로 명동성당이 좀더 높이 솟았지만 두 건물은 당시 경성 시내에서 높이 기록을 다투고 있었다.

이런 여러 단계의 역사적 배경을 갖는 것을 볼 때 천도교 중앙대교당은 장소 건축의 가능성이 높다.도 11-9 조계사와 명동성당과 세트를 이루며 종교 공간이 장소 건축으로 작동하고 있는 좋은 예를 보여주는 것과 같은 이치이다. 물론 해방 이후 한국이 미국의 영향 아래 들고 개신교가 확장하면서 천도교가 종교로서의 사회적 의미를 상실한 상태이기 때문에 조계사나 명동성당에 직접 비유하는 것은 무리이다. 그러나 위와 같은 역사적 · 건축적 의미가 크기 때문에 종교와 별도로 순수한 건축적 의미에서 도심 속 장소 건축으로 발전할 가능성이 크다.

항일독립 성역의 가능성

두 가지 점이 이런 가능성을 뒷받침한다. 하나는 건축 양식의 차원으로, 이 건물은 서양 양식에 전통미학을 적절히 섞은 점에서 이를테면 조계사와 명동성당을 합한 것쯤에 해당된다. 전통미학은 거의 반영하지 않고 완전 서양 양식으로 지은 명동성당도 장소 건축으로 거뜬히 기능하고 있는 것을 볼 때 이 건물은 종교적 판단을 비켜나 순수하게 건축적으로 접근한다면 장소 건축이 되기에 명동성당보다 더 좋은 조건을 가진 것으로 볼 수 있다.

다른 하나는, 말 그대로 장소의 이점이다. 이 건물 바로 옆에는 경운동 민병옥 가옥이 있고 길 건너에는 운현궁이라는 또 하나의 거대한 민족 건축 사이트가 있다. 탑골공원과의 사이를 낙원상가라는 흉물이 절단하고 있긴 하지만 탑골공원과도 지척이다. 이 넷을 묶으면 서울 도심에 아주 훌륭한 장소 건축 단지가 탄생하게 된다. 좀더 확장하면 인사동을 고리로 삼아 조계사와 보신각 터까지 함께 묶을 수 있다.도 11-10 그 중간인 인사동 한복판에는 민족 기독교를 표방했던 승동교회도 있다.

문화재로서의 전통 건축은 자칫 박물관 속 화석처럼 죽은 건물이 되기 쉽다. 궁궐 같은 문화재 사이트가 장소 건축이 되기에 제약이 많다는 것과 같은 의미이다. 반면 장소 건축이 되면 모든 시민이 도시의 일상을 자연스럽게 영위하는 살아 있는 생활 공간이 된다. 한국 현대사 초기라는 근과거를 공통 매개로 여러 건물이 어울려 있는 이 일대는 문화재 사이트를 넘어 장소 건축으로 발전할 가능성이 많은 지역이다. 민족 건축이 장소 건축이 될 수 있는 근거이다.

운현궁이 좋은 예이다. 단독으로 보면 장소 건축이 되기에 제약이 많지만 주변의 다른 후보와 함께라면 충분히 좋은 장소 건축이 될 수 있

11-10 인사동을 배경으로 서 있는 천도교 중앙대교당

다. 단순한 전통 건축을 넘어 장소 건축이라는 새로운 가능성을 갖게 된다. 운현궁 자체는 19세기에 지어져 일제강점기 때에 건물이 헐리고 부지가 잘려나가는 등 탄압의 과정을 거치게 되지만 그럼에도 현재 상태 정도로라도 살아남았다는 점에서 역설적 의미에서 민족 건축의 예가 될 수 있다. 서울 시내 한복판에 이 정도 넓은 마당을 거느리고 근대 한옥

이전의 전통 한옥과 궁궐 주거의 특징을 갖춘 유구가 남아 있는 것은 굴곡진 한국 현대사에 비춰볼 때 그나마 큰 다행이라 아니할 수 없다.

이로써 '탑골공원-천도교 중앙대교당-운현궁-경운동 민병옥 가옥'으로 이어지는 도심 내의 거대한 장소 건축을 생각해볼 수 있다. 정도의 차이는 있지만 이것을 이루는 건물과 장소가 전부 민족 건축이란 점은 장소 건축의 의미를 확실하게 담보해준다. 더욱이 민병옥 가옥을 제외한 앞의 세 곳은 모두 자주독립과 항일의 상징성을 간직하고 있다. 현재 서울 시내에는 항일, 독립운동, 해방 등을 소재로 한 성역이 없다. 독립문 공원이 있지만 서대문형무소라는 비극의 장소가 차지하는 비중이 너무 커서 아픈 역사 교육의 현장이 될 수는 있어도 성역이 되기에는 무리가 있다. 이런 상황에서 최소한 이 네 곳, 나아가 승동교회와 조계사와 보신각 터까지 묶는 민족 건축 단지는 그 좋은 후보가 될 수 있다.

12장

민족 사학 건축의 양면성

1 :: 민족 사학과 근대 학교 건축

일제강점기와 근대 교육의 세 방향

일제강점기 때 민족 세력이 벌였던 중요한 항일운동 가운데 하나가 교육 사업이었다. 교육은 미래의 주인이 될 성장 과정의 후손에게 한 나라를 지탱하는 모든 것을 가르치는 사업이기 때문에 다른 어떤 분야보다 중요성이 크다. 일제강점기 때 조선의 교육은 일제가 주도하는 관립 학교(일제 관학)와 미국 선교사가 세운 선교 사학이 양대 축을 형성하고 있었다. 이런 구도는 결국 자라나는 미래의 주인공들이 일제의 식민 이데올로기나 미국식 가치관과 세계관밖에 배우지 못한다는 것을 의미했다.

이에 큰 위기감을 느낀 민족진영에서 독자적인 근대 교육 사업을 벌이게 된다. 이른바 민족 사학이 가세하면서 일제강점기 교육 사업은 삼각 축을 이루게 된다. 세 축은 각기 독자적 건축 양식이나 경향을 보였다. 첫째, 일제 관학은 경성제국대학 본관과 이공학부, 그리고 경기고등학교가 대표적 예이며 뿌리를 거슬러 올라가면 공업전습소를 기원으로 볼 수 있다. 건축 양식은 역사주의 제국 양식이나 근대적 제국 양식이다. 둘째, 선교 사학은 배재학당, 연세대학교, 이화여자대학교 등이 대표적 예이다. 모두 영미의 컨트리하우스를 기본 양식으로 삼아 시대 흐름에 따라 제국 양식의 특징과 동일성 등을 가미했으며 부분적으로 한국 전통미학도 섞어 썼다. 셋째, 민족 사학으로 고려대학교와 중앙고등학교가 대표적 예이다. 두 학교 모두 김성수가 세운 학교이다.

이때 형성된 삼각 축 구도는 해방 이후에도 크게 변하지 않고 계속되었다. 학벌과 학연에 대한 의존이 유난히 강한 한국 사회에서 이 구도는 그대로 사회 전체의 계급 구도와 직결될 정도로 중대하고도 사회적 성격이 강한 주제이다. 삼각 축은 특히 대학교에서 강하게 정착된다. '경기-배재-중앙'으로 대표되는 고등학교의 삼각 축은 일제강점기와 해방 이후 세 계열에 많은 학교들이 추가로 세워지면서 많이 약해진다. 크게 보면 '공립 대 사립'의 양대 대립 구도로 정리된다.

대학교는 삼각 축 구도가 오히려 더 강화되어 최근에는 'SKY(서울대학교-고려대학교-연세대학교의 영문 약자)'라는 신조어까지 만들어냈다. 이 세 대학교는 해방 이후 한국 사회의 모든 분야를 독식하며 새로운 지배 계층을 형성하고 있다. 이런 학벌의 위력은 곧바로 사교육 광풍을 낳았다. 이런 현상은 한국 현대사를 얼룩지게 만든 각종 부정적 현상의 근원이다. 정상적 수입을 훌쩍 초과하는 막대한 사교육비를 대기 위해 부동산 투기가 만연하게 되고 뇌물, 청탁, 촌지 등 금품을 둘러싼 각종 비리가 시간이 흐를수록 더 악화되고 있다.

경제 규모는 선진국 문턱에 와 있지만 정작 모더니티 프로젝트의 핵심이라 할 수 있는 과거 구습의 청산에서는 후진국에 머물고 있다. 각종 부패지수와 청렴도 수치 등이 대표적 예이다. 이는 조선 시대 유교 문명의 부정적 유산을 청산하지 못했음을 의미한다. 이런 부정적 현상을 묶어 유교 자본주의라 부를 수 있는데 교육은 그 한가운데에 있다. 뿌리는 일제강점기 때 교육의 3대 주체까지 거슬러 올라갈 수 있다. 그렇게 때문에 당시 삼각 축 구도를 이루던 학교 건축의 사회미학적 의미를 파악하는 일은 매우 중요하다. 일제 관학과 선교 사학의 학교 건축에 대해서는 앞에서 살펴보았다.

고려대학교와 중앙고등학교

고려대학교는 1905년 수송동에서 법률과 실업 교육을 전문으로 하는 보성전문학교로 출발했다. 그 후 천도교에서 인수해서 안국동, 낙원동, 송현동 등으로 여러 번의 이사를 다닌 끝에 1933년 김성수가 인수하면서 안암동에 교지를 확보하고 대학의 면모를 갖추게 되었다. 엄밀한 의미에서 김성수가 세운 것은 아닐 수 있지만 안암동에 정착하면서 대학다운 면모를 갖추었기 때문에 흔히 김성수를 설립자로 본다. 도 12-1 안암동에 캠퍼스를 조성하면서 본관(1934)과 중앙도서관(현 대학원관, 1937)을 짓는다. 도 12-2 두 건물 모두 박동진이 설계했고 후지타 고기로오藤田辛二郞가 시공했다.

중앙고등학교는 1908년 기호흥학회와 융희학교를 합병하여 세워진 중앙고보로 시작했다. 김성수가 1915년 인수하고 1917년에 계동 1번지 노백린 집터인 지금의 장소에 새 교사를 건립했다. 당시 일본 건축가 나카무라 요시헤이의 설계로 구 본관(1917), 서관(1921), 동관(1923)의 세 채를 지었다. 구 본관은 1934년에 화재로 소실된 뒤 한국 건축가 박동진의 설계로 1937년 새로 지어 지금에 이르고 있다.

고려대학교와 중앙고등학교 모두 식민 지배를 받던 경성 한복판에서 운영했기 때문에 교육 내용에서 일제 관학의 영향에서 완전히 벗어날 수는 없었던 것은 어쩔 수 없는 측면이 많았다. 근대식 교육을 지향한 점에서 일제 관학이나 선교 사학과 자연스럽게 중복되는 내용도 많았다.

12-1 고려대 본관 전경과 설립자 동상(위)
12-2 고려대 본관과 중앙도서관(아래)

한반도 밖에서 항일독립운동을 하는 것처럼 학교를 운영할 수는 없는 것이었다. 그러나 설립 과정이나 일제강점기 때 활동을 보면 민족 사학이라는 이름을 붙일 만한 내용을 보인다.

중앙고등학교 한 학교만 예를 들면, 전신부터 그렇다. 기호흥학회는 경기도, 충청도 출신의 우국지사들이 민족 교육을 위해 세운 학교이며 융희학교는 유길준 계열의 흥사단이 운영하던 또 다른 민족 학교였다. 김성수가 이를 인수하면서 학교 이름을 백두산을 상징하는 백산학교로 지으려 했으나 일제의 방해로 중앙고등학교로 지은 것을 봐도 일제가 민족 사학의 등장을 꺼려했음을 알 수 있다. 실제로 중앙고등학교 숙직실은 송진우, 김성수, 현상윤 등이 모여 3.1운동에 필요한 독립선언문을 작성하는 등 이 운동의 계획을 세우던 곳이었다. 또한 1926년 6.10만세운동도 중앙고등학교가 주도한 것으로 기록되어 있다.

이때 형성된 민족 사학의 이미지는 이후 선교 사학을 대표하는 연세대학교와 쌍벽을 이루며 한국 현대사에 양대 사학의 경쟁 구도를 형성했다. 이런 구도는 선의의 경쟁을 유발하고 한국 대학문화의 다양성을 낳는 등 순기능도 많았다. 고려대학교가 4.19혁명의 발생지 가운데 하나였던 점은 민족 사학의 대표성을 공고히 하는 데 중요한 몫을 담당했다.

건축가를 봐도 박동진이라는 한국 건축가에게 건물 설계 대부분을 맡긴 점에서 일제 관학이나 선교 사학과 중요한 차이를 보인다. 실제 건물 모습에 한국 전통미학이 얼마나 반영되었는지 여부는 뒤에서 별도로 살펴볼 것이지만 한국 건축가가 김성수의 개인 건축가처럼 두 학교의 설계를 전담하다시피 한 점은 일제강점기라는 현실에서 적지 않은 의미를 갖는다고 할 수 있다.

김성수 – 민족 사학의 설립자와 친일파 사이에서

이런 배경에도 불구하고 김성수라는 설립자 개인의 친일 행적은 여전히 논란의 여지가 있다. 명확한 증거들도 남아 있어서 그는 친일인명사전에도 주요 인물로 이름이 올라 있다. 그의 친일 행적 자체는 틀림없는 사실이다. 문제는 이것을 어떻게 해석하느냐일 것이다. 그를 여전히 민족진영의 지도자로 보는 사람들은 세 가지 논리를 내세운다. 첫째, 당시는 나라가 일제였기 때문에 이 정도의 큰 교육 사업을 하려면 일제와 일정 부분 타협을 할 수밖에 없었다는 것이다. 이 논리는 김성수에게만 해당되는 것은 아니고 일제강점기 때 제도권 안에서 활동했던 많은 인사들의 행적에 대해서도 동일하게 적용될 수 있다. 친일의 정도가 심하지 않고 제도권 안에서 개인의 사회 활동을 위한 것이라면 노골적으로 심한 친일 부역을 한 경우와 구별해야 한다는 논리이다.

둘째, 친일 행적에도 불구하고 독립자금을 대는 등 항일운동에도 일정 부분 참여한 공적도 함께 보아야 한다는 것이다. 고려대학교와 중앙고등학교를 세워서 민족 사학을 이끈 점도 그 가운데 하나로 제시된다. 공이 과를 덮을 정도인지 여부는 단정적으로 결론 낼 수 있는 사안은 아니나 적어도 둘을 함께 보아야 한다는 논리이다. 셋째, 해방 이후의 행적을 볼 때 자유당 독재 정권에 참여하지 않고 일정한 거리를 두었다는 것이다. 친일파의 큰 문제점 가운데 하나가 이들이 해방 이후 한국 현대사의 부패 구조를 그대로 끌고 왔다는 점이라는 것을 볼 때 이런 논리는 타당성을 가질 수 있다. 김성수의 해방 이후 행적이 충분히 깨끗했는지 여부와 별도로 이 논리 자체는 친일 행적 판단에 중요한 기준이 될 수 있다는 뜻이다.

이 논리는 앞의 두 논리와도 연관성을 갖는다. 일제강점기 때 제도권 안에서 정상적인 사회 활동을 하기 위해서 어쩔 수 없이 친일을 했다면 이를 속죄하기 위해서라도 해방 이후에 반성의 행적을 남겼어야 한다. 양심선언, 재산 기부, 사회봉사, 자신의 분야에서 오로지 실력 쌓기에만 열중하는 모습 등이 예일 것이다. 하지만 친일파는 해방 이후 이승만-박정희-전두환으로 이어지는 추악한 독재 정권에 부역하면서 일제강점기 때를 능가하는 부정한 재산을 축적하고 권력을 남용했다. 그렇기 때문에 일제강점기 때 어쩔 수 없이 친일을 했다는 이들의 주장은 아무런 타당성이나 설득력을 갖지 못하는 것이다. 물론 해방 이후 진정으로 반성과 속죄의 삶을 살았다 하더라도 정말로 친일을 했다면 이것이 면죄부가 될 수는 없다. 다만 중간에 애매하게 낀 상태라면 정상참작의 요소가 될 수는 있을 것이다. 이런 기준에 의해 김성수의 친일 행적 역시 좀 더 다각도로 판단될 수 있다. 다만 김성수의 해방 후 행적이 얼마나 깨끗했는지에 대한 판단은 이 책의 범위를 벗어나므로 피하고자 한다.

한국 현대사를 이끈 사회 지도층 가운데에는 노골적 친일파와 명백한 독립투사 어느 쪽에서 속하지 않고 중간에 애매하게 낀 사람들이 대부분이다. 이들이 독립투사가 아닌 것만은 확실한 데 반해 이들의 친일 여부에 대해서는 아직도 사회적 논란이 뜨거운 상태로 남아 있다. 김성수도 대표적 인물이다. 이 문제는 민족 사학 전체의 타당성 여부와도 맞닿아 있다. 김성수가 민족 사학을 대표한다는 이미지가 워낙 강하기 때문에 만약 그가 친일 인사로 분류된다면 일제강점기 때 민족 사학 전체가 진정성과 역사적 의미를 상실할 수 있기 때문이다.

이 문제는 이 책의 범위를 벗어나는 주제이므로 더 이상 언급은 피하겠다. 이 문제는 두 학교의 건물에 나타난 사회미학을 통해 우회적으로 살펴볼 수 있다. 건축이 이 문제에 대해 직접적인 증거를 주지는 못하지만 참고 사항을 제공할 수는 있다. 건축 주체의 생각은 의식적으로든 무의식적으로든 건물에 반영되기 때문이다. 결론부터 말하자면 건축을 기준으로 삼더라도 이 문제는 여전히 중간 상태로 애매하게 남는다. 판단을 어느 한쪽으로 쏠리게 할 정도로 명확한 건축적 특징이 드러나지는 않고 양면적 특징이 모두 나타난다는 뜻이다. 이것은 김성수 및 그가 이끈 민족 사학의 의미를 흑백 논리에 의해 한 방향으로 단정 지을 게 아니라 복합적으로 해석해야 한다는 사실을 보여주는 좋은 증거이다.

2 :: 고려대학교 본관의 양면성

창 구성에 나타난 서양 양식과 전통미학의 혼재

본관에는 김성수의 생각이 많이 반영된 것으로 전해진다. 김성수는 1920년대 말에 해외 대학을 시찰하면서 우수한 대학 건물을 접하고 설계에 반영했는데 특히 미국 노스캐롤라이나의 듀크대학 본관을 제일 좋아했다고 한다. 정확히 어느 부분이 김성수의 생각인지 판단하기는 어려우나 고딕 성채의 모습, 평면 구성, 창호 배치 등에 그의 생각이 강하게 반영된 것으로 추정된다.도 12-3

현관 좌우 문설주에 호랑이 머리상을, 후문 입구 좌우에 무궁화를 새겨서 민족 교육 기관으로서 자부심을 상징한 것은 확실히 김성수의 아이디어였다.도 12-4 이것은 연세대학교 건물들에 앞에서 살펴본 바와 같이 미국 장로교 문양, 연세대학교 마크, 태극 문양을 새긴 것과 비교되는 대목이다. 두 학교 모두 한국의 전통미학을 반영하기 위해 각각 무궁화와 태극 문양을 새긴 점은 공통점이다. 그러나 설립 주체를 상징하는 장식이 연세대학교에서 미국 장로교 문양인 데 반해 이곳에서는 호랑이 머리인 점은 선교 사학과 민족 사학의 차이를 반영하는 대목이다. 따라서 장식 문양 사용에서는 민족 사학이라 이름 붙여도 좋을 만한 특징을 보여준다.

12-3 아치형 정문을 통해 들여다 본 고려대 본관 전경(왼쪽)
12-4 고려대 본관에 사용한 호랑 이상(오른쪽)

전체 구성은 근대 교육 기관에서 제일 많이 사용한 영국 컨트리하우스 양식에 중세 성채 양식을 섞어 디자인했다.도 12-5 연세대학교와 이화여자대학교의 양식을 섞은 것으로 큰 방향에서 민족 사학만의 정체성을 명확하게 드러내지 못한 것으로 볼 수 있다. 전문가가 아니면 언뜻 보아 연세대학교 건물과 별 차이를 느끼지 못하는 것이 사실이다. 일제 관학의 제국 양식까지는 아니더라도 적어도 대표 양식에서는 선교 사학과 별 차이가 없어 보인다.

세부적으로 자세히 뜯어보면 차이도 분명히 있다. 이 건물은 전통적 건축 기법에서 근대화된 산업 양식으로 넘어가는 중간 과정을 잘 보여준다. 창 구성, 창틀, 돌쌓기 등이 대표적인 내용이다. 창은 대칭과 비대칭, 동일성과 개별성 사이의 중간 단계에 머문다. 일단 연세대학교와 근대적 제국 양식에 나타난 대칭과 동일성은 피해간 것으로 볼 수 있다. 중앙 출입구를 기준 축으로 건물 전체를 보면 좌우대칭이나 출입구 좌우 양측의 몸통만 보면 비대칭이다. 측동도 대칭이긴 하지만 대칭을 강조하지 않고 리듬감을 주는 기하학적 구성이 두드러진다.

동일성은 더 명확히 피했는데 창 구성에 이런 의도가 잘 드러난다. 몸통을 보면 1층을 사각형 창으로 처리했지만 2층은 아치형 창으로 처리

12-5 고려대 본관 전경

해서 창 종류를 달리했다. 3층은 다시 사각형 창으로 처리해서 위아래를 기준으로 했을 때 동일성을 피했다. 같은 층 내에서는 창의 개수를 달리하는 방식으로 동일성을 피했다. 중앙 출입문에서 바깥쪽을 향해 창의 개수를 '하나-둘-셋-둘-하나'로 처리했다. 도 12-6 측동과 중앙 출입구 부분도 마찬가지이다. 양 끝의 측동은 몸통 구성을 축소, 농축했는데 한 층 내에서 두 종류의 창을 섞어 쓰면서 다양성을 강화했다. 1층에 다섯 개, 3층에 네 개의 수직 창을 묶었지만 동일성이나 제국 양식의 수직 창으로 느껴지지 않는다.

5층으로 구성되는 중앙 출입구 부분의 창 구성은 더 다양하다. 1층은 아치형 출입문으로, 2층은 높은 수직 창으로, 3층은 높은 아치 창으로, 4층은 낮은 수직 창으로, 5층은 낮은 아치 창으로 각각 처리했다. 도 12-7 2층과 4층, 3층과 5층이 같은 모티브이지만 비율과 묶음을 달리해서

12-6 고려대 본관 창 구성

12-7 고려대 본관 중앙 출입구 창 구성

'주제-변주' 개념을 응용했다. 3층과 5층의 아치 창이 특히 그러한데, 3층에서는 3단으로 수직 분할한 높은 아치 창을 두 개씩 묶어 사각형 틀 속에 집어넣은 반면 5층에서는 수직 분할 없는 낮은 아치 창을 두 개씩 묶어 아치형 틀 속에 집어넣었다.

수직 창과 아치 창은 제국 양식과 선교 사학에서 공통적으로 사용하던 어휘인데 구체적 조형성에서는 다른 분위기로 나타난다. 고려대학교 본관에서는 제국 양식의 지배 이데올로기나 선교 사학의 동일성 대신 기하학적 구성과 리듬감이 대표적 특징으로 나타난다. 수직 창을 두 개나 세 개씩 묶는 등 동일화의 초기 단계에 해당되는 모습도 나타나긴 하지만 더 이상 나아가지 않고 멈췄기 때문에 동일성을 드러내기보다는 피하려는 의도로 보인다. 아치 형태를 기본 모티브로 사용한 장식 어휘를 풍부하게 새겼기 때문에 끊어보기를 해보면 건물 전면에 기하학적 리듬감이 넘쳐난다. 도 12-8, 12-9 일제 관학이나 선교 사학에서는 볼 수 없는 장면이다.

세 가지 창틀 처리 방식

이런 구성은 단순히 대칭, 동일성, 수직 창의 제국 이데올로기 등을 피한 것 이상의 의미를 갖는 것으로 확대 해석할 수 있다. 한옥이나 전통 건축의 대표적 특징인 비대칭에 의한 어울림의 미학을 응용한 것으로 해석할 수 있다. 석재로 마감한 3층의 서양식 근대 학교 건물이기 때문에 전통 건축의 특징을 그대로 반복할 수는 없었을 것이고 기본 원리를 지키면서 새로운 상황에 맞게 응용하려 했을 터인데 그 결과 이런 특징적 모습이 나타난 것이다. 이상을 종합하면 건물 양식은 민족 사학을 대표하지 못하는 반면 전체 구성에서는 민족 사학에 걸맞은 정체성을 일정 부분 확보한 것으로 볼 수 있다.

비슷한 양상이 창과 벽이 만나는 부분에서도 나타난다. 이 부분은 세 방식으로 처리했다. 측동 입면은 이 세 종류가 한 곳에 모여 있는 대표적인 부분이다. 도 12-9 첫 번째, 화강석을 크게 잘라서 들쑥날쑥하게 쌓는 방식이다. 유리를 잡아주는 1차 창틀이 있고 이것이 벽체와 맞물리는

12-8 고려대 본관 창 구성을 통한 기하학적 구성미 1(위)
12-9 고려대 본관 창 구성을 통한 기하학적 구성미 2(아래)

지점에 돌을 이용해서 또 하나의 창틀을 만드는 것이다. 나무로 짠 가는 1차 창틀이 있지만 밖에서 볼 때에는 돌로 만든 2차 창틀이 진짜 창틀처럼 보인다. 이는 창틀을 두 겹으로 만든 뒤 돌의 축조다움을 개입시켜 조형적으로 활용하는 기법이다. 2차 창틀은 구조적으로는 벽체의 돌쌓기와 맞물리면서 한 몸처럼 작동하지만 조형적으로는 기하학적 구성미를 만들어낸다.

두 번째, 주로 아치형 창에 사용한 방식으로 2차 창틀을 돌로 짠 것까지는 앞과 같으나 단순히 사각형 덩어리를 들쑥날쑥하게 쌓는 데 그치지 않고 뾰족 아치의 형상으로 만들었다. 이 방식은 세부적으로 세 종류로 한 번 더 나눌 수 있다. 아치 형상 자체가 그대로 2차 창틀이 되는 경우, 아치형 창 셋을 묶어서 큰 사각형 윤곽 안에 집어넣은 경우, 윤곽이 되는 큰 사각형의 윗면을 아치에 맞춰 둥그렇게 둥글린 경우이다. 이때 아치형 창과 사각형 윤곽 사이의 벽을 팀파눔이라 부르는데 이 부분에 꽃무늬 장식을 새기는 방식은 창틀보다는 2차원 면 장식에 주안점을 둔다.

세 번째, 이런 별도의 2차 창틀 없이 1차 창틀만 사용한 경우이다. 벽체와 만나는 지점을 특별한 돌 처리 없이 바로 직각으로 끊었고 창은 안으로 상당한 깊이를 밀어 넣듯 들어가서 만들어진다. 돌쌓기를 이용한 전통적인 축조다움은 사라지고 덩어리 느낌을 이용한 깊은 음영이 특징을 주도한다. 가장 단순하고 기본적인 방식이다. 이 방식은 전통적인 축조 기법에서 탈피해서 근대화된 산업 양식에 한 발 더 다가간 경우이다. 연세대학교나 이화여자대학교의 건물들보다 더 근대화된 산업 양식인데 차이는 2차 창틀의 유무 여부에 있다.

창의 단순 반복을 기준으로 삼으면 동일성이 가장 진척된 건물이 연세대학교의 아펜젤러관이 된다. 그러나 부재의 절약이나 단순화라는 다른 기준을 적용하면 고려대학교 본관이 더 산업화된 기법이다. 아펜젤러관에는 2차 창틀이 여전히 남아 있기 때문에 재료 낭비가 일어나고 있다. 더 정확히 말하자면 수공의 낭비이다. 건물의 전체 인상도 건축 부재가 너무 많아서 둔탁하게 느껴진다. 2차 창틀이 만들어내는 기하학적 조형성 때문에 시선은 창이 아닌 벽체에 묶인다. 고려대학교 본관의 세 번째 창틀에는 이런 것이 없다. 창은 벽체에서 바로 끊기기 때문에 디테일은 한결 깔끔해진다. 부재의 종류가 단순해지면서 표준화에 한 발 더 다가갔다.

이처럼 세 번째 창틀 처리 방식에서 표준화된 산업 양식에 한 발 더 다가간 동일성을 보여줌에도 불구하고 이 건물의 전체적 특징은 동일성이 아닌 조형적 어울림으로 나타난다. 세 번째 방식이 다른 두 종류와 섞여서 사용되고 있어서 동일성 효과가 거의 나타나지 않기 때문이다. 그보다는 세 종류의 창틀 처리가 만들어내는 다양성을 구성하는 조형 요소로 느껴진다. 첫 번째 방식의 돌쌓기 미학과 두 번째 방식의 면 장식에 대비되어 돌의 물성을 이용한 짙은 음영을 만들어내는 것으로 읽힌다.

혼성 패턴과 전통미학

세 종류의 창틀 처리 방식이 섞이면서 건물은 전체적으로 복잡한 구성을 보여준다. 이것에 대한 판단은 양면적일 수 있다. 다소 어수선해 보이는 것도 사실이다. 그러나 최소한 제국 양식과 동일성의 기준에서 보면 둘 모두를 확실하게 피하겠다는 의도를 보여준다. 창 배열에 나타난 다양성과 합하면 제국 양식이나 동일성에서 더욱 멀어진다. 이 건물의 완공 연도가 1934년인 것을 볼 때 이 건물의 이런 복합적 다양성은 동시대 제국 양식이나 선교 사학 등의 다른 건물에서는 찾아볼 수 없는 이 건물만의 독특한 특징이다.

이런 특징은 혼성 패턴이라는 한국 전통미학에 유추될 수 있다. 이는 '민족 사학'에 대한 최소한의 인식이 건물에 반영되었음을 보여주는 중요한 증거이다. 비슷한 해석이 첫 번째 창틀 처리 방식에서 가능하다. 이 방식 역시 한국 전통미학과 높은 연관성을 보여준다. 연세대학교와 이화여자대학교의 건물에서도 공통적으로 사용한 방식인데 그 기원은 일단 영미 컨트리하우스나 유럽 중세 건축이다. 여기에 더해 묘하게 한국 전통 건축의 돌쌓기에서 느끼는 것과 비슷한 분위기를 준다. 돌을 공예미학으로 활용했다는 공통점 때문이다. 서양 원본 양식의 기본적 특징이면서 동시에 한국 전통미학과도 어울리는 양면성을 갖는다. 이런 양면성 때문에 선교 사학과 민족 사학의 구별 없이 주요 대학 건물에 반복적으로 사용되었을 것이다.

이런 해석은 벽체의 돌쌓기와 함께 보면 더 명확해진다. 이 건물의 돌쌓기는 이화여자대학교 파이퍼홀과 비슷한 완자무늬 쌓기이다. 미세한 차이도 있어서 파이퍼홀의 조적 부재가 주로 정사각형 비례를 유지한 데 비해 여기에서는 옆으로 긴 직사각형 비례를 사용했다. 그 결과 나타나는 조형적 특징도 차이가 있다. 파이퍼홀이 크고 작은 정사각형 단위가 어울려 보자기 같은 기하학적 조형미를 나타낸 데 비해 이 건물에서는 돌을 수평 방향으로 뉘어 축조적 안정성을 꾀했다. 도 12-10

이런 특징 역시 파이퍼홀과 마찬가지로 한국 전통 건축의 돌쌓기에 나타난 전통미학의 분위기를 표현한다. 파이퍼홀의 벽체 돌쌓기가 보자기 모티브를 보여준다면 이 건물은 성벽이나 궁궐 기단의 장대석 모티브를 보여준다. 이런 차이는 창 배치와 창틀 처리와 함께 해석하면 그 의미가 더 분명해진다. 파이퍼홀은 창 처리가 이 건물보다 상대적으로 더 단순하기 때문에 벽체의 돌쌓기에서 기하학적 조형미를 추구했다.

12-10 고려대 본관 돌쌓기

반면 고려대학교 본관은 앞에서 본 것처럼 창 처리에서 기하학적 조형미가 이미 다양하게 나타나기 때문에 벽체의 돌쌓기마저 같은 특징을 보이면 혼란스러워질 위험이 있다. 이를 피해가기 위해 돌쌓기는 성벽이나 궁궐 기단의 장대석을 보는 것 같은 안정적 방향으로 잡은 것으로 볼 수 있다. 벽체가 돌쌓기의 가장 기본적 특징인 축조적 안정성을 확보하며 바탕을 깔아주면 그 위에서 창이 다양하게 활개치며 기하학적 특징을 표현한다. 종합하면 파이퍼홀과 이 건물 모두 돌에 대한 기본 태도를 한국 전통미학과 같은 공예미학으로 잡은 뒤 이것을 돌쌓기를 통해 기하학적 어울림으로 표현한 공통점을 갖는다.

이처럼 이 건물에는 창 배치와 창틀 처리에서 서양 양식, 제국 양식, 동일성, 한국 전통미학 등 다양한 내용이 혼재되어 있다. 일제강점기 때 서울의 건축을 이끌어가던 사회미학의 모든 종류가 종합적으로 모여 있는 것이다. 이런 종합화는 연세대학교와 이화여자대학교의 건물에서도 나타났지만 고려대학교 본관은 이 가운데 한국 전통미학이 가장 강하게 드러난 경우에 해당된다. 특히 창 종류를 다양화시켜 혼성 패턴을 만들

12-11 고려대 본관 돌쌓기 와 장식(위)
12-12 고려대 본관 창 주변 장식 디테일(아래)

어낸 점은 궁궐 건축에 나타난 비대칭에 의한 어울림을 보는 것 같다.

풍부한 장식 사용까지 함께 보면 더 그렇다. 고려대학교 본관에서는 돌쌓기 이외에 돌을 이용한 장식 어휘가 확실히 더 많다. 돌을 쌓은 옆에 다양한 돌 장식 어휘가 함께 나타난다. 작은 조적 부재와 기단용 큰 돌이 함께 어울리며 그 위에 아치 장식을 새겼다. 여기서 그치지 않고 이런 요소들 사이에 버트레스나 층 구분용 띠 장식까지 넣었다. 도 12-11 창틀 주변

12-13 고려대 본관 측면 아치 디테일(왼쪽)
12-14 고려대 본관 – 벽체와 모서리와 계단이 만나는 부분의 기하학적 추상미(오른쪽)

의 벽체도 그냥 놔두지 않고 아치 장식이나 이를 활용한 꽃 장식을 새겼다. 도 12-12 측면의 보조 출입구에는 벽면 위에 아치 형상을 곡선 선형 부재로 만들어 붙였는데 돌을 다루는 섬세함이 마치 떡가래를 보는 것 같다. 다보탑을 구성하는 돌 부재에서 느끼는 것과 유사하다. 도 12-13 이외에도 계단과 모서리와 벽체 등이 만나는 재료 분리의 지점에서는 예외 없이 다양한 돌 처리 모습이 어울리면서 기하학적 추상미를 보여준다. 도 2-14

확장하면 한국의 상대주의 미학을 보여주는 것으로까지 느껴진다. 다양한 개체가 모여 다소 어수선하면서도 최소한의 내재적 질서를 지키면서 혼성의 어울림을 만들어내는 한국 국민 특유의 조형의식이다. 이런 전체적인 분위기 아래에서 아치형 창틀 팀파눔에 새긴 꽃 장식은 사찰 전각의 단청처럼 느껴지기도 한다. 이런 특징은 일제강점기 서울에 지어진 다른 어떤 건물에서도 찾아보기 힘든 이 건물만의 독특한 특징이다. 물론 이런 특징이 앞과 같은 해석을 거치지 않고 좀더 명확한 시각적 이미지로 표현되지 못한 점은 이 건물의 한계라 할 수 있다. 이 때문에 이 건물에서 표현된 전통미학은 이후 하나의 양식이나 흐름을 형성하지 못하고 단발성으로 끝나버렸다. 이상을 종합하면 이 건물은 '민족 사학'의 정체성을 어느 정도 보여주고 있지만 그 강도나 영향력 등에서 충분하지 못한 양면성을 보여준다.

3 :: 중앙고등학교에 나타난 동일성과 제국 양식

중앙고등학교와 민족 건축의 합치성 문제

중앙고등학교에서는 본관, 동관, 서관의 세 건물이 일제강점기 때 민족 사학의 기치를 내걸고 지은 건물이다. 본관이 전면에 병풍처럼 서서 학교 전체의 얼굴을 담당하고 있고 동관-서관이 그 뒤로 1.5층 정도 높은 곳에 본관과 직각 방향으로 서로 마주보며 쌍둥이로 짝을 이루고 있다. 도 12-15 동관과 서관 사이에는 안마당을 둬서 결국 세 건물이 'ㄷ'자형을 이루게 된다. 나중에 교사 한 동을 더 더해서 'ㅁ'자형 중정 구도를 완성했다.

동관-서관 짝과 본관이 전혀 다른 모습인 것 같지만 기본 골격은 모두 영국 컨트리하우스 양식으로 같다. 몸통 골격과 창 처리 등이 같은 구성을 보인다. 가장 큰 차이는 마감재로 동관-서관이 붉은 벽돌인 데 반해 본관은 화강석이다. 세부 처리에서도 차이가 조금 있는데 본관은 중앙 출입구에 유럽 중세 성채의 첨탑 모티브를 사용한 데 반해 동관-서관은 단일 몸통으로 끝냈다.

결론부터 말하자면 중앙고등학교의 세 건물은 구체적 처리에서는 고려대학교 본관과 미세한 차이가 있긴 하나 '민족 건축'이라는 명분에 부합되는 정도를 기준으로 해서 보면 고려대학교 본관과 거의 비슷한 상

12-15 중앙고등학교 동관-서관 전경

태를 보여준다. 판단 기준은 제국 양식과 동일성을 얼마나 피했는가와 한국 전통 건축의 미학을 얼마나 반영했는가의 두 방향으로 정할 수 있다. 이 기준에 따라 살펴보면 동관-서관 짝과 본관이 반대되는 특징을 보인다.

동관-서관 짝은 제국 양식과 동일성은 많이 피한 반면 한국 전통 건축의 미학은 약한 편이다. 본관은 이와 반대로 동일성과 제국 양식의 특징이 더 강하지만 이와 동시에 전통미학도 일정 부분 보여준다. 세 건물의 나쁜 내용만 합하면 상당히 제국답고 동일성도 많이 진척된 것에 해당되고 따라서 민족 건축과는 거리가 먼 것으로 볼 수 있다. 반면 좋은 특징만 합하면 제국 양식과 동일성을 충분히 피했으며 전통미학까지 가미한 것이 되어 민족 건축의 기준에 부합된다 할 만하다. 이처럼 중앙고등학교의 세 건물은 민족 건축이라는 기준에 대해 합치성과 불합치성의 양면성을 보여준다. 이는 고려대학교 본관과 마찬가지로 결국 김성수의 친일 행적에 대한 평가의 양면성을 확인해주는 건축적 증거로 볼 수 있다.

동관-서관의 약식 빅토리안 고딕

동관-서관의 외피 양식은 빅토리안 고딕을 기본 모티브로 삼아 약식으로 단순화시킨 것으로 볼 수 있다. 천도교 중앙대교당과 같은 양식인데 실제로 두 건물은 건축가가 같다. 완공 연도도 비슷해서 중앙대교당과 서관이 같은 해인 1921년이고 동관이 2년 늦은 1923년이다. 이렇게 보았을 때 붉은 벽돌을 주재료로 사용한 빅토리안 고딕 양식이 1920년대 초반에 유행했던 것을 알 수 있다.

12-16 중앙고등학교 동관 전경

동관-서관은 완전한 빅토리안 고딕은 아니어서 본관에서 외장재만 화강석을 붉은 벽돌로 바꾼 뒤 부분적으로 장식 디테일을 사용한 것으로 볼 수 있다. 빅토리안 고딕도 결국은 고딕 리바이벌의 한 종류이기 때문에 건물 몸통을 고딕 구성으로 짜야 하는데 여기에서는 컨트리하우스 양식으로 몸통을 구성하고 표피만 빅토리안 고딕을 사용했다. 이런 점에서 빅토리안 고딕의 참 정신까지 표현했다고 보기는 힘들며 표피 장식주의로 분류할 수 있다. 도 12-16

빅토리안 고딕 모티브는 창틀을 뾰족 아치와 평아치 같은 중세주의 모티브로 처리한 뒤 화강석을 섞어 띠 장식과 점박이 문양을 군데군데 추가한 점이다. 장식은 주로 사각형 창의 창틀과 인방, 지붕 윤곽 등에 사용했다. 건물의 밑동에도 화강석 띠를 붙여서 기단을 암시한다. 박공 삼각형 속에도 두 곳에 화강석 띠를 넣어 장식 효과를 노렸다.도 12-17 점박이 문양은 박공 삼각형의 위쪽 삼분의 일 면적을 격자 형식으로 채운 점이 제일 두드러진다. 뾰족 아치의 곡선 윤곽에 사용한 것은 빅토리안 고딕의 전형적 기법이다.

12-17 중앙고등학교 서관 장식 디테일

동관-서관이 갖는 건축적 의미는 양면적이다. 빅토리안 고딕을 약식으로 단순화시키는 과정에서 동일성이 일정 부분 나타난 반면 자세히 뜯어보면 동일성을 피하려는 내용이 더 강하다. 동일성이 드러난 내용을 먼저 살펴보면, 주로 벽돌이라는 재료를 바라보는 시각 및 실제 이것을 쌓은 조적 기법에서 나타난다. 크게 보면 빅토리안 고딕이라는 양식이 한국의 학교 건축과 연관성을 갖지 못하는 이질성의 문제이기도 하다.

이 과정에서 빅토리안 고딕의 핵심 특징인 벽돌의 생명력이 충분히 표현되지 못하고 왜곡되었다. 학교 건물과의 연관성이 약하기 때문에 표피 장식주의로 단순화시켜 사용했으며 이것이 동일화가 나타나는 통로 역할을 한 것이다. 이는 빅토리안 고딕의 기본 정신과 반대되는 부정적 현상이다. 영국 본토에서 빅토리안 고딕 원본은 산업혁명 이후 주도적 건축 경향으로 나타난 동일성의 폐해를 극복하기 위해 창출한 양식이기 때문이다.

물론 빅토리안 고딕 원본에서도 장식은 중요한 핵심 요소였다. 붉은 벽돌을 주재료로 삼아 노란 벽돌, 화강석, 대리석 등 다양한 조적 재료를 섞어 장식을 추구한 양식이었다. 관건은 장식의 기본 정신이었다. 장식은 단순한 표피 요소가 아니라 돌과 벽돌의 조적 재료에 담긴 땅의 정신을 표현하던 상징 요소였다. 당시 유행하던 장식주의에 맞춰 사람들에게 친근한 공예미학으로 제시하려는 의도였다. 공예미학은 중세 기독교 정신을 담는 상징 매개로 이를 통해 산업혁명과 기계 문명의 횡포를 이겨낼 수 있다고 믿었다.

동관-서관에 나타난 동일성

영국에서도 변질된 빅토리안 고딕이 유행하기는 했다. 순수한 의미에서 빅토리안 고딕은 산업자본주의와 물질문명의 횡포에 맞서 중세기독교주의를 대표하는 양식이었으나 19세기 역사주의에 합류하면서는 이런 본래 정신과 상관없이 다양한 양식 레퍼토리의 하나로 아무 곳에나 사용되었다. 붉은 벽돌의 조적 양식과 장식주의를 대표적 특징으로 내세웠다. 이것이 이곳 중앙고등학교의 동관-서관에까지 흘러들어와 사용된 것이다.

일제강점기 때 서울에 19세기 유럽 역사주의 양식으로 지어진 건물 가운데 빅토리안 고딕도 아주 드문 편은 아니었다. 천도교 중앙대교당이 대표적인 예이다. 이 경우는 앞에서 살펴보았듯이 종교다움을 공동의 끈으로 빅토리안 고딕을 사용해도 괜찮을 최소한의 타당성이 있었다. 문제는 중앙고등학교의 동관-서관이다. 시대, 국가와 민족, 역사, 건축 조형 등 여러 기준에서 보았을 때 이 양식과 이 두 건물 사이에는 연관성을 찾기 힘든 것이 사실이다.

중앙고등학교 내에서 본관과 비교해도 마찬가지이다. 본관에 영국 컨트리하우스 양식을 사용한 데는 기능적 유사성이라는 또 다른 최소한의 공동의 끈이 존재한다. 동관-서관과 빅토리안 고딕 사이에는 이런 연관성을 찾기 힘들어 보인다. 이렇게 보았을 때 이 양식은 당시 서양에서 유행하던 양식을 일본이 받아들인 뒤 다시 한국으로 흘러들어온 것으로 볼 수 있다. 일제강점기 때 서울에 나타난 서양 양식 자체가 이질적이었는데 그중에서도 학교 건물에 사용한 빅토리안 고딕은 그 정도가 더 심했다는 뜻이다.

돌쌓기를 보면 이 양식의 애매한 존재 근거를 확인할 수 있다. 이 건물의 벽돌 조적을 보면 벽돌의 측면을 연속으로 쌓은 단과 마구리를 연속으로 쌓은 단이 수직으로 교대로 중첩된다. 언뜻 보면 두 종류의 벽돌을 사용해서 동일성을 피해간 것으로 보이지만 사실은 완전 동일성의 직전 단계에 해당된다.도 12-18 이형 벽돌이 사라지고 한 종류의 벽돌을 방향만 다르게 해서 사용한 것이기 때문이다.

이는 산업화된 건축 방식을 상당히 반영한 것으로 실제 유럽에서도 20세기

12-18 중앙고등학교 서관 벽돌 조적

기능주의 벽돌 양식에서 사용한 기법이다. 19세기 빅토리안 고딕의 벽돌 쌓기는 이와 달랐다. 다양한 벽돌 조적 기법을 사용했으며 이는 상당 부분 중세 전통을 부활, 유지한 것이었다. 장식은 이런 전통적 벽돌 쌓기에서 자연스럽게 파생되는 효과였다. 건물 표면의 들고남도 심해서 점잖은 음영이 따라붙었다. 들고남을 덩어리 단위가 아닌 벽돌 쌓기를 이용해서 만들었다. 다양한 벽돌미학과 조적미학의 기법들은 땅의 정신을 표현하기 위한 것이었다. 벽돌 조적과 장식은 땅의 정신을 상징적으로 표현하는 중요한 건축적 통로였다. 그렇기 때문에 벽돌 조적과 장식은 한 몸이었다.

빅토리안 고딕의 이런 기본 정신이 이곳 동관-서관에서는 사라지고 산업화된 표준적 조적 기법으로 단순화되어 나타나고 있다. 건물 표면도 평평해졌다. 단순 육면체 건물에 껍질만 벽돌로 씌운 것에 가까워 보인다. 재료와 정신, 건물과 양식, 장식과 축조 등 여러 쌍 사이의 일체를 통해 중세 기독교 정신의 부활을 추구했던 양식이 이곳에 와서 기능주의를 위해 봉사하는 표피 장식으로 단순화된 느낌이다.

본관에 나타난 제국 양식의 대칭 구도

본관은 유럽 중세 성채와 영국 컨트리하우스를 혼합한 양식으로 지었다. 중앙 출입구가 있는 부분이 성채 양식이고 양옆의 교실 부분이 대저택 양식이다. 출입구 부분을 탑처럼 높게 세운 뒤 성채 디테일을 사용했다. 도 12-19, 12-20 네 귀퉁이에 계단 탑을 상징하는 원형 덩어리를 붙인 점, 지붕 난간을 총안으로 처리한 점, 2층과 3층의 내민창을 까치발로 받치는 처리 등이 중세 성채 양식의 대표적인 내용들이다. 탑처럼 높이 돌출시킨

12-19 중앙고등학교 본관 전경(위)
12-20 중앙고등학교 본관 중앙 출입구와 몸통(아래)

것 자체가 성채의 망루를 본뜬 것이기도 하다. 출입문을 뾰족 아치로 처리한 것은 성채 양식보다 더 포괄적인 중세주의에 해당된다.

컨트리하우스 양식은 화강석으로 외장을 마감하고 지붕에 다락층을 추가한 점 등을 들 수 있다. 출입구에 큰 계단을 부착하지 않고 아치문을 통해 바로 들어가게 한 점도 컨트리하우스의 특징이다. 유럽의 대저택은 나라에 따라 차이가 나고 교외와 도시의 지역에 따라서도 형식이 다르다. 중앙고등학교 본관은 나라별 차이를 크게 의식한 것 같지는 않아서 어느 한 나라 양식이 두드러지지는 않는다. 굳이 구별하자면 영국의 교외 대저택인 컨트리하우스에 가깝다.

12-21 중앙고등학교 본관 수직 창

완성도는 좀 떨어져서, 원래 영국의 컨트리하우스는 창을 비대칭적으로 구성하는 등 이보다는 좀더 낭만적인 분위기를 풍긴다. 이런 원본의 특징을 잘 지키지 못하고 동일성과 대칭이 강화된 형식으로 나타났다.도 12-21 이 건물만의 현상은 아니고 연세대학교에서도 동일하게 나타났던 현상이다. 좀더 정확하게 말하자면 19세기에 나타난 컨트리하우스 부활 양식이라고 볼 수 있다. 컨트리하우스 자체는 영국에서 중세 때부터 나타난 양식인데 19세기 역사주의 시기 때 유럽에서도 이를 리바이벌시켜 사용하는 유행이 있었다. 일정한 낭만성을 띠었는데 앞서 언급한 중세 성채 양식을 가미한 것이 대표적인 내용이다. 중세주의가 낭만주의의 중요한 구성 요소이기 때문이다. 그럼에도 불구하고 원래의 컨트리하우스 양식이 갖던 낭만성은 많이 깨지고 제국다움과 동일성이 더 강하게 느껴진다.

전체 구도는 중앙 출입구를 강조하면서 이를 바탕으로 좌우대칭도 같이 강조해서 제국 양식의 분위기를 풍긴다. 좌우 측동을 앞으로 많이 돌출시킨 처리가 이런 느낌을 강조한다. 제국다움은 본관에 동관-서관 짝까지 더한 학교의 전체 배치에서 비슷하게 반복된다. 전체 배치가 'ㄷ'자형, 나아가 'ㅁ'자형을 이룸에도 불구하고 중심이 안마당에 있지 않고 본관의 정면 얼굴로 모아지는 구성이다. 도 12-19

'ㄷ'자형 구성에서는 보통 양 끝 측동을 앞으로 돌출시켜서 중앙 몸통의 얼굴 정면을 약화시키는 대신 팔을 벌린 환영의 형국을 표시하는데 여기에서는 그 반대가 된 것이다. 이는 가부장적 권위 구도를 나타낸다. 이 건물보다 20여 년 후에 지어진 경성제국대학 이공학부의 근대적 제국 양식에서 거의 동일하게 반복되는 것으로 보아 이런 가부장적 구도는 곧 제국 양식의 특징이 된다.

중앙고등학교에서는 이것이 동관-서관의 편심 구도에서 시작된다. 동관-서관에만 국한해서 보면 편심은 대칭과 동일성을 깨는 구도로 제국다움을 피해가는 것이 되지만 본관까지 더한 전체 구도에서 보면 그 반대의 결과를 낳게 되는 것이다. 이런 편심 구도는 본관과의 위치를 고려한 데서 나온 측면이 많다. 두 건물은 본관과 직각으로 꺾여 위치하면서 측면이 본관 후면을 마주보고 있다. 이런 구도에서 두 건물의 몸통 구성은 두 가지가 있을 수 있다.

12-22 중앙고등학교 동관-서관과 본관

하나는 대칭으로 짜고 출입구도 긴 면의 중앙에 내는 것이다. 이는 두 건물에 독립적 중요성을 주는 처리로 두 건물 사이의 마당이 학교의 중심이 된다. 다른 하나는 현재 상태처럼 중심을 본관 쪽으로 옮겨 편심으로 짜는 것이다. 도 12-22 앞에서 봤던 신촌역이나 화랑역의 큰 머리형과 비슷한 구성인데, 출입구가 측면으로 나면서 대칭은 철저히 깨진다. 건물의 긴 면이 정면이 되지 못하고 측면이 정면이 된다. 출입구가 통상적으로 건물의 긴 면에 나는데 여기에서는 긴 면에는 교실 창만 가지런히 배열되어 있다. 모든 관계가 본관을 중심으로 형성되며 학교 전체의 중심도 두 건물 사이의 마당이 아닌 본관으로 집중된다.

4 :: 중앙고등학교에 나타난 동일성과 제국 양식 피해가기

동관-서관의 동일성 피해가기

이상 살펴본 것과 같이 중앙고등학교에는 동일성과 제국 양식의 구도가 일정 부분 나타난다. 이런 내용은 중앙고등학교가 민족 사학을 대표한다는 주장에 대해 의문을 던지는 것일 수 있다. 그러나 이런 내용만 있는 것은 아니어서 반대의 특징도 강하게 나타난다. 동관-서관에는 제국 양식과 동일성을 피해간 특징이 더 강하게 나타난다. 그 내용은 세 가지로 요약할 수 있다.

첫째, 건물 전체 구성에서 박공을 끝으로 몰아놓은 편심 구도이다. 대칭과 동일성을 피하는 데 적합한 구도이며 실내 구성도 이에 따라 근대 학교 건축의 전형적 구도인 '일직선 복도-중앙 계단-가지런한 교실 배열'에서 벗어났다. 대칭과 동일성 모두 본관보다 약해져 있으며 일제 강점기 때 서울에 지어진 근대 학교 건물 어느 것과 비교해도 약한 편이다.

건물의 전체 구성부터 비대칭이다. 편심 구도는 본관과의 관계 때문에 정면이 두 개인 형국으로 나타난다. 안마당을 향해 서로 마주보는 정면이 하나 있고 본관 뒷면을 향하는 정면이 또 하나 있다. 'ㄷ'자형 구성에서는 양 측동이 중심 건물의 앞쪽으로 나와서 팔을 벌리고 서 있는 것처럼 처리하는 것이 통상적인데 여기에서는 뒤로 갔기 때문에 본관과의 연관성을 확실하게 정립하기 위해 본관을 대면하는 정면이 별도로 필요해졌다. 안마당을 바라보는 정면과 본관을 바라보는 정면으로 정면이 두 개가 되어버리면서 건물의 전체 구성에서 대칭이 깨졌다. 본관을 바라보는 정면 내에서도 출입구를 중앙이 아닌 끝에 넣었기 때문에 비대칭이 한 번 더 반복된다.

둘째, 창의 기하학적 조형미를 강화해서 창을 통한 동일성을 피했다. 아치형과 사각형의 두 종류 창을 섞어 쓰고 있어서 동일성과는 확실히 거리가 있다. 도 12-23 전체적인 분위기가 고려대학교 본관과 비슷하다. 그 대신 끊어보기에 의한 구성미가 크게 강해졌다. 구성미의 내용도 기하학다움만 있지 않고 장식미도 함께 나타난다. 재료를 이용한 장식이 들어가 있고 창도 사각형과 뾰족 아치가 섞여 있어서 끊어보기에 의한 구성미는 본관보다 더 두드러진다. 본관의 구성미가 기하학적이라면 동관-서관의 구성미는 장식적이다. 벽체와 창틀의 재료가 다를 뿐더러 창틀에는 인위적으로 점박이 장식을 넣었기 때문에 장식미가 두드러진다. 기하 형태를 구사하는 방향도 구성미보다는 형태의 다양성 쪽

12-23 중앙고등학교 동관 장식 디테일

이다. 사각형 창의 사각형, 뾰족 아치의 타원형, 원형 창의 원 등 종류가 다른 기하 형태가 어울리면서 사각형끼리만 어울리던 본관의 구성미보다 더 리드미컬해진다.

동관-서관의 조적 디테일에 나타난 주역의 특징

셋째, 이상의 분위기는 벽돌과 돌을 이용한 조적 쌓기와 디테일 처리에서 반복된다. 벽돌 쌓기 자체는 앞에서 살펴보았듯이 동일성의 직전 단계를 보여준다. 그러나 돌을 이용한 장식 디테일과 함께 보면 반대의 해석이 가능하다. 장식미를 통해 동일성을 피해가는 기법이다.

뾰족 아치의 윤곽과 밑동이 좋은 예이다. 둘 다 화강석을 손으로 직접 다듬어서 만든 수공예 부재이다.도 12-24 윤곽은 도톰한 띠 부재로 만들었는데 아치를 향한 안쪽 면은 급한 기울기의 곡면으로 처리한 반면 바깥 면은 턱을 한 번 줘서 두 단으로 꺾이면서 내려간다. 아치 윤곽 전체의 길이가 제법 되기 때문에 띠 부재를 한 번에 뽑아내지 못하고 11개의 토막으로 끊어서 이어붙였다. 윤곽은 좌우대칭인데 토막 개수가

12-24 중앙고등학교 서관 장식 디테일

홀수인 이유는 종석 부분을 좌우에서 이어붙이지 않고 한 덩어리로 만들었기 때문이다. 종석을 중심축으로 삼아 좌우가 각 다섯 개씩의 토막 띠 부재로 이루어진다. 이때 띠 부재는 창틀이 아니고 창틀 밖에 덧붙여 아치의 윤곽을 알리는 장식 부재이다.

띠 부재와 창 사이에 좁은 벽체가 있게 되는데, 띠 부재와 이 벽체 사이의 관계를 어떻게 정의할 것인지도 중요한 문제이다. 다섯 개의 띠 부재 가운데 세 개는 윤곽만 있어서 벽체 부분은 벽돌로 메워지고 나머지 두 개는 띠 부재가 벽체 부분까지 연장되면서 화강석으로 메워진다. 정사각형의 넓적한 돌 판재 끝에 띠 부재를 손잡이처럼 덧붙인 형국이다. 이로써 점박이 장식이 만들어졌는데 다섯 개의 부재가 길이와 형태가 모두 다르다. 육안으로도 확인되는데, 벽돌로 메운 벽체를 보면 확실해진다. 띠 부재 안쪽 벽면을 제일 아래쪽의 띠 부재에서는 5단으로, 중간에서는 6단으로, 제일 위쪽도 6단으로 각각 메웠다. 중간과 위쪽은 같아 보이지만 자세히 보면 벽돌의 크기가 미세하게 차이가 난다. 벽돌도 작은 것 두 개와 큰 것 하나를 교대로 쌓아서 다양성을 최대한 높였다.

중세주의를 대표하는 특징인데, 이 작은 띠 부재 하나 안에 세상만물이 변화하는 이치를 담아놓은 것 같다. 마치 주역 풀이를 보는 것 같다. 주역의 세계관은 한국 전통 건축 여러 곳, 특히 창살에 중요한 디자인 모티브로 사용되는데 서양 중세주의에서도 비슷한 분위기를 느낄 수 있다. 동서양이 하나로 통할 수 있는 공동의 끈 같은 것이다. 아치 밑동은 윤곽을 바깥쪽으로 한 번 꺾어 위쪽 띠 부재보다 조금 밖으로 돌출하게 해서 홍예 굽의 존재를 암시하고 있는데 섬세한 디테일이 돋보인다. 뾰족 아치의 윤곽 하나를 13개의 부재로 구성하는데 그 종류 수가 무려 7개나 된다. 디테일의 미학이란 것이며, 대량 생산되지 않고 현장에서 직접 손으로 깎고 다듬어 만든 부재들이기 때문에 손맛의 공예미를 느낄 수 있다.

본관의 창 구성과 돌쌓기에 나타난 동일성 피해가기

본관에서는 창 구성에서 동일성과 동일성 피해가기의 양면성이 나타난다. 일단 가지런히 반복되는 창 구성이 두드러진다. 몸통이 제일 심해서 중앙 출입구 좌우에 세 개씩 묶은 수직 창 프레임을 각 네 세트씩 냈다. 이것이 위아래 층에서 동일하게 반복된다. 측동의 돌출한 옆면에는 두 개씩 묶은 수직 창 프레임을 세 세트씩 냈다. 측동의 정면에는 수직 창을 다섯 개까지 묶었다. 연세대학교의 아펜젤러관과 비슷한 분위기로 동일성이 전반적으로 강하게 드러난다.

그러나 양 끝 측동의 정면을 보면 아직 완전한 동일성에는 이르지 않고 있다. 좌우대칭이기는 하지만 똑같은 창을 일렬로 줄 세우지는 않고 있다. 1층의 다섯 개 창과 2층 중앙부의 세 개의 창은 같지만 2층 양 끝 창은 이것을 반으로 쪼갠 것이다. 도 12-25 더욱이 1층과 2층의 창 끝선을 위아래로 맞춰보면 2층 양 끝의 작은 창이 약간 더 밖으로 나가 있다. 3층

12-25 중앙고등학교 본관 측동

다락층의 창과 박공지붕까지 함께 보면 동일성은 많이 깨져 있다. 이런 건물 윤곽과 창 배치에서 느낄 수 있는 건축미학은 동일한 창이 반복되는 경우와 완전히 다르다. 완전한 동일성에 이른 건물에서는 찾아볼 수 없는 구성의 미학이란 것이다.

측동의 전체 모습 자체가 일정한 구성의 미학을 보여주고 있을 뿐 아니라 더 중요한 것은 이런 배치는 끊어보기가 가능하다는 점이다. 끊어보기에 의해 구성의 미학은 비대칭의 미학을 파생시킨다. 측동 벽면을 일정한 넓이에 따라 이곳저곳 툭툭 끊어 보면 모든 경우에 제각기 일정한 구성 효과를 감상할 수 있다.도 12-26 어느 경우건 어색하거나 부자연스럽지 않다. 창이 동일하지 않기 때문에 끊어보기는 비대칭으로 나타난다. 끊어진 창이 위아래에서 서로 만나고 돌쌓기 한 벽이 바탕을 제공하면서 기하학적 구성미가 나타난다.

12-26 중앙고등학교 본관 측동 창 구성미

제시되는 비대칭은 매 경우 다르다. 구성 효과가 비대칭의 미학으로 발전한다는 뜻이며 비대칭의 종류는 무한대에 가깝게 증폭된다. 겉으로 보기에는 좌우대칭을 이루지만 속에 담긴 특징은 비대칭과 다양성의 미학이다. 이런 특징은 서양식 낭만주의의 전형이긴 하나 동시에 한옥이나 궁궐 같은 한국 전통 건축의 미학과도 강한 유사성을 보인다. 모두 두 문명권의 전통미학이라는 점이 유사성을 뒷받침한다. 한국 전통 건축 역시 대칭과 비대칭을 부분적으로 섞어 쓴 뒤 끊어보기에 의해 다양한 비대칭의 파노라마를 만들어내는 특징을 갖기 때문이다. 내재적 비대칭 구성이라는 것이다.

돌쌓기도 마찬가지이다. 언뜻 보면 그런대로 규칙적으로 쌓은 것도 같고 조금 자세히 보면 불규칙적인 것 같기도 하다. 이 역시 전통적인 비정형 돌쌓기에서 근대화된 규칙적 동일화로 넘어가는 중간 상태에 해당된다. 돌 부재를 보면 크기와 형상에서 최소한의 규칙성을 찾을 수 있다. 부재 높이를 두 종류로 정리한 점과 줄눈을 일직선으로 가지런히 맞춘 점이 그렇다. 폭은 대중소로 3원화했다.

이런 두 종류의 규칙성을 조합하면 여섯 가지의 경우의 수가 나온다. 이것은 그대로 돌 부재의 종류 수가 된다. 여섯 종류로 다양해진 돌 부재를 섞어서 쌓는 데는 일정한 규칙이 없다. 임의적이다. 이상을 합하면 돌쌓기에서는 규칙성과 다양성의 양면성이 나타난다. 여기에 더해 축조 과정에서 치수를 정밀하게 관리하지 않아서인지 위에 열거한 높이와 폭의 규칙에 약간의 편차가 발생하면서 실제로 나타나는 최종 장면은 좀 더 다양한 편이다. 그러나 혼란으로 흐르지는 않아서 모자이크나 콜라주처럼 전체적으로 일정한 통일성이 느껴진다. 이런 돌쌓기는 이화여자대학교 파이퍼홀에도 나타났던 특징으로 한국의 전통적 돌쌓기 미학인 혼성 패턴의 범위에 드는 것으로 볼 수 있다.

도판 목록

4장

8장

9장

11장

12장

찾아보기

사 회 미 학 으 로 읽 는

개화기-일제강점기 **서울 건축**

펴낸날 1판 1쇄 2011년 12월 14일
2쇄 2018년 12월 10일
지은이 임석재
펴낸이 김헌민
펴낸곳 이화여자대학교출판문화원
주소 서울특별시 서대문구 이화여대길 52(우 03760)
등록 1954년 7월 6일 제9-61호
전화 02) 3277-2965(편집)
02) 362-6076(마케팅)
팩스 02) 312-4312
전자우편 press@ewha.ac.kr
홈페이지 www.ewhapress.com
책임편집 이혜지
디자인 정혜진
찍은곳 한영문화사

ISBN 978-89-7300-938-1 93610
값 26,000원